占世伟　穆楠　编著

清华大学出版社
北　京

内容简介

这是一个互联网创造神话的时代，创建仅8年的社交网站Facebook成功上市，28岁的创始人马克·扎克伯格的故事被广泛报道，激发了全世界青年朋友的互联网创富梦想。但互联网创业并不那么容易，互联网创业最需要的是创意，有了好的创意，可能就成功了一半。这对任何一个创业人，不仅是互联网创业都是十分重要的。

本书从当前全球数以千万计的网站中精选出近年来最具创意的网站进行介绍，包括热门的移动应用，其中网站的奇思妙想，令人叹为观止，开阔眼界，给人以启示，使人产生联想的火花。另外，部分网站还加入了与创始人或团队的对话，并对所有网站加注了点评。

如果你也蠢蠢欲动，打算在互联网上创业，并想大展拳脚一番，不妨从本书开始吧。

图书在版编目（CIP）数据

复制互联网·3 /占世伟，穆楠编著. —北京：清华大学出版社，2012.12

ISBN 978-7-302-30347-3

Ⅰ.①复… Ⅱ.①占… ②穆… Ⅲ.①网站—设计 Ⅳ. ①TP393.092

中国版本图书馆CIP数据核字（2012）第241201号

责任编辑：王金柱
封面设计：王　翔
责任校对：闫秀华
责任印制：张雪娇

出版发行：清华大学出版社
网　　址：http://www.tup.com.cn，http://www.wqbook.com
地　　址：北京清华大学学研大厦A座　**邮　　编**：100084
社 总 机：010-62770175　**邮　　购**：010-62786544
投稿与读者服务：010-62776969，c-service@tup.tsinghua.edu.cn
质 量 反 馈：010-62772015，zhiliang@tup.tsinghua.edu.cn
印 刷 者：北京鑫丰华彩印有限公司
装 订 者：三河市李旗庄少明印装厂
经　　销：全国新华书店
开　　本：185mm×230mm　**印　张**：25.5　**字　　数**：653千字
版　　次：2012年12月第1版　**印　　次**：2012年12月第1次印刷
印　　数：1～4000
定　　价：55.00元

产品编号：048823-01

前 言 | Preface

由网易科技频道编辑编著的《复制互联网》系列图书，已经连续出版三年了。每一年，我们都满怀热情地向读者推荐全球范围内最值得关注的新想法和新产品，我们也很高兴地收到许多读者的反馈，他们在书中找到了创业的灵感。有的人舍弃大公司丰厚的薪水，创办了自己的互联网公司；有的人及时调整产品和业务形态，找到了乐于买单的用户……

有人说，2012年和10多年前的网络泡沫很相似，各种互联网神话又席卷而来。创建仅8年的社交网站Facebook成功上市，市值一度超过1000亿美元，28岁的创始人马克•扎克伯格（Mark Elliot Zuckerburg）的故事被广泛报道，激发了全世界年轻人的互联网创富梦想，他们希望能追随Facebook的步伐，创建一家被世界瞩目的伟大公司。

这是多么可怕的一代人！他们伴随着互联网长大，拥有着无以伦比的全球视野，他们渴望改变人们固有的观念，坚信自己能超越并颠覆前辈开创的商业格局。更重要的是，借助互联网，他们轻而易举的完成了前人需要数倍、数十倍时间才能获得的知识经验，甚至在网上就完成了创业资金筹措和财富积累。

这是多么幸运的一代人！与10年前不同，互联网，特别是移动互联网正在以前所未有的速度渗透和深入到我们的生活，改变着我们与周围世界互动的方式，成为社会生活和全球经济重要的一部分，真实的促进着人类的沟通与进步。

越来越多新的需求、越来越多新的问题、越来越多新的机遇，每天都在发生。如何创立一个卓绝的互联网服务，抓住机遇，满足各式各样的需求，解决问题，帮助人们更好的生活？伟大的创业家们等待着的，或许只是那能激发灵光一闪的火花、那根将他们智慧珍珠串在一起的细线。

我们希望《复制互联网》能继续做好火花和细线。

当然，我们也更应该看到，创业的成功，并不能只凭一个独特的创意。对产品和生意的深刻理解，资源的获取利用，时机趋势的把握与判断……都更为重要，甚至在很多时候，运气也不可或缺。

也正是因为如此，我们在这本书的内容安排上，也更加谨慎和严苛，希望能为你呈现一幅更完整且更细致的指南性读本。

如果你也蠢蠢欲动，打算在互联网上创业，大展拳脚一番，不妨从这本书开始吧。

网易科技频道主编　刘伟

2012年8月25日

目 录 | Contents

第1章 社交网络

第2章 结合社交的工具

第3章 搜索引擎

第4章 游戏与游戏化

第5章 电子商务

第6章 本地生活服务

第7章 网络营销

第8章 多媒体服务

第9章 协作与效率工具

第10章 移动应用

第11章 外包、开发工具与支持性服务

第12章 其他

社交网络

001 Foodia：食品版Facebook

提要 由食品数据库、用户、品牌商家、食品小游戏四部分组成，希望用社会化方式让人们能够更方便地找到健康营养美食。

网站名称：Foodia（http://foodia.com/）
上线时间：2010年
网站地点：美国

当你走进超市，面对琳琅满目的货架，有时会不会也感到困惑？哪种面包营养成分高，哪种红酒价格不贵又彰显品位，哪种巧克力更受朋友们欢迎，总有些时候会出现各种茫然。如果是来到一个陌生的地方就餐，情况就更为严重了。

很多朋友都有这样的习惯：看电影或买书之前访问豆瓣网，看看影评书评，看看朋友和自己喜欢的影评人、书评人如何打分。

网站Foodia就像是食品版豆瓣网，很好地迎合了用户在食品选择方面的需求。它有自己的网站，还推出了手机版，可以很方便地查询到食品相关信息和评价。

Foodia的网站现在主要由以下四部分组成。

- 食品数据库。用户可以根据名字或标签搜索食品，单个的食品页面会显示详细信息，有营养成分、品牌、用户打分情况、系统给出的健康分数（health score）、相似的食品、亚马逊网站购买链接、Facebook和Twitter等社交网站分享，用户还可以做站内收藏，访问给该食品打过分或写过评论的其他用户页面。
- 用户。分为普通用户和美食评论人（Foodian）。访客用邮箱注册，或者关联Facebook账号，登录之后就能增加新的食品条目、给食品打分或添加标签、撰写评论等。活跃到一定程度，被网友广泛认可的则能够升级为美食评论人（Foodian）。

访客不仅可以去类似名人堂的Top Foodians页面浏览排名靠前的美食评论人，在单个食品页面找到评论过的其他用户，还能根据标签搜寻喜欢或讨厌某一类食品的人。

Foodia还给用户系统添加了社交网站中很流行的Follow机制和勋章、印象系统（访客也可以给其他用户评分）。

- 食品小游戏。登录到Foodia的首页，就可以看到一个猜谁更喜欢某种食物的小游戏，访客单击鼠标就可以开始。这个小游戏让Foodia更具亲和力，能够吸引到更多注册用户和活跃用户。
- 品牌。类似Facebook的Page，Foodian也给食品生产厂商建立了页面，目前还是比较简单的产品类目罗列和消费者评论反馈，页面信息也有系统生成和用户补充。也就是他们可以面向商家推出个性化的定制增值服务，并且以此营利。

Foodia团队除了在产品设计和推荐算法方面下功夫，也着力于避免孤军奋战，它与美国知名点评网站Yelp和记账网站mint.com都建立了合作关系，未来也将在餐馆和食品金钱支出方面有所作为。

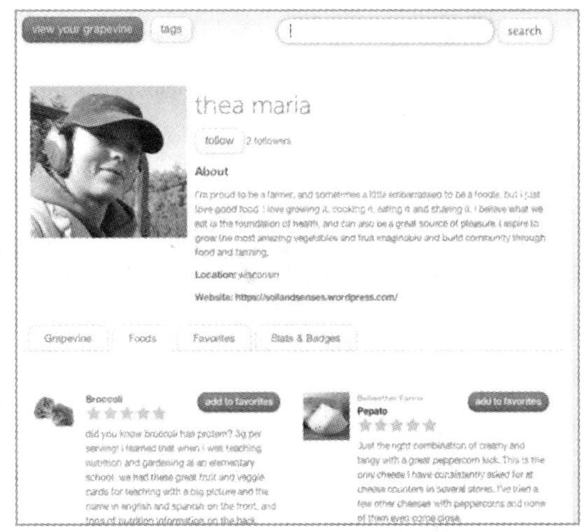

点评

Foodia的形式或许算不上特别创新，可思路却值得借鉴。很多新颖的网站或移动应用都是在一个新的领域借用早已存在的模式。

002 Keek：短视频社交网络

提要 视频版Twitter，提供30秒长度视频剪辑的发布与转发，还有用户之间的关注与Timeline刷新。

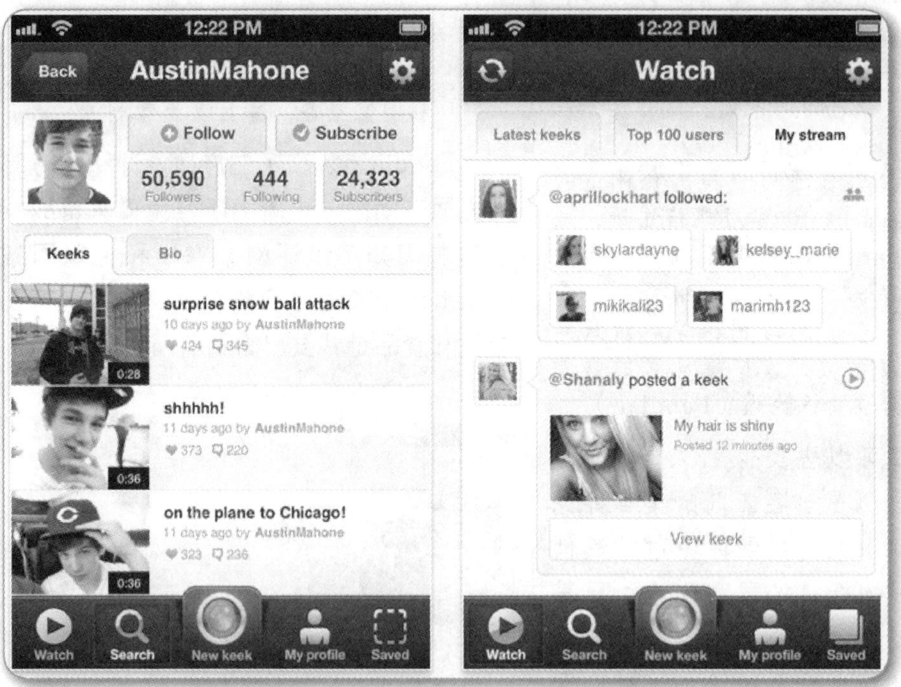

网站名称：Keek（http://keek.com/）
上线时间：2011年
网站地点：加拿大多伦多

在网络基础设施与用户设备逐步完善与升级的时代，网络应用也在渐渐变革。十几年前文字Mud甚至CFido大行其道的时候，很难想象今日视频网站等带宽杀手的流行。

Twitter起步于2006年，凭借短信与手机应用的及时性与便利性，并结合线下大屏幕等多种运营方式兴起。创业公司Keek则希望借3G网络与智能手机，在社交网络中争得一席之地。它不像TwitVid（提供视频上传到Twitter的服务）、Twiddeo之类作为社交网络的一个应用，或者像VYou那样提供视频问答之类的垂直服务，而是计划成为视频版的Twitter，一个独立的社交平台。

Keek推出网页版和Android应用，目前看来整体架构与Twitter非常类似，都主打关注关系、Timeline更新和转发。不同的是Twitter此前只有文字和链接和图片服务（不计第三方应用）；Keek刷新的内容则是30秒长度的视频剪辑，可以在Keek网站上传播，也可以发送到Twitter或Facebook。

此前也有持类似想法的创业者，比如，2011年10月就已经关闭服务的12Seconds，它是一个视频微博客，只能录制12秒。它的运营乏力，2010年的流量与2008年几乎没有变化，用户基数太小。分析认为Twitter生态与商业模式的变化导致未能一起变革的12Seconds生存空间被挤压，如整合大视频网站嵌入。这一点在国内的互联网生态圈中体现得更为淋漓尽致，各家微博服务早早的就整合了视频嵌入功能，并且视频内容主要是来自优酷、土豆、56等大型视频网站。

Keek目前拥有30名员工，计划进一步增强团队，并进行国际化扩张。它的竞争对手包括Tout、Socialcam等，其中后者分拆至Y Combinator投资的视频直播服务Justin.tv，2012年7月的数据就显示其下载量超过百万。或许，Socialcam的成绩、从12Seconds体会到的教训让Keek对自己的前途思考得更为明确，拿到550万美元投资也让这个团队更有底气。

点评

虽然Keek没有像Instagram等移动应用那样迅速大红大紫，但也渐渐在市场中赢得了自己的一席之地。目前也有名人明星开始使用该平台，进行与粉丝互动，这更是辅助了其流行。

003 Faced.me：面部识别移动社交

提要 这款应用可进行面部识别，然后将面部特征和用户的社交网络资料连接起来。也就是说，只需要拍照就能关注对方。

网站名称：Faced.me（http://faced.me/）
上线时间：2011年11月
网站地点：巴西

Faced.me是一款即将推出的社交移动应用，它可以进行面部识别，然后将这些面部特征和用户在社交网络上的个人详细资料连接起来，你就可以关注这些人了。

Faced.me的投资者表示：Faced.me移动应用利用专有技术通过确定一个人面部的不同点在不到1秒钟的时间里识别人脸。然后将这些面部特征和该用户在社交网络上的个人信息资料进行匹配，你可以在Facebook、Twitter或LinkedIn上关注他们。该公司已经通过专利合作条约（PCT）为这项技术提交了本地和国际科技专利申请。

也就是说，在聚会、酒吧等场合遇见的人，不用再复杂地去索要他/她的联系方式，拍照就行了。除此之外，Faced.me还提供了比较初步的其他功能，比如给拍下的人加上标签。

目前，这项技术只能对Faced.me的

注册用户进行面部识别，用户在注册时需要提交照片或视频。但Faced.me表示这项技术本身具备足够的可扩展性，将来可以抓取在Facebook上做标记的照片，只是需要更多的投资来实现这种突破。

Faced.me计划的营利模式是增值服务。用户下载Faced.me可以获得50个积分（Facepoint），之后每周可以新增5个（累计不超过50个）。而使用Faced.me识别一次就要消耗一个积分，如果超出了就得付费购买积分。可以一次性按10美元100积分的价格购买，也可以按每月25美元2000积分的形式订阅。

其实，面部识别技术已经出现几十年了，而且早已有Facebook、谷歌、苹果等大公司介入，但该领域的大多数公司都会被限制使用这项技术来标记照片。比如Facebook在推出面部识别功能时就被指责涉及隐私泄露，德国甚至说它违法。谷歌也一直推迟公开发布自己开发的面部识别技术产品。

因此，由于这一领域大公司的受限，而且缺乏其他小型对手（TAT被RIM收购，Polar Rose被苹果收购，PittPatt被谷歌收购），如果Faced.me及其类似产品可以处理好技术与伦理的关系，新创企业还是有一定的发展空间。

点评

2012年5月末，新上市的Facebook又多了另一项“绯闻”。传闻它希望用1亿美元收购面部识别技术公司Faced.com，借助后者的技术让用户从图片中快速识别出来，以此为手机拍照应用吸引更多用户。

004 天使汇：创业投资社交平台

提要 | 天使汇网站是为投资人与创业者牵线搭桥的社交网络，专注于科技领域。

网站名称：AngelCrunch天使汇（www.angelcrunch.com）
上线时间：2011年11月
网站地点：中国

AngelCrunch 天使汇
Where smart money meets cool startups.
创业项目 · 投资人 · 搜索创业项目或投资人
注册 · 登录

兰宁羽 北京·天使投资人
PE VC创始人CEO：寻找卖梦师
移动互联网 · IT · 互联网 · 金融 · 医疗健康 · 全部
angelcrunch.com/lucian
160 关注
393 粉丝
关注他 发消息 · 提交项目

基本信息
投资动态

投资理念

每一个富有激情并真挚的人都值得投资：
1.能洞察人的本性
2.有丰富的想象力
3.筛选判断的sense
4.能吸引到最优秀的人和合作伙伴
5.具备钻研精神和对细节的苛求
6.热爱所做的事情
7.能用大家懂的语言讲动人的故事，有很强的影响力
8.能把真理运用在创业中
9.做简单的切入点并专注
10.体魄强壮

“未来一年内我准备投资10个创业项目，每个项目投资20-100万人民币”

天使汇是PE.VC旗下的一个沟通创业者与投资人的社交网络，模式类似国外的企业家与投资者社交平台AngelList与获得90万美元天使投资的CapLinked。

天使汇这一类社交平台看上去就是创业者+投资人版的SNS。在这里，创业者可以发布他们的项目，VC与天使投资人则可以选择关注其中的某些项目，或者直接关注创业者与其他投资人，还可以关注某一感兴趣的行业。关注的功能类似于Twitter或微博，之后关注者可以收到关注对象的最新动态广播。

天使汇等创投领域社交网络的目的

在于，像AngelList那样为投资人与创业者牵线搭桥。虽然在微博或Twitter上面已经有非常多的业内人士在活跃，天使汇仍然希望通过专注于科技领域，以它的垂直细分和更为专业的内容与关系来降低用户的沟通成本。

天使汇为投资人和创业者建立的页面都包括了一些基本信息，方便二者筛选投融资事件中的另外一方。比如，投资人的档案页面就包括关注的行业、过往投资、投资额度、投资理念、我能为项目、团队提供资料等，这些既可以帮助创业者更快捷地联系投资人，又可供其用于筛选适合自己的投资人。

根据天使汇提供的资料，在启动近三个月后，天使汇就开始测试，其时已经通过筛选团队物色了超过500个项目。现在则是“每天都会有一两百个项目进入待审核列表”，“有专业团队进行多轮淘汰”，“大约只有5%～8%的项目能最终和投资人见面”。

点评

上线半年多，天使汇就已经升级过好几个版本，而很多投资人的资料里都开始注明xx个项目在“约谈”。在酒桌文化盛行的内地，这个网络平台已经赢得了不错的开局，但还需要更多东西来证明自己。

005 like.fm：社交化音乐分享平台

提要 对于音乐网站始终有一种发自内心的热衷和关注，在SNS所代表的社交化网络流行的年代里，音乐的传播和分享方式也发生了很大的变化，出现了不少打着社交化旗号的音乐网站。这里所介绍的like.fm网站则是其中的杰出代表，获得了Y Combinator的投资。like.fm网站提供了最简单的分享音乐的方式。

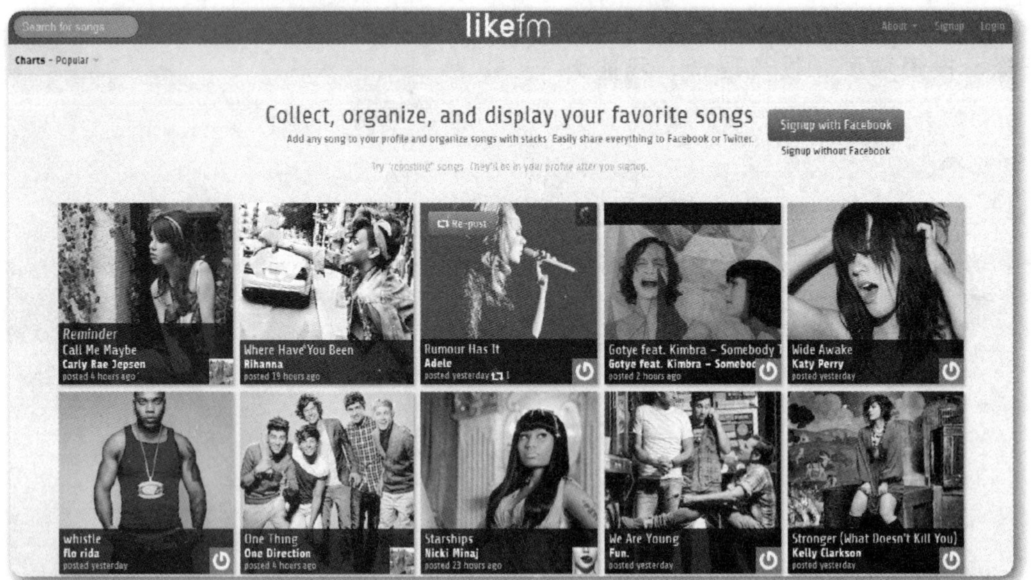

网站名称：like.fm（http://like.fm/）
上线时间：2010年9月
网站地点：美国密歇根州（Greater Detroit Area, Michigan）

like.fm网站作为社交化音乐分享网站，其最大的特色在于并不需要如同1Q84网站等让用户上传或输入自己所喜欢的音乐，而通过浏览器插件或客户端的形式在用户听歌的时候，能自动记录和推送歌曲，这样可以以更为简单的方式分享自己所喜欢的音乐。

like.fm网站的界面很简单，其核心内容在于浏览器插件和桌面客户端。浏览器插件目前支持Chrome、Firefox、Safari，主要用于跟踪与记录用户在YouTube、Pandora、Rdio、Meemix

等音乐网站上所听到的歌曲；而桌面客户端则能跟踪用户在一些音乐播放器程序如Windows Media Player、iTunes、Winamp、MediaMonkey等所听到的歌曲，用户将这些程序与自己的Facebook、Twitter、Last.fm账号关联之后，则可同步推荐自己正在听的歌曲，很强大吧。这样当用户通过网站或软件听歌的时候，可随时通过like.fm网站将自己听歌的曲目、来源网站或播放器等信息同步到like.fm网站和SNS平台上。

like.fm网站希望通过这种“自动跟踪记录”的方式打造社交化的音乐分享网站，当然用户在使用浏览器或音乐软件的同时，对于所听到的歌曲是否需要分享到Facebook、Twitter等平台上是可以设定的，毕竟一旦自动同步，所分享的数据信息可是相当大的。

like.fm网站的主页会有实时的音乐动态分享信息，比如，某某正在last.fm或iTunes上听什么歌曲等。根据其网站显示的数据，截至目前like.fm网站已经跟踪了一千多万首歌曲，还是相当大的。

点评

根据like.fm网站创始人Chris Chen的构想，未来like.fm网站还会进行更多地改进，包括通过音乐让用户之间更加互动、自动为用户推荐其可能会喜欢的歌曲等。这样看来，like.fm网站还是很值得想象的。

006 与我同行：那一路的风情

提要 一款基于微博的移动社交手机应用，主打理念为“与我同行的人，比要到达的地方更重要”。

网站名称：与我同行（http://15tongxing.com/）
上线时间：2011年11月
网站地点：中国

在旅程中，面对身边的路人甲，你会想到什么？讲究实用智慧的孔子说“三人行，必有我师焉”，路人也可以交流学习；多情却被无情恼的宋朝词人邂逅美人之后，满怀惆怅地写到，“凌波不过横塘路，但目送，芳尘去”，路人可以发展出一段未果或终于结果的姻缘。

由于一次次无聊的长途列车旅行或是航班，心有戚戚的创业者想到这些无聊的时间也可以用来发掘出产品，或用于即时的实际目的，或拓展人脉结交朋友，刚好他们的产品名字当中也都有“同行”二字。

同行是一款iPhone应用，用于寻找附近合适的同性伙伴，还可以选择自己喜欢的出行方式：拼出租车，或者开车。

与我同行团队想做的则是后一种，创始人在旅程中“几经纠结之后发现我更希望的是接触一些列车上的人，充实一下自己、扩展一下自己的人脉”。他们想营造一种理念：“同行的人比我们要达到的地方更重要。与其用游戏、发呆等消磨掉这段时间，不如拿起手机，打开与我同行，浏览别人的故事，交流起来，social起来，发现更多的价值”。

与我同行的主要功能是基于航班信息的移动交友，用户绑定微博登录，然后按照航班号和出行日期签到，可以查看同一航班其他人的联系方式等信息。“与我同行”还将乘坐同一航班的用户的最新5条微博做成“微博墙”，用户在这里浏览微博，也可以与其他人交流。

对话“与我同行”团队

（1）请介绍一下该网站

该应用的创意始于2011年7月29日，8月份组建的团队、10月份注册的公司、11月3日正式上线App Store。

用户绑定新浪微博，输入自己的航班号和出行日期并单击“查看谁与我同行”按钮即可查看同乘人列表。“签到”后，可以浏览同乘的个人信息，同时可浏览微博墙，也可以在微博墙里发布新微博，与好友进行交流。

（2）如何应对巨头的潜在竞争或同类细分市场创业者对手

初次创业，没有想过要征服用户的意图，只是希望宣传这样一种理念，业界再有人想试水这样的行业，能有我们这样的成功或失败的经验。所以对于巨头的潜在竞争，我们就保持童真，正所谓初生牛犊不怕虎。如果他们也做类似的垂直细分市场交友的话，首先可以确定我们这样一群年轻人的思路是正确的（也是最难得的）；其次我们目前是基于微博的，我们没有自己存储用户信息，也没有控制用户的欲望；最后我们希望是做一个小的增强工具给用户使用，希望能够得到用户的认可。

（3）如何吸引用户

个人感觉，移动互联网方面的市场是需要培养的，而我们目前没有选择推广产品的功能，而是在宣传一种理念——同行的人，比要到达的地方更重要。

（4）该App的规划是什么

最终的样子是希望用户量能够到达一定的级别，通过调研得知出行用户的需求，我们设法去整合到产品当中去。在加了很多功能之后，未来考虑只留下那些真正能够帮用户让出行更有价值的功能。

点评

基于一个特定场景的社交网络有戏吗？先不讨论这个问题的绝对答案，不难看出，这是移动互联网的一个大方向。实时的数据、能获取时空要素的设备……各种类似应用必将涌现。

007 IMGuest：宾馆弹性社交网络

提要 旅行者们可以通过IMGuest来认识入住同一宾馆的其他注册用户，宾馆则可用它来开展营销。

网站名称：IMGuest（http://imguest.com/）
上线时间：2011年
网站地点：以色列

IMGuest是一个面向宾馆旅客的基于位置的社交网络，旅行者们可以通过它来认识其他注册用户。它的功能包括四部分：宾馆签到、寻找有趣的朋友、建立面对面的联系和扩展人际网络。

用户注册或使用Facebook或Twitter账号登录之后，可以选择填写入住宾馆的原因、自己的背景资料与喜好，在使用IMGuest签到之后，也可以标注自己想结识何种类型的朋友，或者根据已有的信息主动去认识他人。比如，在某酒店发现与自己做同一类职业、共同兴趣爱好或相似经历的另一位旅客，就可以将其标记为“喜欢”或“有趣”或“与之联系”，甚至面对面的交流。

IMGuest系统会记录曾经标记、发送私信或查看过用户档案资料的其他用户，等到将来他们再次在用户附近某处签到，用户会实时的收到通知。

IMGuest提供的这种服务本质上与传统的本地BBS无异，却借用新型的社交网络理念和移动设备位置服务打造了新的人脉拓展方式。它的商业模式与困扰也将来自这些新的变化。

IMGuest在营利上最新的探索是推出收费服务，面向宾馆提供一个应用（hotel widget），让宾馆可以被用户关注，然后向“粉丝”们推送服务或优惠信息，也方便旅客将他们的经历分享到社交网络，以提升品牌与促进销售，另外还包括了分析工具。

据IMGuest提供的资料显示，其已覆盖全球14万家酒店，搜索方式也有年龄、性别、国家、参与活动、兴趣爱好等多种。

点评

从网友的评论不难看出，IMGuest被广泛看好，或许它的某一项特质导致其有着深厚的成长土壤，但同时也是个双刃剑。

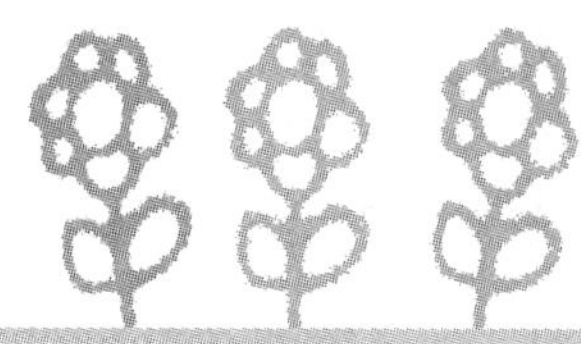

008 幸会：基于线下互动的移动社交网络

提要 通过行程签到、友群引荐和交换电子名片三个主要功能，帮助用户记录、拓展和维系真实生活中的人脉关系。

网站名称：幸会（http://xinghui.me/）
上线时间：2011年7月
网站地点：北京

幸会是一个基于线下互动的社交网络，通过手机应用的形式实现用户之间移动与即时地强关系交流，帮助用户记录、拓展和维系真实生活中的人脉关系。希望将立体的人际维度引入社交网络，以场景、人和话题为坐标，重新建构真实生活中的社交图谱。

安装并开始使用幸会应用后，它将检索用户的手机通讯录，来帮助寻找用户已经在使用幸会的朋友（用加密技术保护隐私）。非注册用户也可以浏览网站，但若希望使用更多功能，则须注册账号。用户也能够将幸会好友保存至本地通讯录里，也可以在不想使用该应用的时候，按照网站说明随时终止账户。

除了系统通过检索通讯录来推荐好友，幸会主要包括三大功能：行程签到、友群引荐和交换电子名片。

- 行程签到。让用户为活动或聚会创建专属的话题标签，比如，为网易科技的主题性讨论活动创建标签#五道口沙龙#，以此聚拢同时同地同目的的活跃人群，用户可基于此标签进一步交流。

- 友群引荐。比如，Wein希望了解Neo，但又找不到合适的搭讪机会（可能是一个在上海一个在北京，路途遥远），而他们又有共同的朋友Cindy，于是就可以在幸会应用中邀请Cindy进行引荐。有了共同朋友引荐与介绍之后，拓展与维系人脉关系就更为轻便。
- 交换电子名片。在活动中交谈甚欢的陌生人可以交换彼此的电子名片以建立联系。

点评

幸会的创始人蒋静是一位非常执着的女性，出于自己的需要和对行业的观察而打造团队来开发这一款应用。

009 爱转角：为朋友牵线搭桥的婚恋SNS

提要 爱转角将朋友介绍模式搬到互联网之上，结合SNS的形式让用户在朋友的圈子中寻觅意中人。

网站名称：爱转角（http://izhuanjiao.com/）
上线时间：2011年11月11日
所在地点：北京

找到合适的人，并不容易。尤其是现在，适龄而未婚的人群中很多面临着社交关系圈太窄、工作压太大的问题，而新兴的价值观也倾向于不妥协、不将就。于是，费纸费电的宅男宅女越来越多，他们寂寞而又渴望，助推着《非诚勿扰》这样的电视节目一夜爆红，广告营收数亿，刷新着婚恋网站的注册与活跃用户数字。

问题也在这里，一场场电视秀让人们目睹了更多吸引眼球与争议的表演，传统婚恋网站的用户，在交过钱之后仍然不清楚那可能成为另一半的人相貌如何、人品几分。甚至有媒体报道称，这类网站对会员身份信息缺乏最基本的核实、相关监管空白、会员受骗举证难，投诉难。

市场前景很广阔，用户需求也已经很明显，而传统的婚恋网站在通过阻断信息来获利的同时，又无法确保它自己提供的信息的真实性。如果能够解决这个问题，则将是另一个创业的空间，已经获得天使投资的爱转角就是其中一位。

其实就像传统婚恋网站是将婚姻介绍所搬到网络上，爱转角的概念也不算完全原创。在现实生活中、婚介所之外，人们也往往采用亲友介绍的模式，而且认可度更高（亲友介绍的人质量与档次有保证）。

爱转角就将朋友介绍模式结合进互联网，让用户在朋友的圈子中寻觅意中人。他们“尝试做中国第一家基于朋友介绍的严肃婚恋网站”，希望通过“同学让我介绍现在的同事认识”、“以前同事找我介绍现在的同事认识”这样的方式，在保证质量的同时提高数量，并降低介绍成本，酒托、婚托这类现象也因此被杜绝。

目前爱转角处于上线初期，采用严格的邀请制，网站设计和Facebook类SNS很相似，但垂直专注于婚恋，它具备一些基本功能。比如，用户被邀请进入之后，系统将根据工作经历等信息向他们推荐其他用户的动态，发送私信，撰写爱情宣言，查看浏览过自己页面的人等。它还有三点与众不同的特性：

- 用户可对朋友进行“爱情牵线”操作，也就是向她/他介绍合适的人选。
- “全部新鲜事”功能，爱转角希望比微博或SNS更进一步，向用户推送的其他用户动态（全部新鲜事）不仅仅包含朋友，还包括朋友们所认识的人。

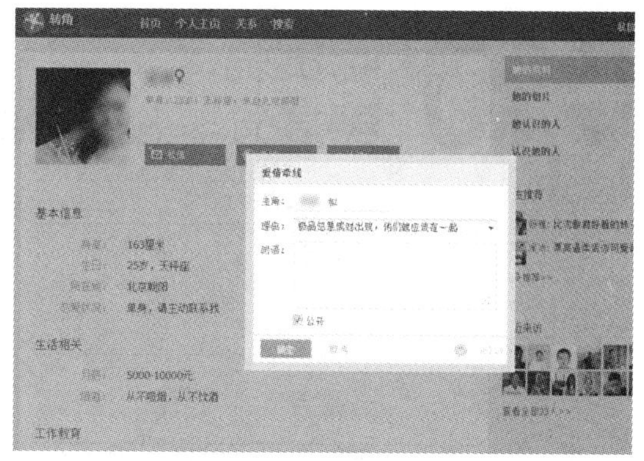

- 引入关系路径。两个彼此不“认识”的人也可以被系统推荐给对方，但会表明彼此之间的关系。

点评

比起在公交车上猛投广告、冠名赞助各大热门综艺节目的某些婚恋网站，爱转角的道路新奇而又未经验证。或许，他们最重要的是自己的坚持，毕竟除了非常强势的运营或炒作，一个社交网络的生长还需要很长一段时间。

010 吃货说：美食分享社交网络

提要 综合微博、小组、问答等模式，为热爱美食的用户提供食品分享、导购建议及社交服务。

网站名称：吃货说（http://www.chihuoshuo.com/）
上线时间：2011年10月
网站地点：中国

社交网络的核心是乐于分享互动的"人"，而人们在社交网络中分享的内容基本也就是身边的事物——衣、食、住、行，再往形而上的层面则是书籍、电影。看书观影的交流有豆瓣网、时光网；穿戴装扮的社交服务有美丽说、蘑菇街等。

食品分享网络也并不是一个非常新的概念。Yelp、大众点评早已耕耘多年，但领域仍然有可细分的部分：出去吃还是家里吃，自己做还是叫外卖。超市里买现成的还是买新鲜食材下厨房……

很多爱好美食的人会吃遍五湖四海，也有很多人喜欢自己动手，他们往往乐于与人分享、交流经验。于是在食谱与餐馆美食分享方面的服务最先成长起来，比如，已经获得千万元投资的豆果网、刚刚毕业离开创新工场的美食达人等。

有些创业者瞄准了另一个方向——食品数据库。它的目标用户是那些经常逛超市购买零食糕点之类，相对较为乐与朋友互动。

吃货说是国内一家刚刚上线的此领域的初创社交网站，它类似于Foodia，综合微博Timeline、小组、问答等模式，为热爱美食的用户提供食品分享、导购建议及社交服务。

在吃货说，用户（也就是“吃货”们）可以分享生活中的美食，比如奶糖、布丁、核桃，甚至是酱油、红茶、三文鱼等。在这里发布，用户也可以附上网络商城的购买链接，其他用户进行评价、收藏，添加“喜欢”等。

用户还可以进行状态的更新、建立相册，或是在主题小组（club）与问答板块中交流美食知识和话题，活跃用户会升格进入“食神榜”。

因为角度与豆果网、美食达人等国内已经抢得先机的产品有所不同，所以就给了吃货说等类似服务的发展空间。它现有的引入网络商城购买链接，未来可能是一大营利的来源，还有Foodia与点评网站Yelp、记账网站Mint的合作也有一定借鉴——在餐馆与食品金钱支出管理上有所作为。

存在的问题：那些热衷于分享的用户可能更加热爱的是借助菜谱亲力亲为，而不是去超市买现成的品牌蛋糕。这给产品在用户活跃度方面的运营带来不小挑战，提高数据库的丰富性、增加用户粘性与建立合适的激励体质都是发展中的重点与难点。

点评

吃货说网站已经由Facebook样式变成了模仿Pinterest，口号也改变为“分享你的美食体验”，这当中又发生了哪些故事？是表明它以前走的那条路行不通，还是又留下了一片广阔天地呢。

011 在这儿IM：用LBS发掘职业人脉

提要 定位2000米范围内的联系人，可交换电子名片、拓展人脉与商机、在线聊天以及后续的好友关系维护。

网站名称：在这儿IM（http://www.zaizher.im/）
上线时间：2011年8月
网站地点：中国北京

在产品未上线时就获得红杉、贝恩与硅谷银行4100万美元巨额投资的Color，虽然团队有着豪华组合和偏执产品理念，仍然昙花一现，它还是让“弹性社交”这个概念在大洋彼岸也热门起来。

弹性社交是相对于Facebook实名社交的一个概念，用户在使用该产品之前并不拥有紧密的社会关系，比如同学、同事；通过弹性社交类产品可以进行交友、娱乐活动、商务交流等。

在这儿IM与此前介绍过的移动社交网络幸会有些类似，它定位于2000米范围内的联系人，可交换电子名片、拓展人脉与商机、在线聊天以及后续的好友关系维护。他们给自己的描述是“我在这儿，我的人脉/商机在这儿，你在这儿吗？”

在这儿IM网站创办于2011年5月，8月18日正式上线。它所针对的应用场景是职场人士经常参加的聚会、论坛、峰会等，目前已经与清华大学MBA等机构展开合作。

在这儿IM包括以下主要功能。

- 帮助用户发现“谁在这”。安装该应用的手机用户，在活动举办前或举办后都可以了解活动现场都有哪些人，身份、职务是什么，主办方和与会人员也可以通过它进行信息传递与沟通。
- 交换电子名片。用户可以通过该应用和感兴趣的人即时交换电子名片。它的名片可以设置多重身份，比如在五道口沙龙，与现场的人交换较商务、正式的名片；在私人聚会上，则可以选择更为个性化的名片。
- 维系关系。该应用具备在线聊天的功能，如与兴趣相投者探讨话题，进行更深层次的沟通。

对话“在这儿IM”团队

（1）为什么要创办网站

在这儿IM团队：灵感来源于老板熊尚文的亲身体会。他经常出席一些商务活动、会议，很想有针对性地找到合作伙伴。但是，每次活动现场有很多人，需要一一交流、交换名片，逐个了解对方，才能“碰运气”式地找到目标合作对象。而活动结束之后，有很大一部分人，因为时间关系，错过了和他们交换名片、交流的机会，以至于损失掉一部分“目标客户”。如果有这样一个软件，可以跨越时间、空间的维度，又可以在“一定的地理位置”范围内找到志同道合的人，是非常实用的，会给真正需要社交活动的人带去很多便捷。所以他创办了在这儿IM，解决的就是这个问题。

（2）介绍一下该网站

在这儿IM团队：我们的产品可以让所有参与者在活动之前在软件上就能看到所有出席的人有哪些，可以有针对性地交换名片、建立联系。活动结束后，在你的活动列表里，仍然可以找到曾经参与的这些人，以弥补活动现场时间不足、没来得及交换名片的遗憾。而“线上交流”的功能其实是给商务人士们一个维系关系的途径：比如，隔三岔五的和这些人打个招呼、交流一下，会非常方便。推而广之，除了目前基于商务这种及其实用的功能，我们计划以后会涉及到日常生活中的“活动”，推到更广的应用范围。

点评

在北上广这些大城市，商务活动频繁的人对此类服务的需求应该不小。那么三四线城市呢？

012 Alikewise：以图书为媒介的交友约会网站

提要 以书为媒、以爱好为基础，至少可以找到有共同话题的人。

网站名称：Alikewise.com（http://alikewise.com/）
上线时间：2010年1月
网站地点：美国纽约

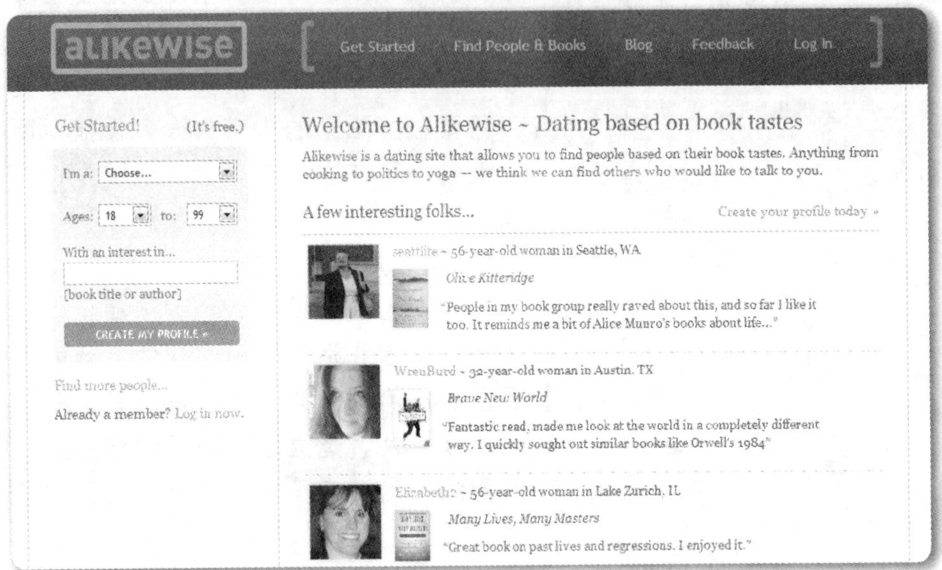

Alikewise是个非常个性化的网站，网站创始人喜欢看书，并希望通过图书找到有共同话题的人，或者能直接约会的朋友。

用户在注册Alikewise网站的时候，需要填写一些个人基本信息，包括名称、需求（如女性寻找男性、男性寻找女性、女性寻找女性……也可以是寻找所有性别的）、生日、约会对象的年龄、所在国家、居住城市的邮编等。当然最重要的还是填入自己所喜欢的书籍、创建自己的书架，用户可以对自己喜欢的图书进行评论、推荐等。

用户在Alikewise网站上可以直接搜索图书或约会对象，搜索图书的时候，可以直接输入书名、作者，找到相关书籍的信息，犹如一个图书库一样，在每本图书的右侧都会有链接指引你去亚马逊购买，通过这种方式Alikewise网站至少可以获得一部分来自亚马逊的报酬，或者让图书出版商、作者来做些广告以进行推荐，显然这种方式并非Alikewise网站的目的所在。

Alikewise网站最核心的还是社交因素。让用户通过条件筛选进行交友，包括约会对象的性别、年龄、有兴趣的图书或者作者等。Alikewise网站也会根据自己的数据库实时呈现符合条件的对象的个人页面。

目前Alikewise网站的服务主要面向美国、加拿大、英国、澳大利亚、新西兰、德国、荷兰、以色列等，根据该网站的解释之所以目前只有这些国家一方面源于网站建设者们需要时间录入各个国家的信息，另一方面则是这些国家是源于用户的需求和推荐，也就是说用户可以通过网站的反馈体系向Alikewise网站推荐国家。显而易见的是未来Alikewise网站也将不断地扩大服务区域。

对于Alikewise网站的模式，相信很多人和我一样都会想到豆瓣，无论是基于图书，还是基于电影、音乐，豆瓣看上去都有机会借鉴 Alikewise网站，毕竟在豆瓣上的大多数用户还都是真心喜欢那些图书、音乐、电影的，能找到有共同语言的对象。不过要谨慎的是网站还是要对用户的交友进行积极地、健康的引导，不要被误导或误用，否则损失也是挺大的。

该网站目前的所有服务都是免费的，随着进一步的发展及用户数量的积累，网站可能会开发一些需要付费的增值服务。比如虚拟物品、约会规则等，不过Alikewise网站承诺在这些增值服务上线之前的老用户都可以至少免费使用这些付费功能3个月，而且 Alikewise网站希望这些增值服务会促进用户之间的交流互动，而非其为了生存发展迫不得已的收费。

点评

Alikewise让人不禁想起钱钟书先生《围城》中的一段话，男女交往一般是从借书开始的。不过他的阐述是“一借一还，一本书可以做两次接触的借口”。

013 GameCrush：玩游戏的约会网站

提要 GameCrush是一个将游戏和约会融为一体的社交化网站，男性付费邀请女性玩家一起玩游戏，犹如约会一样。

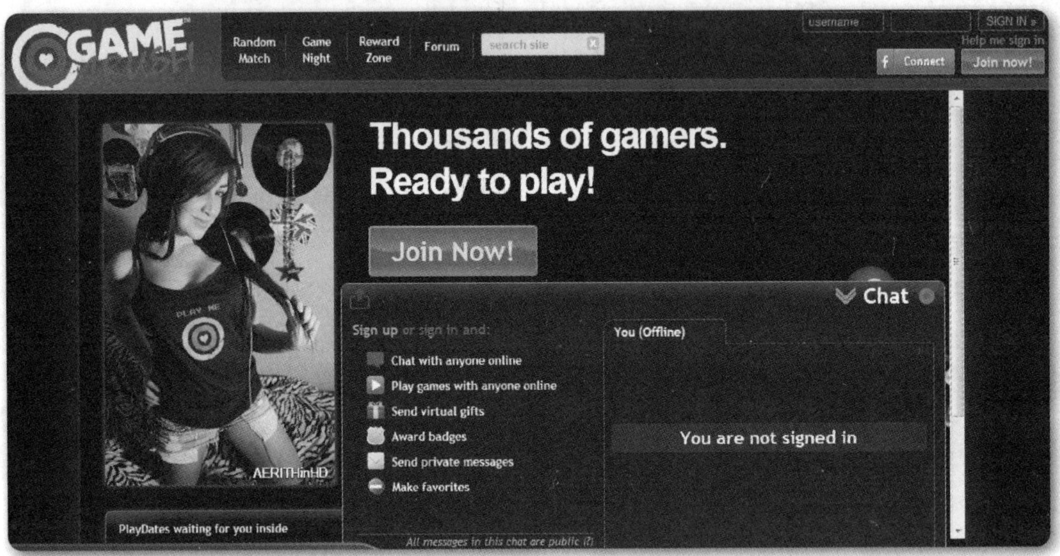

网站名称：GameCrush.com（http://www.gamecrush.com/）
上线时间：2010年3月
网站地点：美国加州（San Francisco, California）

即便互联网目前正在更深入地改变人们工作和生活的方式，但毫无疑问的是，互联网最为根本的需求之一就是娱乐。网络游戏、休闲小游戏是最为典型的娱乐方式，不过目前大多数玩家都是男性，为了促就更多女性玩家、让游戏更好玩，GameCrush网站希望将约会、游戏融为一体，打造一个社交化的、约会化的游戏网站。

邀请者一方（通常为男性）在GameCrush上付费邀请其他用户（通常为女性，GameCrush称之为PlayDate“游戏玩伴”）一起玩游戏，犹如约会一样，只不过是通过玩游戏的方式。

GameCrush的操作模式比较容易：喜欢玩游戏的用户犹如使用SNS社交网站一样，在GameCrush上注册账号、填写个人信息等，当然GameCrush要求必须实名注册、上传照片，这样才会让约会的可能性更大一些。当用户想邀请某位玩家一起玩游戏的时候，可以通过GameCrush发送内部邮件，包括一起玩哪个游戏、什么时间玩等，同时，还要表达为什么希望一起玩。当得到另一方的确认后，双方即可进入GameCrush的游戏中心，一起玩游戏。

此外，GameCrush还鼓励玩家们通过视频聊天等方式进行在线互动，这个过程会更加促进玩家们结识新朋友甚至发起线下约会，当然，一切还要看玩家彼此间的感觉。

在玩游戏的过程中，GameCrush如同其他按时间收费的游戏一样，游戏的发起者每分钟需要付费0.6美元，这个费用会按照一定的比例分成给受邀玩游戏的一方（比如某个女孩）、游戏的开发者（GameCrush犹如开放平台一样，接纳很多开发者的游戏）及GameCrush自身。这样看的话，GameCrush希望通过让女性玩家能获得收入的方式，吸引更多的女性用户到GameCrush上玩游戏。

目前GameCrush上已经集成了十多款休闲游戏，在这些游戏的内部设计中也会有一些让男女玩家互动的环节，毕竟GameCrush不仅仅只是玩游戏。据GameCrush创始人Eric Strasser介绍，该网站启动内测以来，已经有近1万对用户配对一起玩游戏，在正式开放公测后，目前效果不错。

当然，GameCrush也存在一些挑战，比如，如何有效地监控以保证不发展成为情色网站？如何确保互相邀请的彼此双方能按照约定一起玩游戏？如何确保玩家的真实信息及隐私保护等。

点评

目前来看，GameCrush这种模式还是很有吸引力的，毕竟它在很大程度上满足了人们使用互联网最为原始的需求。

014 Pair：情侣内容分享应用

提要 向“另一半”发出邀请，可以选择短信、视频、照片、涂鸦等多种方式交流，还有“我想你”按钮。

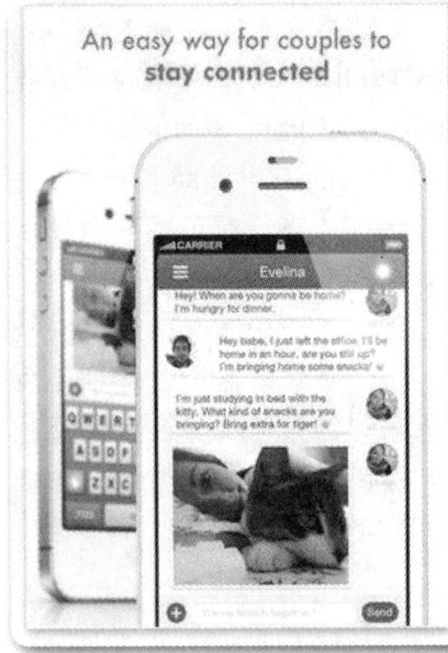

网站名称：Pair（http://trypair.com/）
上线时间：2012年
网站地点：美国

远距离恋爱一直是困扰青年男女的问题之一，多数人会选择通过Skype、电子邮件、Facebook等方式保持亲密联系。现在有一款专门针对这种问题而设计的应用——Pair，它有点像私人分享网络应用Path，只不过Pair是针对两个人的。

该应用使用起来很简单。使用手机（目前只支持iOS系统）自拍照片和简单的介绍视频后就可向“另一半”发出邀请。对方同意后，双方就“配对”成功了。

Pair的界面与短信很像，你在左侧，对方在右侧。但它的功能比短信强大很多，可以选择短信、视频、照片（支持Camera+照相应用的全部功能）等多种方式交流。除此之外，界面上设计了类似Facebook“戳一下”按钮的“我想你”按钮，该应用还支持通过涂鸦交流。

这家由应用孵化公司Y Combinator支持的应用商还设计了许多方便、实用的功能。左上角的按钮可以快速切换到FaceTime；“手指接吻”功能可以实时

显示对方在屏幕上的操作，当双方手指触碰一点时手机会振动代表接吻。用户可以分享计划书，设定生日和纪念日提醒，存储彼此分享的照片。

由于该应用发布不久还有很多不足之处，如照片无法撤销选择、不能自定义标题，短信界面也会出现显示错误的情况。Pair应用的开发主管之一奥雷格•科斯图尔（Oleg Kostour）表示，他们正着手解决这些问题。

点评

无论创意产生得或早或晚，国内已经有不少类似的服务，比如“小恩爱”，人人网也有“情侣空间”产品线。

015 Color：基于地理位置的图片社区

提要 用户能看到最新发布的、在他附近的照片，以及其他用户发布的他可能感兴趣或者评论过的照片。

网站名称：Color（http://www.color.com/）
上线时间：2011年3月
网站地点：美国

刚刚把公司Lala卖给苹果公司的连环创业家Bill Nguyen，推出了他的新网站Color，一个没有隐私设置的、基于相邻位置的社交网络。

在创业领域炙手可热的Bill Nguyen，2010年离开苹果后，在八个月时间里，已经得到红杉资本、贝恩资本和硅谷银行的支持，拿到了4100万美元的种子基金和A轮投资。

刚刚发布的Color，主要基于iPhone和Android平台（据说黑莓和Windows Phone的版本也即将推出），主要是一个照片分享的应用，同时也支持文字和视频内容的分享。

除了交友以及互相关注等功能之外，用户可以方便的使用它来发布照片，然后其他用户打开应用，就能看到Color推送到与他们相关的图片。

用户能看到最新发布的、在他附近的照片，以及其他用户发布的他可能感兴趣或者评论过的照片。这个概念看起来像是对事件进行匹配。比如，一场体育比赛或者一场婚礼。一大群用户可能彼此互不认识，但是他们正在拍摄的是同一件事。

所有发布到Color上的内容都是公开的，Color拥有该项服务上所有内容的版权（当然用户可以删除自己上传的内容）。

Color与众不同之处在于，它的用户关系是隐性的。那些感觉自己Facebook和Twitter上的好友列表是随机的、过时的或者过载的人，可能会对这种不同之处产生共鸣。

举例来说，比如，通过GPS来增强本地属性，Color能够按照光线和环境的特征来辨认两张照片是不是在同一地点拍摄的。它同时也在尝试辨别用户对哪些人感兴趣，以及随着时间的推移，会如何变化。如果用户当时没有与别人的照片发生互动，这个用户的头像在别人的列表里将会逐渐变暗（Color把这个称为“弹性网络”）。

Color希望他们服务的公共性质能够和用户手机里照片的私人性质结合得很好，以确保让用户觉得适当。它的商业模式将建立在基于地理位置的广告服务上。

原图片服务商Photobucket和BillShrink的Peter Pham成为其联合创始人和总裁，目前该公司有了30名员工。

但真正的考验不是他们能招聘到多少员工和得到多少投资，而是有多少人能够真正觉得这款产品有用。

你是否觉得为Color庞大的信息库贡献自己的经验是有价值的？当用户看到Color独创的新名词时，是否能理解。诸如bulletins（基于相邻位置的视图）和visual diary（按时间顺序排的日记视图）以及multilens（多位用户对同一件事拍摄的专辑）？我们拭目以待。

点评

显然，Color并没有像它一开始时众人期待的那样好。“社交网络”这个概念能容纳多少东西？Color的方式不是其中之一。

016 Sonar：胜过Color想象的位置社交

提要 利用已有社交网站的数据来判断你与身边其他用户之间的关系，进而找出联系最密切或最感兴趣的人，然后开始交流搭讪。

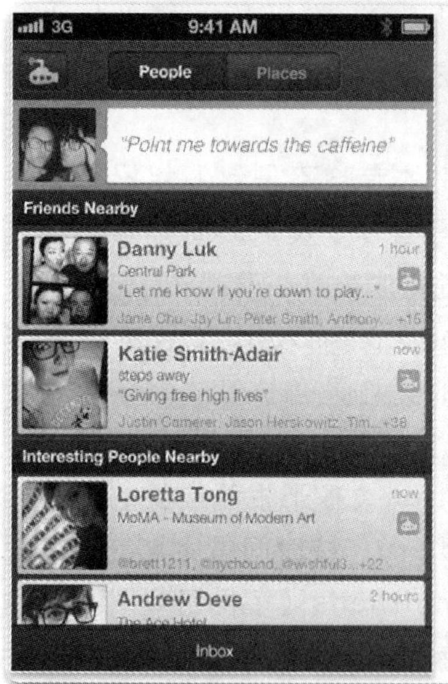

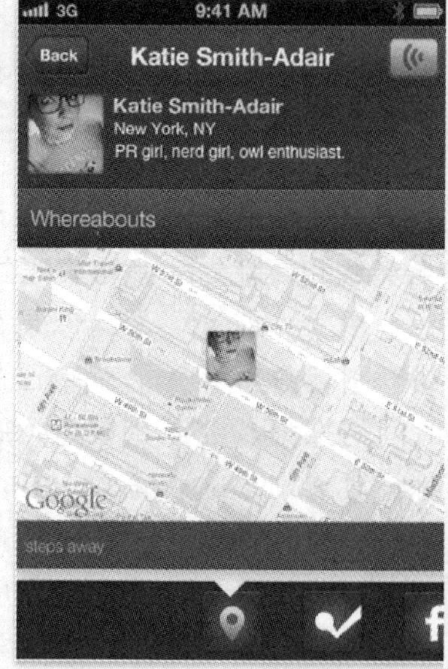

网站名称：Sonar（http://www.sonar.me/）
上线时间：2011年5月
网站地点：美国

在TechCrunch Disrupt大会上，创业公司Sonar吸引了很多目光。TechCrunch创始人阿灵顿（Michael Arrington）甚至说，它比Color能够想象到的做得还要好。

然而，Color在产品上线之前就进行了4100万美元的融资，其中著名风投红杉资本投入了2500万美元，那么Sonar呢？它的创始人说打造这款产品花了25万美元。

简单来说，Sonar的理念就像它名字的含义：声纳。这款应用可利用Facebook、Twitter、Foursquare等社交网站的数据来判断你与身边其他用户之间的关系，进而找出联系最密切最感兴趣的人，然后就是与他们交流，或者说搭讪。比如通过Twitter发一条消息。

Sonar的目标是将用户的在线身份转移到线下，帮助人们在现实生活中进行交流。按照它的创始人马丁（Brett Martin）的说法："你只须打开Sonar，我们就可告诉你，对面那位是你大学室友的Facebook好友，坐在点唱机旁的是你在Twitter上关注的风投，吧台那边的美女也喜欢Arcade Fire（独立乐队）和海明威。”

如何防御Facebook、Twitter与Foursquare它们自己做这项服务呢？而且Foursquare已经有了基于位置的聊天功能。马丁认为：人们非常看重的一个维度就是身边的人。这不是Foursquare的使命，他们是通过地点联系人。Sonar的点子就是先做好核心功能，积累用户，然后推出更多强有力的延伸服务。

至于如何营利，马丁有两方面的计划。

- 一是通过数据向企业收费。聚合并分析所有实时地理位置人口分布数据，帮助品牌和中小型企业实时识别目标受众，使之可以及时提供相关的产品或服务。
- 二是面向用户的增值服务。比如“人的推广”如果愿意多花一点钱，就可以在其他用户的界面中排名靠前一些。

增值服务还可能包括Sonar应用的内部通讯系统，当用户积累到一定程度，马丁他们也打算建立用户的个人档案与通讯系统。这时，如果记者等类别的人希望对会场的人群发消息，就可以向他们收取费用。

点评

基于位置的兴趣交友？从最实际的角度来看，Sonar仍然只是个“想象”。而迎合更为直接的需求的GirlsAroundMe等则引起了要大得多的反响。

017 ShoutFlow：位置交友与兴趣图谱

提要 ShoutFlow在模式上类似基于位置的陌生人交友，同时通过共同兴趣、类似经历与间接联系人等资料进行朋友推荐。

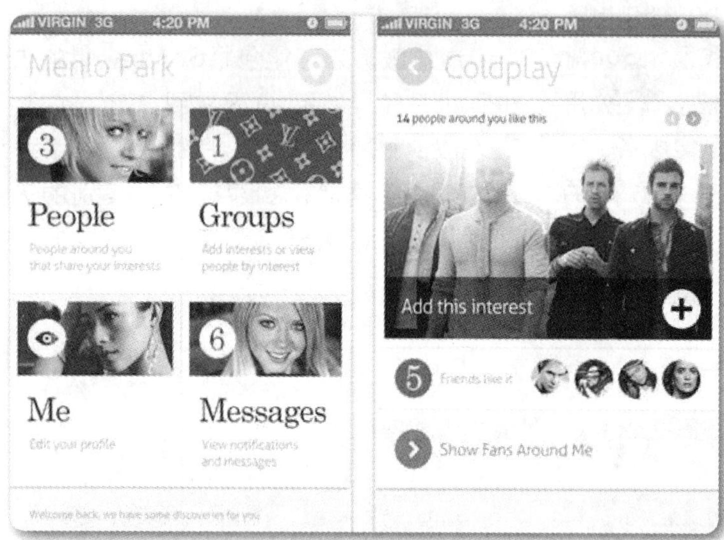

网站名称：ShoutFlow（http://shoutflow.com/）
上线时间：2011年9月
网站地点：美国

ShoutFlow是校园匿名情书社交网络LikeALittle的另一产品。LikeALittle获得了超过500万美元的投资，估值超过3500万美元。它凭借帮助学生们匿名调情而崛起，如今希望通过ShoutFlow这款手机应用来建立基于相邻位置的社交图谱。

ShoutFlow的产品功能主要是帮助用户去认识身边更多的人。它在模式上类似于基于位置的弹性社交/陌生人交友，同时这些"陌生人"的身份又是处于一个实名的社交网络当中，这样就能相对有效地过滤掉那些不怀好意的人群。要知道，正是暴露狂们让爆得大名的弹性社交先驱ChatRoulette迅速被普通用户抛弃。

相对于其他应用关注陌生人的"邂逅"或者随机配对，ShoutFlow更注重于做一个"朋友推荐引擎"，它希望发掘出友谊的DNA（Friend DNA Service），帮助用户更好地找到适合自己的人。

尽管愿景与口号看起来很宏大，ShoutFlow的做法仍然非常常规，通过共同的兴趣、工作学习经历、间接的社交关系和相近的地理位置等信息来推荐朋友。

这种做法常规到不仅Facebook、Linkedin和国内的微博等平台型产品都已经具备类似功能，而且也有多个同类型的将交友功能独立出来的产品。比如，日本东京Tonchidot开发的Android应用Domo（http://www.tonchidot.com/）、美国华盛顿特区的Converge（http://converge.me/）和加州洛杉矶的Hyphos（http://hyphos.com/）。从这些方面看，ShoutFlow在很大程度上是重复发明轮子，前途一片迷茫。

但是，如果按照社区产品用户体验的四个原则（精心地控制内容的质量；注重社区的权威；根据用户的特征来向用户推荐并引导用户；把事变简单）来衡量，ShoutFlow和它的同类们又不失为一个好产品，它被誉为“性感的程序”，有着吸引人的设计、易于使用和用户熟悉的特性，比如上传图片、乐队书籍电影推荐、最新状态更新。

点评

虽然ShoutFlow的主要功能在Facebook都有，但是Facebook在发展了多年之后，由于“平台化”复杂得让急性子的用户感到困惑，他们需要更快捷更方便更少骚扰的交友工具，因而，他们将是ShoutFlow的硬核用户。

小结：在具体领域、具体场景中帮具体用户发挥具体作用

社交网络平台有着很明显的马太效应，如果都是面向相似的用户群，往往最后是赢家通吃。一个很明显的例子就是，Facebook的估值一路上涨，最后以接近千亿美元的市值上市，而同类型的巴西社交网站Orkut在慢慢萎缩，英国社交网站Badoo索性转身做了Facebook上的在线约会应用。在国内也有相似的情景，校内网与5Q联合之后，占座网、同学网等就慢慢被曝或关闭或转型。

那么，在SNS概念风行了多年后，看似尘埃落定的社交网络市场，还有机会吗？前面介绍的十几个网站的答案为“是”，前提是你要够垂直、够细分，而且往往要立足于一个大型的社交网络平台，这样才跑得够快，在细分市场中把竞争对手甩在身后。

这些社交网络平台，盘点起来，大致有四大方向：用户群的细分、自身内容品类上的细分、在所处场景环境上的细分及在产品目的上的细分。也就是做一个大而全的社交网络不再是创业者的最优方向，而是要做一个在具体领域、具体场景中帮助具体用户发挥具体作用的产品。

用户群方面，有慢性病患者社交网络Crohnology、面向男/女同性恋的交友约会社区OneGoodLove等。

领域方面，有基于食品和美食的Foodia、吃货说，饮食文化社交平台CultureKichen，有视频和音乐社交网站Keek、Rexly和like.fm等，有服装设计和美术设计的UnitedStyles和Dribbble，不一而足。

场景的分类更为细致，没有被发掘的机会更多。已经存在的例子有，Hand Things Down 帮助事务繁忙的母亲与她们的孩子在社交网络上分享珍贵时刻，Skimble和NextGoals打造跨平台的健身与社交应用和社区，与我同行（15tongxing）帮助旅途中的人们互相结识，IMGuest则帮助旅行者们来认识入住同一宾馆的其他注册用户。

社交的产品与效用，有帮助用户拓展商务人脉的幸会和在这儿IM，有婚恋方面的爱转角，还有专注于为情侣和夫妻提供秀甜蜜服务的“致力打造一个对情侣实用又有趣的网站”的小恩爱等。

社交（social）是必然的趋势，不论是做社交网络，还是其他。所以，我们开始第2章吧，看看主打社交元素的产品有哪些玩法。

第2章 结合社交的工具

018 评论啦：第三方社会化评论系统

提要 提供评论管理、分享和通知等功能及第三方账号登录，还有一定的数据分析服务。

网站名称：评论啦（http://www.pinglun.la）
上线时间：2011年9月
网站地点：中国北京

对于独立博客等中小网站，如何让用户方便地对内容展开评论是个不小的难题：它们或许既缺乏足够的服务来让用户注册本站账号；又在技术上积累不够，使用的开源博客系统功能不全面；而且可能在数据分析与挖掘的技术上有所欠缺，而不能很好地处理这些评论数据。中小站长或博主不仅需要像WordPress或康盛的建站产品，也需要第三方的评论系统，以更好地增加用户与网站、用户之间的交互，以增强黏性。

美国网站在这方面的需求挖掘仍然领先，如Disqus等创业公司提供社会化评论插件等产品。其中，尽管面临着Facebook Comment的竞争，Disqus仍然有着不错的表现。它们将各个网站孤立的评论系统连接到一起，从而具备了社会化特性，提高了社区用户的活跃度与网站流量。

国内的代表则有评论啦（pinglun.la）、友言（uyan.cc）、贝米（baye.me）提供类似Disqus的服务，功能包括对网站评论进行分类与管理、设置黑名单与关键词反垃圾、限制最大评论字数、自行设置界面、社会化分享等。有些产品还向合伙伙伴提供后台分析服务，包括活跃用户、热门文章、评论数量、回流数据等。

与Disqus类有着很大不同的是，评论啦与友言等产品都提供了第三方账号登录功能，比如友言支持使用网易微博、人人网、开心网等社交网络的账号登录与发表评论，评论内容会自动同步到对应网站；评论啦则支持人人网、QQ、新浪微博等开放账号系统。

与Disqus类国外产品最大的不同是，评论啦等创业团队面对的网络环境与国外有着巨大的不同。评论啦等面临着严苛的监控、优质而独特的网站内容罕见与大公司的激烈竞争挤压等多方面挑战，比如新浪微博与腾讯微博都已经进入评论系统这一市场，大型BSP服务功能丰富用户数量大、独立博客反而受微博等新形态媒体冲击愈发低迷。

那么，创业者们自己又是如何看待选择的这条道路呢？

对话“评论啦”团队

(1)评论啦最大的特色或者创新点是什么

评论啦的最大特性和创新点就在于通过提供第三方的评论系统，将当前各网站孤立、隔绝的评论系统连接成一张具有社会化特性的大网。通过评论啦提供的一系列社会化功能，来提高网站的用户活跃度和流量。网民使用评论啦之后，在不同的网站上评论，不需要重复注册账号；当网民在很多网站上留下的评论，被别人回复时，可以即时通过邮件获得通知；网民在不同网站上的评论也会记录在评论啦后台，方便随时查看回顾；遇到有与自己评论观点相似的评论者时，可以选择关注，关注后可以在后台接收到该用户的所有评论；可以将文章、评论分享到第三方社交评论等。

(2)对于使用评论啦的博主或BSP，有哪些特殊的服务

评论啦的潜在客户包括内容媒体站、个人站长站、个人博客、企业站等。从结果来看，评论啦主要为这些网站带来的价值是用户活跃度和流量的提高及强大的评论管理功能。具体的体现有以下几点：

- 降低了用户评论的门槛，提供多种登录方式。
- 文章分享和评论分享功能，可以将网站的内容分享到更多的平台，让更多的用户查看到。
- 邮件回复提醒，可以及时将与用户相关的评论发送给用户，吸引用户回来继续评论。
- 用户可以查看自己关注的评论者的评论，也可以进入相关网站回复感兴趣的评论。
- 黑名单设置、关键词屏蔽、评论审核、评论举报等功能可以有效减少垃圾评论和违法评论。

(3)如何应对同类细分市场创业者对手或巨头的潜在竞争

通过调研，几家直接竞争对手的团队更多的是业余在做这些事情，不是破釜沉舟的在创业，相关的从业经验和产品经验不足。而我们已经在互联网工作一段时间，之前曾推出过Dropbox类的云存储应用云小盒等产品，相比而言，具有一定的工作经验和产品经验，是我们的一个优势，但最终的竞争会集中在产品的功能体验和商务沟通上面，这方面我们相对具有优势。

我们的潜在竞争对手包括微博评论插件、社会化分享工具、推荐工具和登录工具等。相对直接竞争对手而言，这些才是真正具有强大实力的竞争对手，第三方评论相对于巨头的业务而言，很小，所以和巨头的关系更多的是合作和相互补充。而社会化分享工具、推荐工具和登录工具才是比较具有威胁的潜在竞争对手，我们无法保证他们不涉及第三方评论领域，所以我们只能从内部进行把控，专注于社会化评论这一领域，潜心打造完善产品，提供更好地体验，争取能更快的与一些有影响力的网站进行合作，占据先机。

点评

Disqus的出世和融资让人看到了评论与社交融合的方向，但它受到Facebook评论系统的挤压，国内两大社交平台QQ和新浪微博的评论工具则暗合这一情形。

019 途客圈：旅行兴趣网络

提要　途客圈是主题围绕旅行规划的兴趣网络——用对未游玩过的地点的“计划”取代了回忆录型的攻略，并强化社交互动元素。

网站名称：途客圈（http://tukeq.com/）
上线时间：2011年
网站地点：中国北京

在线旅游领域的玩家很多，最典型的是耕耘十余年的代理模式的携程与艺龙；垂直搜索模式的去哪儿、酷讯；景区代理模式的驴妈妈、朋游；攻略分享型社交网络模式的百度旅游；还有进行经验交流与问答的豆瓣小组等社区。

内测中的初创产品途客圈选取的切入点比较类似攻略分享网络，却也有着自己的特色。它没有像其他落地的在线旅游网站那样，先从本地旅游景点做起，慢慢积累品牌与口碑。它是主题围绕旅行规划的兴趣网络——用对未游玩过的地点的“计划”取代了回忆录型的攻略，并强化社交互动元素。

从网站目前的设计看来，途客圈最具特色的元素是计划（plan），另外两个主要元素是用户和目的地。

每一个计划都对应一个独立的页面，在这里你可以看到撰写这个计划的用户，可以查看计划的详情（城市介绍、更为细致的景点描述），加上标签或进行评论，可以打印、收藏、分享、关注（以收取后续更新通知）、加入到“行囊”（也就是浏览者自己的旅行计划）。

在效果上，有分析认为，制定计划比总结攻略更能激起用户的欲望；一份计划在完成过程中不断修正，是价值更高的攻略；计划完成过程中，用户是不断地参与到当中来，有着更好地黏性，与电子商务链条的衔接前景也比较广阔（比如在计划中推荐旅馆）。

用户维度（user）的设计规划与其他SNS类似，是一个呈现用户在途客圈网站上活动历史的页面，整合了与他/她直接联系的点评、计划、关系人、标签等属性。

目的地（place）元素目前在途客圈的导航栏中占据了比计划更醒目的位置，这也符合一般旅行爱好者的使用习惯——登录网站首先看看有哪些推荐的地点，或者直奔心仪的那一个。

每一个目的地对应多篇计划、点评与多个景点。比如，维也纳一地现在就有接近200个景点，还有相应的达人榜来激励用户的操作。

由于上线不久，途客圈网站也有不足之处：目前一个目的地对于包含的景点的组织形式是比较初级的数字排序，没有更为直观形象的呈现形式。途客圈网站主打的是计划，这也给用户对过往经验的分享带来不便。而或许是团队力量有限，一些景点的资料页不太完备，比如出现“图片暂无”等情况。还有人气与黏度等社交网络运营问题都是对这个创业团队的挑战。

点评

根据途客圈的官方表述，它已经从创新工场的助跑计划中毕业，并成功获得创新工场以及另外一家顶级VC的联合投资。这表明，它的模式和团队得到了至少是资本市场的充分认可。

020 About.me：让个人网络页面归一

提要｜About.me犹如个人门户一样，让用户建立个人资料页面，从这里开始互联网生活。

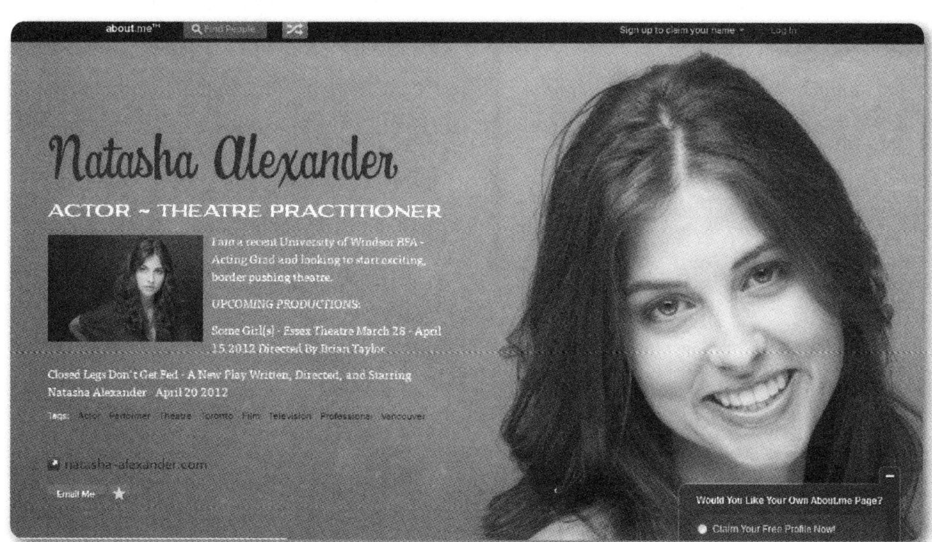

网站名称：About.me（http://about.me/）
上线时间：2009年12月
网站地点：美国加州（San Francisco, CA）

互联网发展到现在，每个人在网络上多多少少都有属于自己的页面，比如Facebook、Twitter、Linkedin、微博等，在这个过程中有一个问题就是没有很好的整合页面，即便有一些桌面端软件或网络程序致力于整合人们在网络上的各类应用，但至少到目前为止没有特别好的。现在或许我们会有一个更好地选择——蓄势待发的About.me网站。

About.me本质上是一个个人档案网站，犹如个人门户一样。每个人在About.me上通过域名（About.me/XXX），建立属于自己的个人资料页面，将你在网络上的各类足迹汇总到一个页面，从About.me出发探索精彩的互联网世界。

该网站成立于2009 年12月，由Tony Conrad（True Ventures创立人之一）、Ryan Freitas和 Tim Young 等创立，一开始就获得了True Ventures、Radar Partners、AOL Ventures等风险投资机构以及Ron Conway（罗恩•康韦，Google和Facebook的早期投资者）等天使投资人的投资，由此可见About.me的魅力所在。

为什么大家看好About.me呢？先看看这几个人的页面：联合创始人 Tony Conrad、AOL CEO Tim Armstrong、Typekit 创始人 Jeffrey Veen 。再想想看，随着人们在互联网上的足迹及ID越来越多和分散，整合性的需求必然出现，这个时候拥有优秀域名、简单页面、可能的开放性平台及优秀团队的About.me就可能成为“下一个Facebook”、甚至比Facebook更强大。

在About.me页面上，用户将自己分散的网络信息集中，比如Facebook、Twitter、Linkedin、Flickr、各类微博、各类LBS平台、E-mail等，用户完全有可能将About.me作为自己的网站入口。目前About.me的功能比较少，除了个人简介、整合部分SNS账号外，还通过数据及图表，让用户可以了解有多少人访问了你的个人页面、他们来自哪里？犹如个人网站的基本信息一样，这也是目前About.me所主打的“简单化”。

当然对于About.me而言是简单的，但其却又不简单。比如，About.me可以如同Twitter一样构筑一个强大的第三方开放平台，整合更多的网络应用及服务；又比如用户可以通过About.me实现一键式发布消息及Blog，还可以通过About.me订阅新闻等。

当About.me的功能越来越强大、用户黏性越来越高的时候，人气和流量会带来网络广告、付费应用等，而如果About.me还能够进入移动互联网领域的话，其前景就太值得想象了。

输入用户名及E-mail地址后，About.me会告知你该用户名是否被注册、如果没有注册的话，About.me会通过E-mail通知你去申领自己的页面并开始个人门户之旅。

点评

最初，人们对于About.me的期待很高很高，很多人认为它会成为下一个互联网巨头。但在被AOL收购之后，About.me的消息渐渐稀少，直至沦为一个平庸的产品。这是AOL的问题，还是另一种互联网版伤仲永呢。

021 Stamped：给一切打分的狂热

提要 让人们可以在移动设备上更简单、实时地评价一切事物，进而获取积分兑换礼物。网站自己通过购物链接分成和广告获利。

网站名称：Stamped（http://www.stamped.com/）
上线时间：2011年
网站地点：美国

人们总有评论事物的冲动，也有不由自主受他人评论影响的社会认同压力。与交友类似，评论毫无疑问是网络产品的刚性功能需求，甚至可以说是社交产品不可或缺的功能。

基于评论与点评，已经诞生了上市的Angie's List、Yelp和被谷歌1.25亿美元收购的Zagat，它们是往“评论”这一功能上添加更多的附加值。比如，向活跃用户赠送消费优惠券；同时又限定于一个相对垂直的领域，比如餐馆点评。

可是，仍然有人不这么认为，他们想打造能够点评一切的服务，从头开拓这一市场。比如，Digg创始人Kevin Rose和几位Google前员工，他们的产品当中名声较大的是Oink、Jotly、Wikets和Stamped。

Kevin Rose在一处偏僻场地的库房改造的办公室中展示了他的作品Oink，一款帮助用户寻找、评判并比较各种类型事物的手机应用，包括不限于红酒、饭店、零食、游乐场等。用户可以对这些事物打分、添加红心，或者留言评论。事物对象会因为这些评分而获得相应的声誉值，做出评论的人在相应的领域也会获得威望，威望可以用来获取奖品。

Jotly也是无所不包的评论，它和Oink一样结合了移动应用在地理位置上的优势，比如在评价建筑物时，用手机拍照后可以进行定位。还可以查看对某一对象做出好评的其他人、谁此时此刻也在附近等。

Wikets看起来也相当的“雷同”，用户可以评论从日常生活用品到户外场所的一切东西，当有人因Wikets上的推荐购买了商品，评论人可以获得积分，然后兑换礼品。另一端，Wikets又与线上电商网站和线下大商场之类的各种商家合作。

Google前员工推出的Stamped功能也颇为相似，用户能够对所有事物进行评价（称之为盖章stamp），可以连接到Facebook与Twitter将评论分享同步。还有让用户添加to-do list（待办事项）的功能，方便随后查看。另外还添加了游戏化元素——每个用户初始只有100次“盖章”的机会，想要更多就需要表现得更加活跃，或者只对对象事物添加简单的“喜欢”（like）。

Stamped更类似Web端兴起的评价分享网站的地方在于它将用户评价直接与Google、iTunes、亚马逊、OpenTable、Fandango等网站上的数据连接起来，让用户在评论行为的下一步——分享或购买更为容易，这也将是Stamped未来的一大利润来源。

人们自然会问：这些点评功能、信用控制和用户激励早就有产品实现了，而且不细分的话让人浏览起来更困难。那么这些应用的意义何在？与已经存在的那些服务有何区别？或许是移动互联网的浪潮所致，新技术与开放平台带来的低成本实时响应和社交应用让这种狂热有了可能。如果用六个字母来形容，那就是所谓的SoLoMo。

Stamped的投资人、Google Venture合伙人Rich Miner的说法颇具代表性：“有很多种方法能够让人们在某处签到留下到此一游的痕迹，而且每个人都喜欢分享自己的喜好，而Stamped让这些变得真正简单。”

Stamped的投资人言下之意还是看重它的社交功能和简洁明了的体验。尽管如此，还是掩盖不了这是一款mee-too app（“我也是这样”应用）。用科技博客VentureBeat作者Chikodi Chima的说法就是：Stamped能够获得投资，或许只是因为stamped.com域名不便宜，而这些“创始人”们恰好曾经在Google工作过。

点评

Stamped不仅面临着一大堆类似产品的竞争，更加结构化、to-do list这些额外的小特性并不能保证它就能胜出；还有其他社交产品的挤压，比如营利乏力的位置应用FourSquare添加类似评价功能就是轻而易举的事情。

022 Vizify：社交网络工具

提要 整合用户在互联网上的信息，并用一种标准化而且直观的形式呈现，比如，用图表显示用户在Twitter上的活跃程度。

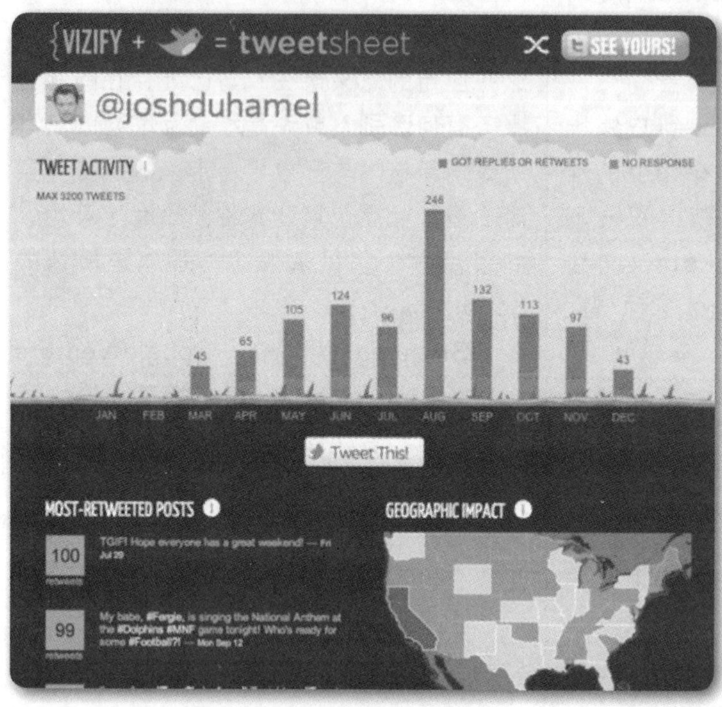

网站名称：Vizify（vizify.com）
上线时间：2011年
网站地点：美国

关于网络身份，有人总结出以下三个趋势。

- 人们在网络上分享的信息越来越多，而且很多都是关联账号之后自动分享的。
- 人们开始有意识地搜寻可用的个人信息，而且各种开放接口也让打造这样的工具变得可行。
- 人们面临着管理自己网络身份的挑战，而且数据散落于多个位置与场景等。

Vizify就是一个目标在于应对这种趋势的社交网络工具，旨在为用户创造良好的第一印象。它“毕业”于创业孵化器TechStars的西雅图加速计划，并宣布获得120万美元种子资金。投资人包括一系列VC和企业家，比如德丰杰的创始人Tim Draper、订阅服务Feedburner的创始人Matt Shobe等。Vizify还从另一个种子基金机构Portland Seed Fund进行了90天加速计划，获得2万5000美元。

Vizify的概念有些像社交网络名片服务About.me，它整合用户在互联网上的信息，并用一种标准化的格式呈现。这样用户可以更好地管理自己的个人品牌影响，商务人士与招聘方也可以更深入地了解他人。

与About.me不同的是，Vizify并不是简简单单地将用户社交网络账号罗列于页面，它希望能够运用更为直观醒目地方式，比如现在已经推出的TweetSheet服务，用柱形图显示用户在Twitter上的活跃程度，用地图显示该用户粉丝的分布状况，还列出用户被RT次数高或评论数多的Tweet等。这种Twitter分析工具市场上已经很多，但Vizify希望让它融合About.me来发挥更大的效用。

点评

Vizify的这种易于使用、可进行直观互动的特性也让它有些与众不同，并获得投资人关注，但究竟能走多远还有待观察。

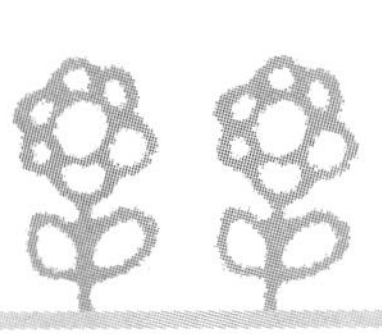

023 Mobli：挑战Instagram与Color

提要 集成了Instagram类图片分享社区与Color式陌生人位置交友的功能，还有基于位置的生活信息查询。

网站名称：Mobli（http://www.mobli.com/）
上线时间：2011年5月
网站地点：以色列

青出于蓝而胜于蓝。这是以色列创业公司Mobli的计划，它刚刚发布了第一款应用程序，似乎已经从Instagram、Pixamid与Color等图片应用的经验与教训中学到了很多。

Mobli社区页面，或者说频道（channel），会基于用户输入的标签在图片或视频上传时自动创建。它有三种频道：人物、地点和事物（subjects）。

你可以建立基于朋友、名人或感兴趣的人（暗恋对象？）的频道。可以围绕某地正在发生的事件建立频道，比如Yankees Game（扬基队）频道就能看到很多纽约扬基队球迷看球时发布的照片与视频。还有类似Roller Coasters（云霄飞车）之类标签生成的频道，它由玩过山车的人们上传的内容组成。

与Instagram相似的是，Mobli还提供在线的图片处理，比如补光。不同的是，Mobli的标签不会生成一个满是图片的页面，取而代之的是一个可以互动的空间，比如围绕一场音乐会、体育赛事或其他某种公共空间。而在Instagram

之上，你只能获得一个访问链接，而Mobli的评论、收藏、分享与关注则比较方便。

Mobli具备直播（live）功能，它给每一张图片与每一段视频都配上一个单击可以查看位置信息的小按钮，而直播正是查看你所在位置周边的内容。这听起来像是Color吗？有点像，但是与Color的完全匿名与陌生人社交不同的是，用户有更多的控制权利。

Mobli比Color更突出的功能是around me（身边），单击按钮之后，用户就能轻易找到身边的餐馆、超市等建筑物。

除了频道、直播与身边，Mobli还有Popular（热榜），由分享次数等作为参数推荐给用户。在很多细节上也具备优秀社会化媒体的良好水准，比如，每一张图片除了分享与评论，也会有它被归入的频道的简介与链接、发布人其他受欢迎的图片。关注关系上除了关注人，也可以关注频道，它还打算推出私密频道，这样只愿意留念而不是公之于众的人就可以减少打扰。

点评

基于地理位置可以做哪些功能？Mobli给出了比较丰富的答案，但也因此让它的定位一度比较模糊。Mobli到底是什么呢？上传图片？查看身边餐馆？在2012年，Mobli已经明确自身的终极目标，打造视觉图片搜索领域的谷歌，而社交共享仅仅是它实现目标的一个跳板。Mobli通过面部和图像识别、标注等功能更加专注于这个目标，并在朝着上市而努力。

024 Shaker：做酒吧化Facebook

提要 Disrupt大赛2011年旧金山站冠军Shaker，结合了AR的互动应用，已募资300万美元。

网站名称：Shaker（http://apps.facebook.com/shakerapp/）
上线时间：2011年
网站地点：以色列

Shaker的宗旨是酒吧化的Facebook，用户除了可以在Shaker聊天互动外，还可以选择播放房间内的音乐，为好友点饮料等。

Shaker是使用Facebook的数据将Second Life、 The Sims和Turntable.fm等社交类网站整合起来，这样Facebook上的用户信息就成为一个活变身器。在Shaker网站上，用户可以选择房间内部的音乐，与其他Facebook用户互动，还可以为他人点饮料。

相较Facebook，Shaker提供一种更有趣的交流方式，打破了仅限于静态和平面的交流方式。Shaker的理念是将Facebook本身变成一个酒吧，自然而然进行社交互动。在Facebook上，用户可以实现聊天交流，但是认识新朋友就显得比较困难，而这一点恰恰是Shaker希望能够实现的地方。

Shaker可以实现通过好友认识新

朋友，两个互不相识的人通过一个共同的朋友而相识。Shaker还通过个人信息查找出房间内有共同点的用户，比如，两个用户生日相同或者钟情于同一个品牌。

Shaker其他功能还包括基于地理位置毗邻度的聊天、查看房间内用户信息、Tweet wall等。

Shaker团队已在公司所在地以色列特拉维夫进行测试，反响相当好。

点评

在2011年10月，Shaker宣布融资1500万美元，它被认为将改变全世界的交流和娱乐方式。

025 HowAboutWe：根据资料挑选对象

提要 用户注册并填写资料，可根据位置/兴趣爱好/分类等信息浏览，通过HowAboutWe的会员数据库挑选约会对象。

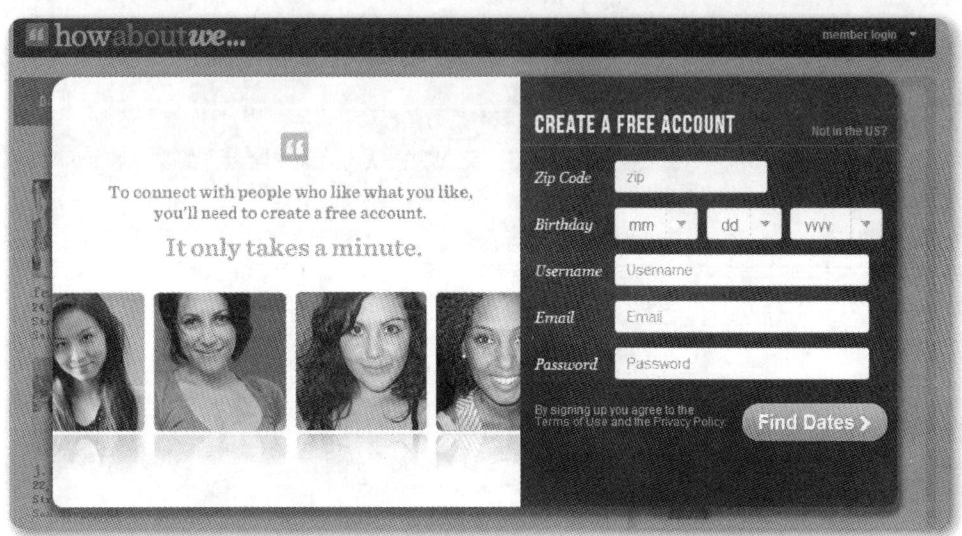

网站名称：HowAboutWe（https://www.howaboutwe.com/）
上线时间：2010年2月
网站地点：美国纽约

约会网站HowAboutWe的功能分为四部分：发布约会信息、浏览查看其他人的资料和约会信息、制定约会计划和实施约会计划。它还包括一些社交分享功能，比如上传图片、关联Facebook账号等。

如同它的名字所传达的简单直白的含义，HowAboutWe的模式也直截了当，与国内的大大小小交友应用或婚恋网站相比，它甚至可以说并没有在形态上有多少创新与进步。尽管如此，HowAboutWe仍然在成立不到一年就获得A轮融资，不到两年的时候融资就接近2000万美元（据Business Insider报道）。

或许，也就是HowAboutWe如此直接而专注的设计与运营让它赢得了风险投资机构的亲睐。与各种社交网站注重打造平台或关注各种人际关系资料不同的是，HowAboutWe更加突出的是约会本身，它的目标就是打造最快捷最方便的在线约会工具。

- 首先，在入口上。HowAboutWe囊括了Web端、电子邮件和移动应用几大方式。当然，这也是新兴创业者在有实力的情况下基本都会做到的事情。
- 在个人的资料设置上。除基本的名字、性别等信息外，还要求用户回答自己喜欢的饮品、体育锻炼习惯、看过次数最多的电影、性取向等与约会相关的问题。
- 用户的页面有非常醒目的发送私信和“约她/他出去”的按钮，页面下方则根据其资料推荐其他相近用户。
- 相对全面且细致的浏览导航。如果用户想寻找80后，则可单击“80后”主题链接，查看被归属到该主题之内的其他用户。还有根据场景、音乐等方式，比如Hotel、Jazz、Sushi等主题。
- 根据约会信息浏览。用户注册时就被要求填写约会请求，之后也可发布新的提议，这些都能在Date Ideas（约会提议）栏目下根据受欢迎程度等方式查看到。形式有些像微博的广场。
- 额外的栏目运营。HowAboutWe在用户页面之外还提供了一些资讯功能，比如The Date Report就是发布一些约会相关的文章，包括真实的约会故事、交往技巧建议、爱情与文化等。

点评

与爱转角、ShoutFlow等的思路不同，HowAboutWe并没有明显表露出打造另一个SNS的野心。

026 Honestly Now：匿名的实名问答

提要 | 用户邀请好友或专家回答问题，但只能看到答案，看不到具体回答者的信息，Honestly Now 希望借此避免善意的谎言。

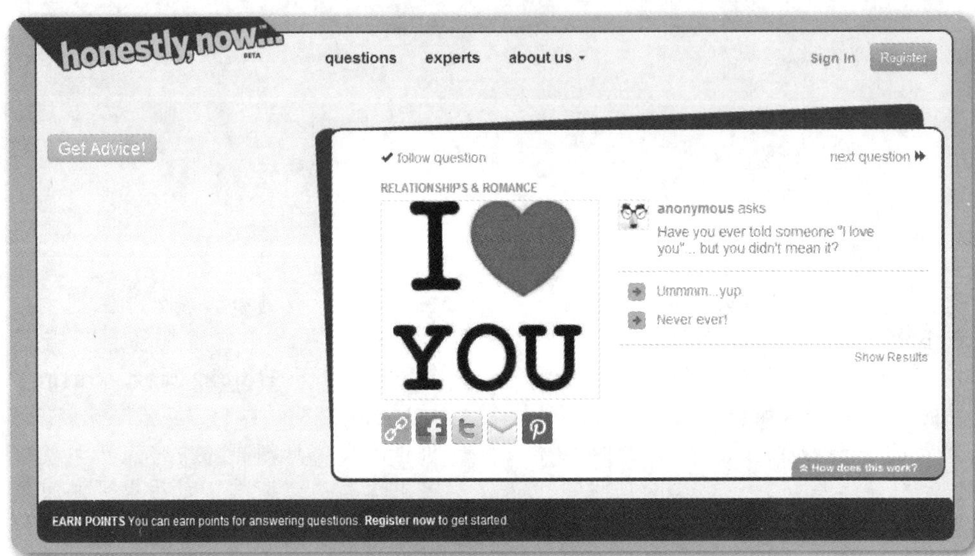

网站名称：Honestly Now（http://honestlynow.com/）
上线时间：2011年
网站地点：美国纽约

问答网站希望利用网络发挥每个人的作用，提出问题，提交答案，并不断修改完善。目前也已出现了多种形式。Google的AardVark主要是借助邮件提问与回答，Quora、StackOverflow和刚被Twitter收购的Fluther是通过显性的问与答构建不同于Facebook类SNS的新型社区，formspring在已有的社交网络基础上问答，inboxQ完全依托于Twitter，Hunch则是让用户回答问题以此了解他的特征，从而优化生涯规划建议答案。还有比较传统的匿名问答服务，比如，美国的ChaCha和中国的百度知道。

在网页技术、用户关系网络建设和推荐算法之外，问答网站还有个问题：匿名用户可能会胡乱回答一通，实名用户则在一些敏感问题上会选择善意的谎言，比如，某位女性朋友的体重、是否看好朋友与另一人的恋情等。

上线不久的Honestly Now希望在这一角度有所突破。它有认证的“专家”级别用户，普通用户还可以邀请朋友回答问题，这样对于他来说，回答都是由实名用户做出，但不记名的方式又让回答者感到可以轻松地吐露真言。

Honestly Now目前还是测试版，能够自由注册，用户邀请朋友加入或者回答朋友提出的问题可以增加自己的积分以提升等级。比较高等级的用户为“专家”和“Fab50”。普通用户通过在网站上活跃可以升级为专家，Fab50是更高级的专家，他们是网站的核心成员，决定问答的玩法、问题的质量水平和网站的显性气质，目前Fab50的成员都是创始人Tereza Nemessanyi邀请到的从牙医到时尚设计师的各种行业专家。

Honestly Now推出的问答服务暂时非常简单，回答者单击决定“是”或“否”，或者从两项事物中选择他认为更好的那一个。

比如，iPhone用户可以下载App之后给自己的卧室拍照，对图片添加“清一色白色的装修很新颖”与“很容易脏，清洁的工作让这得不偿失”两项描述，然后等待好友匿名地用手指单击做出评判，还能邀请级别上升至专家的用户。你可以根据活跃度、领域、用户名来搜索选择向哪些专家提问。然后是设定问题截止时间，查看投票结果。

点评

Honestly Now的使用门槛足够低、用户隐私处理也恰到好处，目前它展示出来的问题，很多都有数千个投票。同时，每个问题的评论数却在10条左右，这侧面表明它在运营上的乏力，并没有迅速争取到海量用户并沉迷其中，多数用户就是进来投票，其中一部分会自己提问题，然后就离开了。

027 BranchOut：用Facebook做招聘

提要 相比LinkedIn，BranchOut在社会化上做得更为出色，各种激励用户透露更多职业信息的方式让它显得很有竞争力。

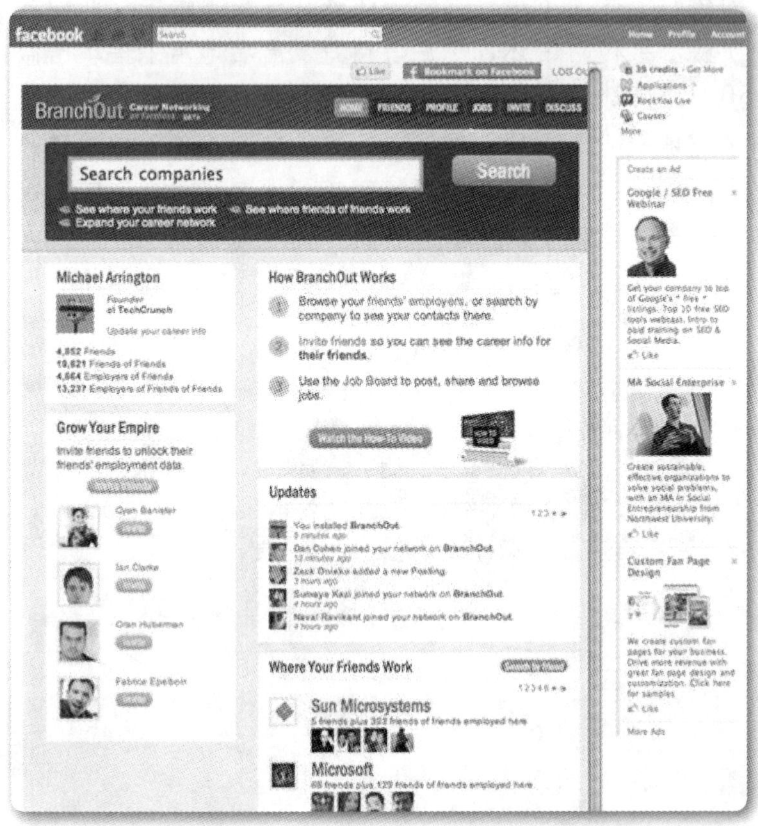

网站名称：BranchOut（http://branchout.com/）
上线时间：2010年
网站地点：美国加州旧金山

开发者可以用Facebook做什么？原则上，Facebook开放了API，在此范围内，想象有多远，能发挥的空间就有多大。比如，虽然用户在Facebook上也填写了职业信息，但是，如果想在自己的好友资料中搜索公司是很不方便的，以前如果想看工作资料，就只能去LinkedIn。而BranchOut就想到这一点，利用Facebook来做招聘，截止目前，它已经积累了300万份工作列表，建立了2000万个职业关系连接。

对比LinkedIn的优势

BranchOut的主要功能与LinkedIn类似，它可以根据履历找到拥有相似经历的Facebook用户，可以看到朋友在哪些公司工作，如果那些朋友已经安装了BranchOut程序，你也可以看到有多少他们的朋友都在那家公司工作，还可以延伸到他们对该公司的介绍等。

它们的营利方式也有些类似。目前BranchOut会向发布招聘信息的企业收取费用，还计划对一款面向招聘人员和销售人员的产品收取月费。在知名度、用户认可程度和“谁查看过我的页面”等产品细节上，LinkedIn领先，但BranchOut选择在LinkedIn的薄弱环节突破，分析人士经过调查之后认为它在以下几处胜出，核心之处是社交元素更强。

- 投票功能。它就像个智力问答小游戏，参与者可以获得点数，这样就能促使更多的Facebook用户加入；而且用户在投票决策时也能形成小而有力的社会认同，BranchOut因此获得一定的黏性。LinkedIn则采用了比较传统的方式，唯一社会化一点的地方就是邀请好友和分享功能，它的目的不是显示用户更多的信息，而是收集议题更加广泛的资料。
- 智商测试环节。BranchOut有邀请好友测试IQ并且比较结果的互动功能，能在获取用户更多资料的同时增加参与度。有一个“竞争对手”能激发用户发挥更多，招聘公司就能了解他们更加深入。LinkedIn则是简简单单的技能测试，毫无社会化元素可言，招聘公司能看到的信息也相对较少。
- 勋章功能。BranchOut用户可以奖励好友，即某一领域的“专家”虚拟勋章，用户之间的相互评价也增强了职业信息的可信度。
- 排行榜。如果用户希望在BranchOut的排行榜上排名靠前，他/她就需要表现得更加活跃，吸引更多的投票。LinkedIn的排行榜则更像是用户的存款证明，它没有互动地竞争环节，显得有些冷漠无情。

风险与考验

BranchOut的创始人里克•马里尼（Rick Marini）有优质的人脉关系。1999年，他就与一位哈佛商学院好友联合创办了情报、求职和人格测试网站Tickle，他们利用病毒推广使之大受欢迎，并于2004年作价1亿美元卖给招聘巨头Monster。

BranchOut则是他第二次创业，公司的前身是创立于2008年的社交娱乐网站SuperFan，去年夏天转型之前一直是举步维艰。转型之后很快在风投Accel主导下获得600万美元投资，马里尼还吸引了很多天使投资人，包括负责YouTube创收业务的谷歌员工本•林（Ben Ling）、Twitter产品经理约什•艾尔曼（Josh Elman）、Path创始人肖恩•范宁（Shawn Fanning）和戴夫•莫林（Dave Morin）以及WordPress创始人马特•穆伦维格（Matt Mullenweg）等。

由于Accel同时是Facebook的投资者，而且该公司合伙人凯文•埃法西（Kevin Efrusy）也任职于BranchOut董事会，它在Facebook平台上顺利发展的机会比一般公司要大。马里尼则称他与Facebook关系牢固："每隔一周都会造访一次Facebook总部"，这也使得BranchOut成为少数几家有特权参与Facebook内测项目的合作伙伴。他还有应对险境的经历（Trickle在2000～2002年互联网泡沫破裂之后曾濒临绝境，当时收到的广告预算几乎为零，仅凭增值服务度过难关）。

但这一切都无法永远避免BranchOut与Facebook发生冲突，马里尼自己也意识到这点，他说："我们无法控制Facebook的通信渠道，我们必须按Facebook的规则行事。"他同时也打算向潜在的其他合作伙伴证明价值，防止完全受制于平台提供商而陷入窘境。"如果我想与WordPress或Twitter达成交易，我的投资者可以帮忙促成。"

点评

如果BranchOut的市场空间足够大，LinkedIn就不会置之不顾。而且，BranchOut还面临着Identified等对手，后者对用户提交的简历打出分数。

028 iJourney：社会化时光机器

提要 用户可以为自己的每一天都建立独立页面，从Facebook等社会化网络中导入内容，或者新增图文影音，记录并展示过往旅程。

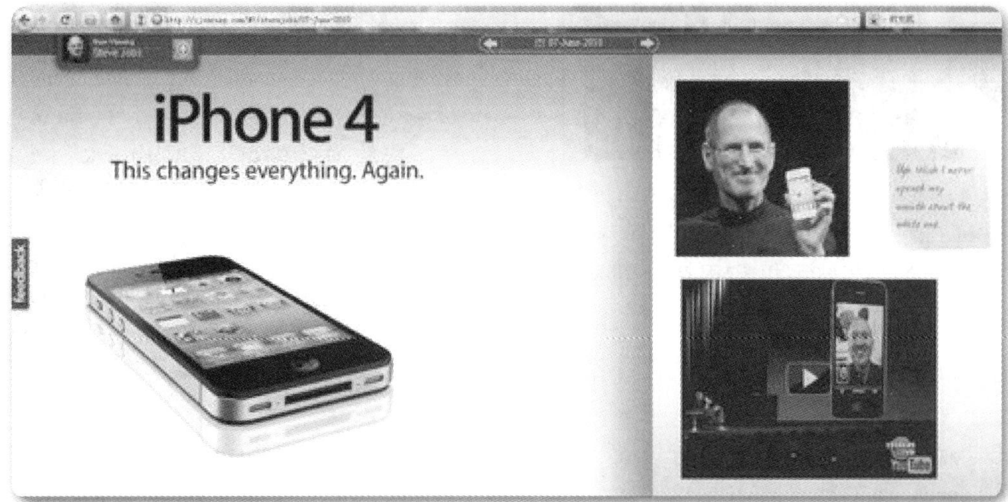

网站名称：iJourney（http://www.ijourney.com/）
上线时间：2011年2月
网站地点：加拿大温哥华

iJourney如同名字的含义，它就像一个时光机器，记录并展示人们的过往旅程。你可以通过它为自己的每一天都建立一个独立的页面，纪念美好的时刻。可以设置浏览权限，并且与社交网络中的好友们分享。

它结合了Facebook、Twitter、Flickr、YouTube、Tumblr等社会化网站，能通过接口获取图片、文字或视频，用模板生动地组织素材并展示出来，用户也可以自己添加这些内容，涂鸦或者上传图片视频，或者现场用摄像头拍摄。上图是iJourney创始人建立的展示页面，2010年6月7日苹果公司CEO乔布斯出席了iPhone4发布会。

iJourney上的内容通过Timeline（时间线）的方式来组织，浏览者可以选择一个具体日期（yy-mm-dd）来查看当天该用户的活动，也可以使用左右箭头快捷地操作。比如在上图展示页面中，单击日期旁边的右箭头还可以让乔布斯与Facebook CEO扎克伯格、Google前CEO施密特等人在硅谷与美国总统奥巴马一起晚宴。

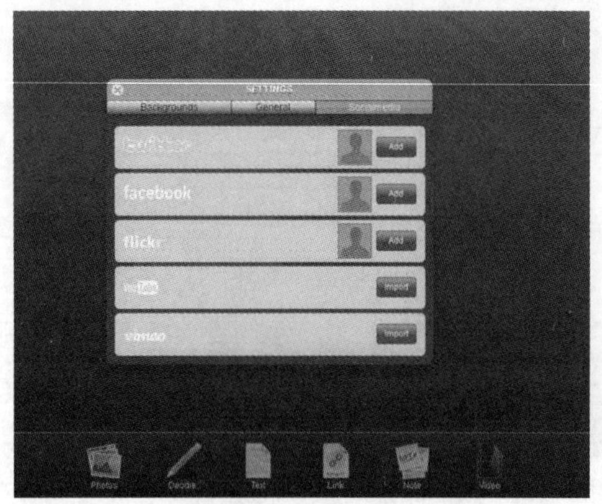

iJourney目前推出了网页版，HTML 5跨平台版本与手机应用在计划当中。现在它有以下三大用途。

- 普通用户可以作为更高级的日志服务。图文视频和定制模板已经能够满足很多人的表达与纪念的需求，用Timeline（时间线）导航的方式也更为独特与方便。iJourney建立了站内的好友关系系统，设置中也有导入社交网络与隐私保护选项。用户于是就可以选择从Facebook、Twitter等网站导入已经上传分享过的内容，还可以将这些页面的浏览权限分为私密、仅朋友可见或完全公开。
- 个人名片。iJourney的个人联系信息页面（about）具备类似about.me等在线名片的作用，它聚合了用户填写的社交网络信息，还可以插入一个动态影集，如果浏览者想看到更多的资料，单击“时间线”按钮即可。
- 社会名流或企业对外展示的新窗口。由于MySpace与Facebook等网站的创新，名人与企业现在不需要建立自己的网站就可以很好地展现自己，并且与关注者互动。iJourney则提供了一种新颖的体验，比如狂热的明星粉丝就可能会很喜欢这种形式，他们能非常方便的看到明星在哪一天去过哪些地方、拍过什么电影、摆了哪些Pose等。

比如iJourney创始人建立的展示页面中就有作曲家雅尼（Yanni）和已故的艺术家安迪•沃霍尔（Andy Warhol）的作品及生平事迹。

点评

iJourney代表着一个比较主流的趋势——情感化设计与读图时代。可喜又可惜的是，Facebook在2011年的大幅改版就是采用Timeline方式。

029 SocialDial：通过社交网络打电话

提要 让用户无须知道 Facebook 和 LinkedIn 上的好友电话号码，便可向对方拨打电话或发送短信。

网站名称：SocialDial（http://socialdial.com/）
上线时间：2011年
网站地址：美国

SocialDial是移动通讯公司Bababoo新推出的手机应用，它让用户无须知道Facebook 和 LinkedIn 上好友的电话号码，便可向对方拨打电话或发送短信。用户仅须登录并关联其社交网络账户，SocialDial 便建立包括所有好友及其联系方式在内的全新通讯录。只须在客户端上触摸姓名即可联系其中任何人。

SocialDial计划将用户的手机通讯录扩大到社交网络，还宣称利用电信运营商的本地连接进行通话，可以省去长途费用。

它的做法是：基于拨打电话的用户所在位置生成一个临时的电话号码来接受通话或短信，然后转给目标。如果对方没有下载安装该应用，SocialDial则会将短信或通话以私信的形式发送到他们的社交网络账号上，比如，Linkedin提示信息、Facebook状态更新，对方单击私信链接可以收听收看内容，下载SocialDial应用。

SocialDial甚至还“借鉴”了GroupMe等群聊应用的特点，用户可以与朋友和联系人建立需要邀请才能加入的群组来通话，召开电话会议，还可以对好友进行分组。

SocialDial的公司Bababoo的管理团队包括：联合创始人与顾问Buck French，曾创办OnLink并以6.09亿美金出售，同时是小摩投资基金的合伙人；总裁与首席执行官Randy Adams曾任Adobe与雅虎的部门主管、乔布斯创办的NeXT公司的首席设计师。

点评

SocialDial让基础的语音服务也摆脱了传统的电话号码数字身份。如果不考虑电信运营商为设置的壁垒，它将是取代Skype等的热门应用。

030 Grubwithus：餐饮社交平台

提要 Grubwithus的理念十分简单，就是为喜好相近的陌生人提供一起吃晚餐的机会。

网站名称：Grubwithus（https://www.grubwithus.com/welcome）
上线时间：2011年
网站地点：美国加州

Grubwithus是餐饮社交领域的先行者，并被看好能够在美食爱好者中引爆一轮新潮流。它的做法是：希望与陌生人一起吃晚餐的用户，花费25美元就可以浏览网站提供的晚餐列表并获赠车票。当然，在正式的聚会之前，用户之间可以在网络聊天室中做个简单的自我介绍。

Grubwithus还提供慈善晚餐与兑奖晚餐两种特别活动。前者是让用户竞标，出价最高的可以与知名人士一起晚餐（有点类似巴菲特午餐拍卖）。后者则是用户在Grubwithus花较小数额的金钱购票，如果中奖则可参与指定的高档晚宴。

Grubwithus联合创始人兼CEO Lu在访谈中透露，“我们的目标就是为现实生活社交活动服务。”Lu谈到，“现在我们希望将这个目标再推进一步。目前用户每周访问网站一到两次，查看是否有饭局。如果有，用户可以借此机会品尝美食，结交朋友。那么用户是否会继续关注这些在饭局中结交的朋友呢？从这里出发，我有了新的想法，希望能拓展出新的空间，吸引用户每天都查看一下。”

除了向用户收取手续费，Grubwithus还与商家协商定制整个套餐的菜单，向餐馆收取一定数额的服务费用。Lu解释道，在与餐厅打交道时，公司会提前讲清楚，他们与Groupon不同。“餐厅最怕的就是Groupon。他们所问的第一个问题通常是，‘你们不是像Groupon那样吧？因此，我们会说清楚，我们是想成为其稳定的收入来源，我们不是寻求大的折扣。我们需要的仅仅是一份菜单和一个价格，是在此基础上抽成。”

The Social Feed、LetsLunch等公司也相继进入餐饮社交领域，还涉足线下社交。但显然Grubwithus已经占得先机。在2011年，Grubwithus获得160万美元种子基金，2012年的首轮融资再获500万美元。该网站的业务已覆盖近50个城市。

点评

尽管Grubwithus抓住了现代人社交生活萎缩的问题，发展形势良好，但也有人提出疑问。我们真的希望通过网络来结交新的朋友吗？

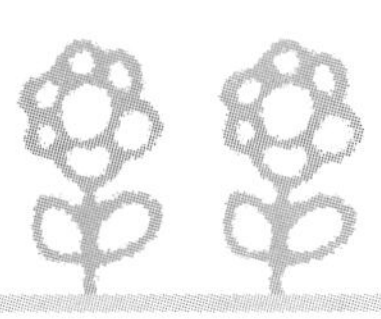

小结：利用社交网站

结合社交平台的工具类型非常多，这里再列举一些。

社区服务WeSprout：让父母们更好地检测孩子的健康状况，并且与有类似经历的其他家长交流、寻求帮助。

在线招聘系统Identifii：用户可以在履历中整合他们社交网络账号，方便招聘方更好地了解他们。

CoupleSpark：生活中发生冲突的情侣与夫妇可以匿名地将不愉快事件发布在网站上，比如外遇什么的，让其他用户来“评评理”。

Vvall：通过整合社交网络中朋友的资料来帮用户“补全”记忆。

Jagimo：用户可以与来自世界各地的人在实时、自发、类似游戏的环境中分享观点和照片。

……

做一个社交网络平台上的工具，或者用社交网络的账号系统来打造一个独立的工具。从短期看，前者的门槛更低起步更快，用户甚至不需要记住工具的名字，只用登录社交网络，然后打开应用中心即可。这种方式所受约束也更大，如果社交网络自己做了类似的服务，或者利益有冲突有竞争的功能，它们就岌岌可危了。比如，Zynga能够发展壮大的一个很大原因是Facebook自己并不做游戏，只是从中分成，但虚拟货币系统Coins就能让Zynga非常被动。

所以，更被看好的是后者，借用社交网络的账号，是为了获取用户更容易。虽然会被社交平台获取到用户量的数据，但也会构建自己的用户系统，并不会构成仰人鼻息的局面。

第3章 搜索引擎

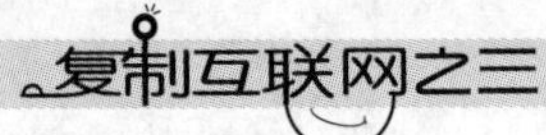

031 Quixey：通过功能来搜索应用

提要 | 按照功能而不是名字来搜索移动应用与社交网络应用。

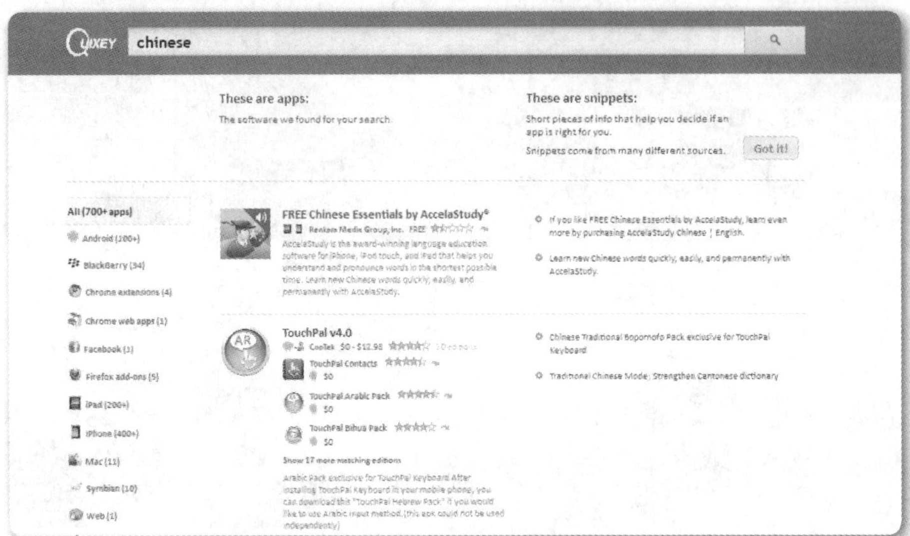

网站名称：Quixey（https://www.quixey.com/）
上线时间：2009年11月
网站地点：美国加州帕洛阿尔托市

Quixey是一个按照功能来搜索应用的搜索引擎，它横跨手机、浏览器、社交网络等多个平台，包括Android、Chrome插件、火狐组件、Facebook、iPhone、iPad、Mac、Windows Phone等。

Quixey源自其创始人参加一次展会，名字五花八门的众多应用让他很受困扰，于是想到来解决这一问题。

与某些根据应用名称来搜索的网站不同，Quixey通过每个应用的功能来索引它们，只需要相对模糊的关键词，比如学习中文、订购披萨、文字处理、适合3岁孩子玩的游戏等。这样用户就不需要记住应用的名称或正规说明。Quixey没有透露它凭借何种算法实现，但会通过博客、评论网站、论坛、社交网络等网站来抓取应用的相关信息，让用户能够从评论、口碑和演示中全面了解应用到底具有什么功能。

除了根据功能搜索，Quixey还为用户提供了平台选择过滤器等，比如亚马逊Android应用商店、免费在download.com上可以下载。每一个应用自身则包含了Twitter评价、YouTube视频等相关内容。

Quixey在直接面向用户提供搜索服务之外，还寻求企业级合作伙伴。比如，希望改善用户体验的运营商可以借助Quixey打造更好的应用商店，他们选择被搜索的应用范畴和商店的外观设计；广受欢迎的博客服务提供商等企业可以使用Quixey的自定义搜索，这样博主们就能很方便地找到想要的插件。

Quixey目前在美国已经拥有40余家客户，也在与中国多个类型的商家进行沟通。Quixey在2011年4月初宣布获得Google董事长施密特旗下投资公司Innovation Endeavors的40万美元投资，8月末又获得中经合领投的380万美元。

对于营利模式，Quixey的创始人托墨•卡干（Tomer Kagan）表示，未来将直接用传统搜索引擎的模式。

点评

也许，将来的应用会针对Google、苹果App Store等进行索引优化，而Quixey则会被更大的平台吞噬掉。

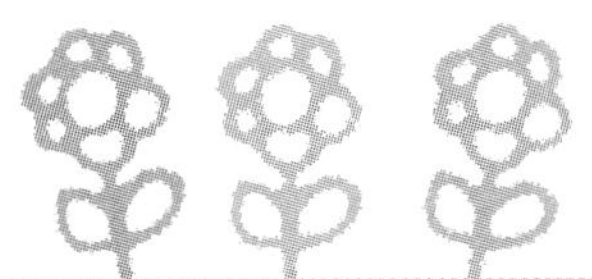

032 爱乐拍：拍照搜音乐

提要 用手机将所见图片拍下上传，系统从爱音乐曲库中搜出对应的歌曲，并可在线试听、歌曲下载及彩铃订购。

网站名称：爱乐拍（http://m.pixcoo.com/）
上线时间：2011年
网站地点：中国

在2011年10月5日凌晨苹果iPhone 4S的发布会上，Siri被正式推出，而且有分析师认为4S的智能化语音辅助系统Siri可能将改变人们的搜索习惯，从而对Google构成威胁。

由于搜索市场的高竞争门槛，后发者已经很难从网页搜索功能上对百度与谷歌发起正面进攻，多选择从细分领域切入。比如，有道的购物搜索，搜搜的QQ表情搜索；也有结合语音、图像或视频等新形态媒介形式的（如被Google以1亿美元收购的图片搜索引擎Like.com）。

爱乐拍是国内细分+新型搜索产品中的一种，推出了Android与Windows Mobile客户端，主要功能是拍照搜索音乐，它的自我介绍是："只须用手机将所见图片拍下上传，系统片刻从爱音乐曲库中搜出对应的歌曲，并可在线试听、歌曲下载及彩铃订购”。

安装了爱乐拍应用的用户，在地铁、音像店等户外或室内看到任何与歌手相关的图像资料，如艺人宣传海报、照片、杂志图像、CD封面、报纸图片、海报等，都可以启动该应用程序拍照搜索。客户端上传图片后识别歌手，用户则可从当前歌手的歌曲列表中选择自己喜欢的，然后进入歌曲详情页面，进行试听或下载。如果由于图片质量不足或歌手新出道资料不够充分，系统无法识别，该应用还会向用户咨询其身份。

点评

由于中国电信的背景，打通了上传、图片识别、搜索艺人、音乐试听、下载与订购的一系列环节，爱乐拍相对于国外理念有些近似的海报拍照应用更具竞争力，也能很好规避音乐版权的问题。但它也面临着许多挑战，情况与大多数运营商的新媒体产品类似，在此不须多言。

033 SeatGeek：票务搜索平台与赞助商

提要 SeatGeek在数据上的优化、与雅虎等大公司体育频道的合作，引入了赞助商。还能较为准确地预测演出票或球赛门票等在二手市场上的售价。

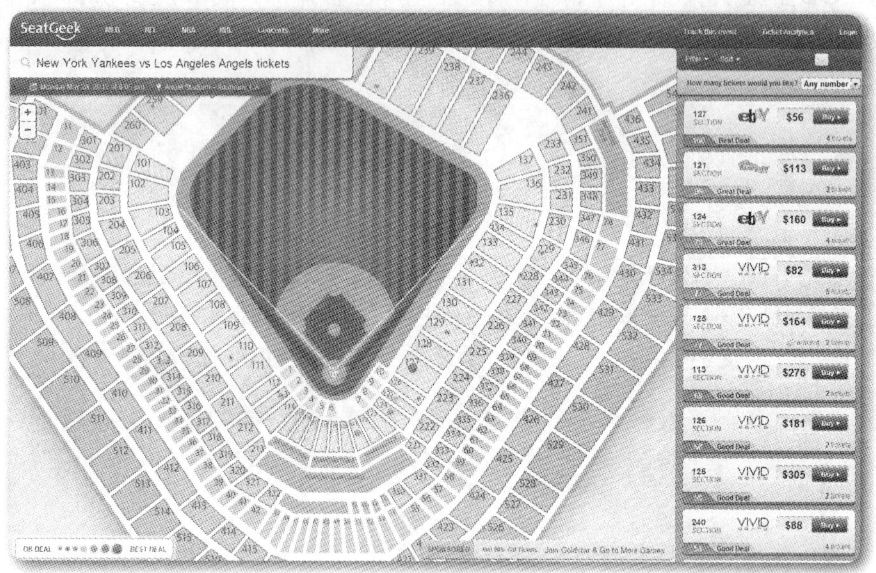

网站名称：SeatGeek（http://seatgeek.com/）
上线时间：2009年
网站地点：美国

SeatGeek是个票务搜索服务，汇集了TicketsNow、eBay、迪士尼、RazorGator等多个网站的票务信息，集中呈现给球赛、音乐会等活动的用户。SeatGeek表示目前已经整合来自50个票务网站的1900万张门票信息。它的服务对消费者免费，营利来自于售票方分成。

用户登录SeatGeek之后的操作流程大致是：按照活动的分类查找或者使用关键词搜索，然后可以看到一个比较形象的二维场馆，从中选择心仪的座位，然后单击购买链接。如果提供电子邮箱，它还能定期给用户推送优惠提醒邮件，形式上类似团购等折扣电子商务网站。

SeatGeek目前与一般的票务搜索服务相比，特色在于它的运营：SeatGeek在数据上的优化、与雅虎等大公司体育频道的合作，还引入了赞助商。

- 数据。SeatGeek表示它可以提供准确率高达80%的票价预测服务，目前很多座位也显示了票价走势图和比较完备的购买建议。其中涉及到交易评分（Deal Score）的功能，SeatGeek会根据历史数据推算特定位置的门票售价会如何，并给用户推荐它的算法认定合适的。

- 赞助商。SeatGeek将之前搜索合作伙伴中的一部分发展为赞助商，在用户的搜索结果和购买页面呈现赞助商的广告，其中包括简单的展示广告，还有直接的购买按钮或链接。这种形式类似Google等通用搜索引擎的做法，但在Kayak那里已经取得成功（Kayak的搜索引擎广告营销收入占总营收的50%）。SeatGeek还将引入一个赞助商自助系统，让它们自行操作投放广告与按钮。

点评

SeatGeek很清楚，自己的用户群主要是球迷，其次为乐迷歌迷。在运营上，它时时利用自身优势做一些“吸引眼球”的事情。比如，SeatGeek曾经发布一个数据，显示在麦蒂加盟尼克斯后，这里的球票呈现飞速上升的态势，而同时段内尼克斯的战绩并没有好转。

034 BrandYourself：个人版搜索引擎优化初创公司

提要 BrandYourself能够使用户通过搜索引擎找到关于自己的真实信息，并对用户排名如何更为靠前提出建议。

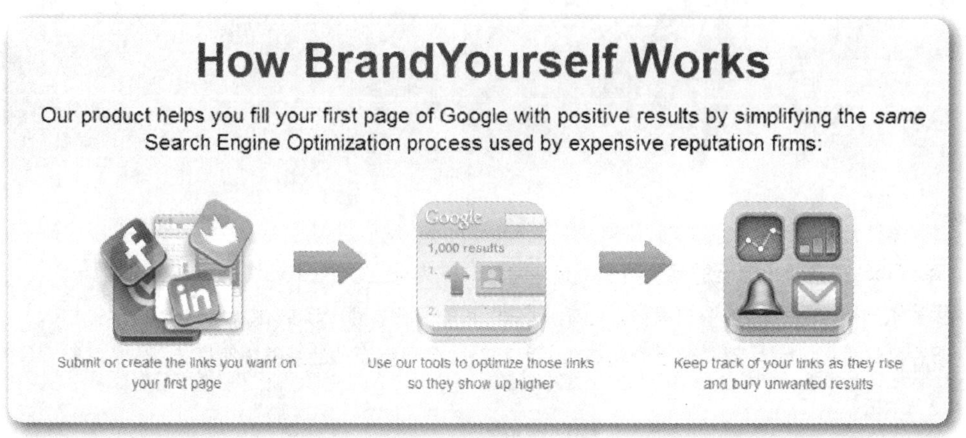

网站名称：BrandYourself（https://brandyourself.com/）
上线时间：2012年3月
网站地点：美国纽约

作为一家自助的人名搜索服务公司，BrandYourself能够使用户通过搜索引擎找到关于自己的真实信息，并对用户排名如何更为靠前提出建议。起初公司创办的目的是为了使用户更好地控制自身在互联网上的印象。

据悉，BrandYourself联合创始人因为和一位贩毒者同名而实习遭拒，这次信息时代负面影响的遭遇使其产生了打造BrandYourself的灵感。

在创建过程中，BrandYourself公司曾考虑为用户提供在相应的学科领域提供文章阅读和分享服务。团队最终意识到网上现有的服务已经泛滥，其联合创始人、首席执行官帕特里克•安布罗恩（Patrick Ambron）称："BrandYourself服务专注于为用户优化搜索结果。"

在这种理念下，BrandYourself专注于优化用户名字的搜索结果。与在线声誉管理网站Reputation.com相比，其更为廉价，选择性更多。

与其他公司要求用户支付数千美金、雇人"洗白"用户网络形象不同，BrandYourself的用户可登录主页，向网站提交想要使自己名字更加醒目的搜索链接，并获得关于如何提高用户自身搜索排名的建议。

比如，BrandYourself或许会建议用户将个人网站链接至BrandYourself主页，或者将用户名字加入到网站的正文中。此外BrandYourself还实时跟踪用户排名变化，在用户使用的前三个搜索链接中是免费的。在此之后用户必须支付每月9.99美元的会员费。

安布罗恩称，自新版BrandYourself正式上线以来，10天后其注册用户已经达5870人，其中付费用户154人。

点评

如果在中国推出类似BrandYourself的服务，恐怕要面临一个很严峻的现实——同名的中国人太多。

035 必视谷：可视化搜索及电子商务平台

提要 必视谷（PixCoo）一切技术及应用的基础就是其对图片、图像等可视化信息的挖掘，涵盖搜索、广告、电子商务等。

网站名称：必视谷（http://www.pixcoo.com.cn/）
上线时间：2010年
网站地点：中国广州

必视谷（PixCoo）一切技术及应用的基础就是其对图片、图像等可视化信息的挖掘，涵盖搜索、广告、电子商务等，而这几者之间也存在内在的联系，所以必视谷（PixCoo）也是很自然地衍生了上面主打的四项业务，我们来一个个地看。

必视谷可视化搜索引擎：该平台提供基于2D图像的网络搜索服务，它是一款全新理念的图像搜索引擎，根据图像自身的特征从互联网上搜索相似的图像，而不是依靠人为设置的文字描述和关键字来搜索。用户可以上传一张本地图像或者图像网络地址，然后必视谷将根据这张图像搜索出相近产品的图像，让购物变得更加快捷、更加简单，因为这些搜索出来的图片背后是一个个商品的链接，由此具有电子商务导购的特征，也是其商业模式所在。

目前必视谷主打的识别图像包括服装服饰、书、CD、电影等，服装搜索和淘淘搜很类似，或许是最容易入手、也是最好和电子商务相结合的；而书、CD、电影则是必视谷另一大核心，这个搜索尤其是在手机客户端——惠拍上更为重要。

必视谷可视化电子商务平台：将必视

谷搜索技术向电子商务方向进行拓展，以产品图像内容为基础，能快速搜索出相似的产品，并准确地呈现相似产品的价格，给用户一个全新、快捷地视觉比价购物体验。必视谷认为，互联网上与你品味相符的产品有成千上万，但很难用文字描述并去找到它们，当你看到中意的鞋子或者耳环，传统文字搜索又无法找到类似风格的产品，Pixcoo电子商务平台希望可以解决你的苦恼。

这个电子商务平台事实上是服装服饰搜索引擎的一个延伸服务，提供鞋子、包包、女装、男装、童装、饰品等六大细分领域的服务。用户通过各类别选择自己喜欢的图片部分，然后必视谷会搜索并匹配与此相关的物品，供用户选择。

惠拍可视化搜索手机客户端：该手机应用程序目前支持苹果iPhone、谷歌Android、微软 Windows Mobile、Java平台等。这是一款基于可视化搜索技术的手机应用，提供一种"所见即所得"的可视化搜索方式。当用户看到喜欢的书籍封面、电影海报、演唱会海报、唱片封套、歌手图片的时候，只须使用手机摄像头轻松一拍，即可获得相应的搜索结果信息（当然这部分会与必视谷所提供的广告密切结合）。

例如，当用户使用惠拍拍摄书籍封面后，惠拍将提供有关该书籍的详实资讯。如读者的书评，网上书城价格比较和购买等，此外还能通过惠拍在线阅读电子书、购买图书和电子书等；当用户拍摄电影海报后，将了解到影片咨询，同时也能根据用户所在地区（此功能需手机支持GPS功能），自动筛选提供此片在当地影院的上映信息、甚至通过惠拍享受在线选座和购票服务；当用户拍摄CD唱片或歌手服务的时候，用户除了知道唱片信息外，还可购买和下载歌曲，目前必视谷和中国电信进行合作推出的爱乐拍服务即是如此，用户可以利用惠拍一键单击到中国电信爱音乐中心、中国电信无线音乐俱乐部等下载铃声、彩铃甚至是MP3 全曲，此外还可以看到网上商店的唱片价格比较，并直接在手机上购买等。

必视谷可视化互动广告平台：这是必视谷手机客户端惠拍的延伸服务，通过手机的实时、实地，运用图片的可视化效果提供移动广告服务。根据必视谷的设计，其广告服务形式主要是让用户通过拍图互动参与企业的营销活动，进而获得一些潜在客户，或者发送优惠券所带来的实际客户等。该服务算是目前必视谷最主要的营收来源。

点评

我们可以看到通过可视化搜索技术勾画了一个很大的商业利益链，这种搜索在手机、PC端等跨媒体中的应用，让其将信息、电子商务、广告等融合到一起。

036 Blekko.com：精选结果的搜索引擎

提要 以精准搜索为出发点，将人工搜索、垂直搜索、社交搜索等融为一体，为用户提供精选结果，更快找到自己需要的有用信息。

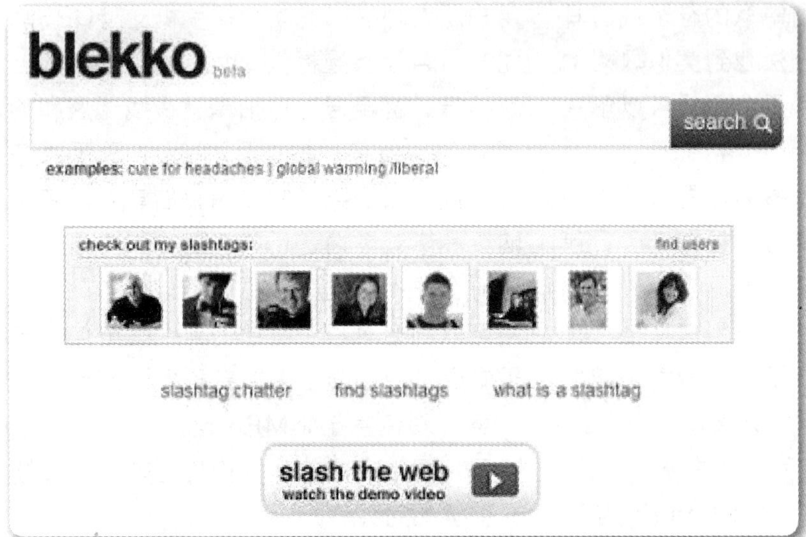

网站名称：Blekko（http://blekko.com/）
上线时间：2010年10月
网站地点：美国加州（Redwood City,CA）

Blekko搜索引擎可谓是带着光环出现的，一方面是其创始人包括全球首个计算机病毒的制造者里奇•斯克伦塔（RichSkrenta）；另一方面则在于其获得了知名天使投资人罗恩•康威（Ron Conway）和马克•安德森（Marc Andreessen）等2400万美元的风险投资。其网站的目标在于为用户提供精选的、有用的、可靠的信息，也可以理解为“净化网络、清除网络垃圾”。

Blekko相比其他搜索引擎最大的特色就是“压缩结果”。

- 首先则是根据特定主题进行垂直搜索，目前Blekko所提供的领域包括健康、饮食、汽车、宾馆、歌曲、个人理财、大学等，用户在这些领域仅可以搜索到一些可信网站的信息。举例来说，在Blekko上与健康内容高度相关的信息被限制在76家权威信息来源。当用户搜索“治疗感冒”时，只会显示来自MedicineNet.com、WebMD.com和MedlinePlus等网站的内容，而用Google或百度搜索的结果则会有天壤之别，或许大多数都是无用的广告信息。

- 其次则是Blekko的杀手锏服务。所谓“斜杠标签”（SlashTag）的检索工具，就是说用户输入关键词时以这样的形式来搜索：“斜杠标签/主题”。目前SlashTag包括/news、/date、/amazon、/blogs、/rank、/twitter、/flickr等可以让你快速过滤搜索结果，当然用户也可以创建自己的SlashTag，并和其他用户分享。在这个过程中，Blekko允许用户通过多种API进行搜索，比如，通过添加“/amazon”则只在亚马逊上进行搜索，添加“/twitter”则仅搜索Twitter上的信息。

目前Blekko网站已经融合了3000多家网站的信息，其目标是为10万个搜索类别分别设立最佳的50个网站作为信息来源。这时候Blekko会犹如维基百科一样，引入志愿者来确定这些网站，所谓“人工搜索”的特点就出来了。如果有越来越多的人参与这种人工检索，Blekko网站则具有了另外一层搜索特性——社交搜索。

进入Blekko主页的时候，会发现在其搜索框下方有一排用户头像，进入每个人的页面之后，则具有SNS页面的属性，包括该用户在Blekko网站的贡献、创建的Slashtag，还可以留言、发表评论、Follow等。这样就可以加某些用户为好友，在搜索的时候仅显示他们提供的页面结果等。

对于Blekko而言，其商业模式和谷歌的关键词广告类似，Blekko可以提供基于关键词、SlashTag的广告，这样非常精准。不过其面对的挑战显然就是改变用户习惯，尤其是那些习惯了Google或百度的用户。

显然Blekko很能撼动Google的地位，但很容易赢得一批忠实用户，甚至有可能获得几个百分点的市场份额。而Blekko创始人的目标是成为美国第三大搜索引擎。

点评

2011年9月30日，Blekko宣布在最新一轮融资中募集到3000万美元的资金。与谷歌的不同之处是，Blekko在搜索结果中过滤掉垃圾信息，禁止来自内容农场和产生垃圾信息网站的网页，它还与Topix、DuckDuckGo和Foodily等第三方公司合作，并将Facebook和Twitter的数据整合。

037 GrubHub：外卖搜索引擎

提要 按食品和地理位置搜索外卖餐馆。

网站名称：GrubHub（http://www.grubhub.com/）
上线时间：2004年
网站地点：美国芝加哥

位于芝加哥的外卖搜索引擎新创公司GrubHub在2011年9月的E轮融资中募集5000万美元。加上前几轮融资，GrubHub募集到的总资金已达8400万美元。GrubHub还收购了位于纽约的在线外卖订餐公司Dotmenu。

在美国，与GrubHub合作的餐馆多达1.3万家，这些餐馆所在城市包括纽约、芝加哥、旧金山、奥克兰、波士顿、洛杉矶、华盛顿特区、费城、圣地亚哥、西雅图、波特兰、丹佛等城市。

食客们可以通过GrubHub网站下外卖订单并进行支付，不会被收取服务费，每笔订单的佣金由餐馆单方支出。作为一家外卖搜索引擎公司，GrubHub也允许非合作伙伴的电话和菜单免费出现在搜索结果中。付费餐馆的搜索结果排名会比较靠前，约有5000家的付费餐馆委托GrubHub管理和营销它们的在线订单和送外卖服务。

让用户在网上搜索、点菜和提交订单之后，Grubhub会自动给餐厅打电话，确认订单信息。如果餐厅缺少某种食材，希望用其他来代替，Grubhub还会立即联系用户并征求同意。

Dotmenu的在线订外卖服务已在大学校园站稳了脚跟，在全美国，已经有300余所大学的学生可以通过Dotmenu享受到在线订外卖服务。GrubHub对外表示，通过对纽约在线外卖订餐公司Dotmenu的收购，GrubHub将成为全美国最大的在线订外卖平台，届时将有2.5万家餐馆及其菜单出现在搜索结果中，这些餐馆分布在美国超过50个大城市和大学城。

基准资本分析师比尔•柯尔利（Bill Gurley）在谈到GrubHub的此轮融资时表示，考虑到GrubHub在更多城市的强势扩张并将其服务拓展至移动平台，同时考虑到GrubHub在美国大学校园市场的领先地位，显然在在线订餐市场，GrubHub已经成为明显的领导者。GrubHub终将成为像基准资本投资的其他网络公司OpenTable、Yelp 和Zillow那样的知名品牌。

GrubHub联合创始人、CEO马特•马龙尼（Matt Maloney）有意将公司上市。在2011年3月份，马龙尼向媒体表示，“对我们来讲，在接下来的两年中，公司上市是非常具有现实性的机遇。”

点评

Grubhub成立的最初几年，创始人白天走街串巷获得餐厅客户，晚上则是写代码。而他们也坚持提供有价值的服务，凭借服务来积累用户，再依靠口碑来扩展用户群。

038 Greplin：个人云端数据的搜索引擎

提要 用户可以使用它从自己的网络账号中搜寻数据，比如从Gmail、Facebook和Twitter中搜索某个关键词。

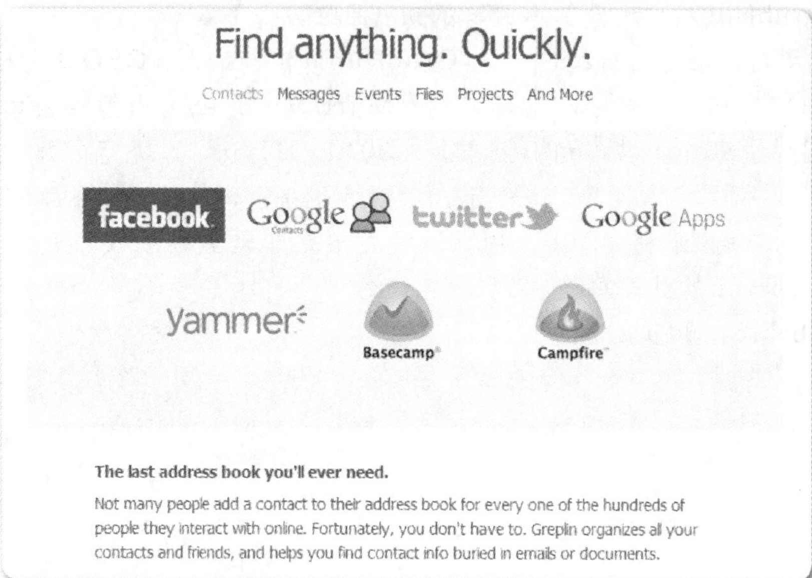

网站名称：Greplin（https://www.greplin.com/）
上线时间：2010年
网站地点：美国旧金山

你是否也遇到过这种情形：在某个场合突发灵感，然后随手写在了某个网络服务中。等到需要用到的时候，只能去微博、SNS状态、日志、邮箱等网站一个一个地查找。

Greplin就是要让这个过程变得非常简单，用户注册账号之后，将各种网络服务与之关联、授权即可开始搜索。

通过Greplin，用户可以在类似Google搜索框的地方输入关键词，然后从Facebook更新、GoogleContacts、Twitter推文、Google Apps、Yammer、Basecamp、Campfire中搜索联系人信息，从Facebook、Gmail、Linkedin、Salesforce等网站搜索消息，从Facebook、Google Calendar等服务中搜索活动信息，从Dropbox、Evernote、iCloud等存储中搜索文件等。

在2011年3月，Greplin推出了Chrome插件，这样用户就能直接在浏览器中轻松搜索。2011年8月有了iPhone客户端，除了让用户随时随地检索，还可以使用用户当前地理位置和时间日程来优化搜索结果呈现、猜测用户更需要哪些信息。比如，如果iPhone日历中记录着用户当时在和某人开会，打开Greplin的时候，搜索框下的第一条建议搜索可能就是某人。

对于Dropbox等存储服务中的数据，Greplin还会提取其中的文本以供文件内搜索。在2011年12月，它索引的文件数量已达60亿，并累计获得了500万美元投资，其中包括红杉的400万美元。

对于如何挑战Google，Greplin信心满满。他们自认为是中立的服务，可以获取尽可能多的数据，而Google和苹果、Facebook等处于竞争之中，短时间内无法共享数据。

Greplin的大部分服务是免费提供的，但是将对一些高级功能进行收费。

点评

中国国内已经有“觅乎”等产品在尝试着推出类似Greplin的服务，但与国内的数据平台商合作实非易事，平台们往往并不乐意开放数据和API。

039 Everything.me：视觉化移动搜索引擎

提要 不搜索网页，而是搜索应用。比如搜索steak（牛排），结果将会从Yelp、Foodspotting、和Foursquare中显示。

网站名称：Everything.me
上线时间：2011年3月
网站地点：以色列特拉维夫

Everything.me原名“Do@”，亮相于2011年3月的美国SXSW（South by Southwest）大会。在2012年3月，它获得了李嘉诚旗下风投公司Horizon Ventures 350万美元的投资。

Everything.me基于智能手机，是一款移动浏览器中的HTML 5应用，希望在移动端重新定义搜索。比如，用户搜索汤姆克鲁斯（Tom Cruise），呈现的不是Google那样由红、蓝、黑色10号字体组成的文字结果并且首屏只有两三条，而是出现与关键词相关的各种应用。Everything.me很智能地从Imdb、Wikipedia、YouTube等网络服务中搜索到内容，用图标形式展现结果，而且背景是一张相关图片，整个页面非常美观。用户单击图标，可访问对应的结果界面。如果选择某个搜索结果并单击进入的用户越多，这个结果的排名也会越靠前。

这样一来，Everything.me就类似于多个网站的站内搜索的聚合。当然Google旗下服务也会作为它的搜索结果之一，用图标入口放在手机屏幕上，但Everything.me却被认为在让人耳目一新的设计外，最有趣的是它不偏袒Google的服务而平衡了搜索结果的公正性。

Everything.me还在打造个性化搜索的体验，比如用户要搜索资讯，可以在搜索框右侧的垂直搜索入口中选择“新闻”而不是“社交”、“天气”、“电影”、“购物”等，或者用“@”符号来缩小搜索范围，直接输入关键词并加上“@news”，比如搜索牛排新闻就是“steak@news”。

至于用户模式，Everything.me相信有了用户之后，作为一款搜索产品，广告商自然就会跟进。他们会提供类似Twitter的Promoted Tweets那样的推广方式。

点评

Everything.me的优势为上述几点，其劣势也很明显：它的用户无法直接看到搜索结果而必须单击两次。这对于用户习惯是一个很大的挑战。而且Google移动搜索、苹果的语音搜索Siri，都是移动搜索领域的重量级选手。

小结：另一条搜索路

与社交网络的情况相似，搜索引擎市场中，Web上的通用搜索引擎已经很难再有后起之秀，不论是技术积累、用户口碑还是品牌效应，挑战的难度太大。我们会看到诸如“微软Bing挑战Google”这样的新闻，那是巨头之间的战争。

而号称“Google杀手”的Cuil却遭遇了永久关闭之厄，剩余的专利资产被Google收购，创始人也重返Google工作。

好在还有这样的消息，“族谱搜索引擎Mocavor融资100万美元”，和“Ark：一个寻人搜索引擎”这样的文章。

垂直的、偏门的，还有转移到新的战场的，这是另一条搜索引擎路。Greplin和Everything.me就是非常好的例子，在Google无法触及或有所缺憾的地方出击。

第4章 游戏与游戏化

040 Kwestr与iBragu：真实生活游戏化

提要 Kwestr（kwestr.com）让用户为他们获得的点滴成就进行Check-In。ibragu（ibragu.com）则是社交网络版“分歧终端机”。

游戏化（gamification）指的是各个领域的研发和营销人员将电子游戏中不断强化人的欲望从而带来效益的机理引入产品或者营销中，具体包括积分激励、经验系统等多种放大人性的机制。它无疑是目前的一个非常热门的概念，也在流程管理与社交产品设计上开拓了近乎革命性的新思路。

比如国内的盛大，就将网络游戏的成长与经验值等机制引入工作场所，直接影响员工奖惩；国外著名的云计算厂商Salesforce也有类似做法。产品上的例子更是不胜枚举，比如在TechCrunch Disrupt 旧金山站上呼声颇高的Quest.li，它让用户发起任务，其他人付费去参与完成这个任务，获胜者会得到一定积分与金钱奖励。

还记得《青春梦工场》与《非诚勿扰》里的那台“分歧终端机”吗？戏中人希望能够借助“分歧终端机”，也就是用遮蔽起来的“石头剪刀布”来解决作弊的问题，从而真正解决其他大问题。

ibragu可以看作一个社交网络版“分歧终端机”，它希望把任何流行的争议话题变成打赌游戏，比如Amazon Kindle Fire的发售日期、体育赛事胜负等，当然，赌注以娱乐性为主。

虽然ibragu的理念非常简单，甚至可能不足以支撑其作为一个完整的网站服务，而更适合成为其他社交网站上的应用。但它还是考虑了很多用户潜在的需求，比如分享、传播等。

Kwestr：为你的成就Check-in。

Kwestr网站的功能相对要丰满一些，它最早成立于2010年9月，成立伊始便获得了一笔种子资金。它的理念是通过将人们遇到的大型问题分割成一个个小型而可管理的游戏化任务，逐步完成，从而帮助人们和公司达成目标。这其中涉及到朋友之间的分享、社交网络互动和多媒体交互。

比如Kwestr网站上有个“学习汉语”的任务（被称为kwest），发起人（kwestr）与“任务征服者”（Conkwestadors）是信息结构的一个维度，任务是另一个维度，该任务（kwest）本身又被拆解为多个组成部分，诸如寻找并注册一门普通话课程、在课堂上与人交朋友。

Kwestr会推荐一些热门的任务，用户也可以按分类查找或创建一个Kwest并向朋友们发起挑战。而每完成一小部分，系统都会给用户计入分数，累计则会有勋章等奖励。从另一个角度看，Kwestr的服务就像让用户为他们获得的一点一滴成就进行Check-In 。

Kwestr表示，它还能利用这个网络帮助公司和品牌在线上与线下展开协调的宣传攻势，与消费者社区打成一片，并充当一部分CRM功能。当然，他们对自己的定位是运用微博、人人网、Facebook等打造一个“游戏层”，而不是另行建造社交网络。

点评

生活可以分解为一场又一场的游戏吗？你会为了网站上的积分而督促自己完成某项有一定难度的事情吗？看起来似乎“成就型”的游戏化前路漫漫，而引入游戏机制帮助用户更加轻松地完成任务iBragu，则更容易被接受。

041 Alleyoop：打造教育领域的Zynga

提要 | Alleyoop希望通过效仿Zynga的模式来鼓励青少年学习。

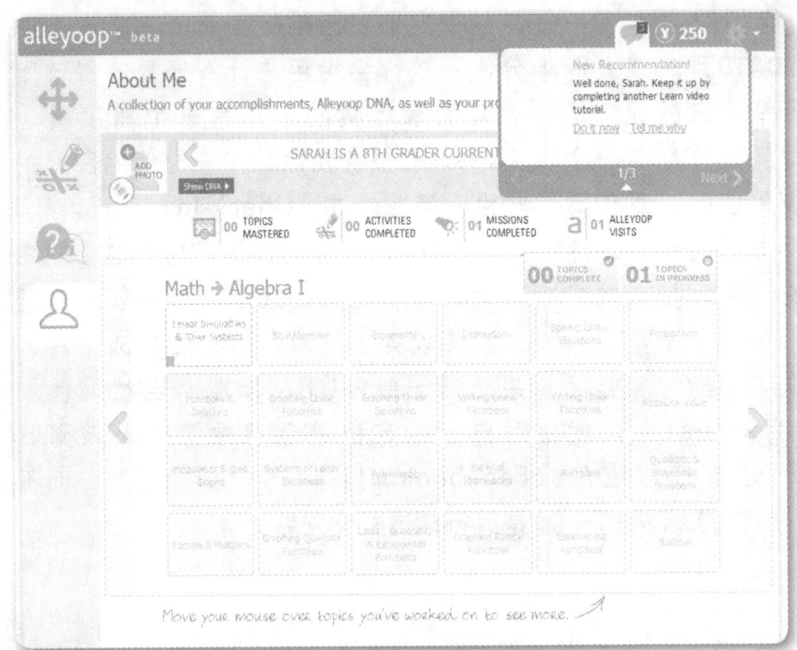

网站名称：Alleyoop（http://www.alleyoop.com/）
上线时间：2011年
网站地点：美国

Alleyoop公司总裁Patrick Supanc向新闻博客Mashable透露：“基本上，我们关注的问题是如何帮助青年人掌握自己的未来。”

此前，培生集团投资的诸多科技初创解决上述问题的方式是增加新学习内容，而Supanc则另辟蹊径，尝试将现有的学习内容组织成Facebook游戏的形式。

具体而言，就是学生做作业时、上网搜索寻求帮助时，可以在Alleyoop网站上找到相关的指导和练习。Alleyoop并非这些内容的创建者，它真正做的是追踪用户是如何浏览第三方的活动及课程的，并通过参考这些信息为不同的学习者选取合适的学习资料。这些学习资料或者是视频，或者是学习活动，还有一对一的辅导，所有资料都来源于与其合作的网站，Alleyoop将这些网站集合在一起，从而形成相关的学习路径。

这当中的一些网站为非营利型网站，例如，美国公共电视机构鹏博士

（PBS），另外一些网站则是收费的，Alleyoop在这里的角色是发布平台。年轻人随时可以使用虚拟货币获取Alleyoop上的付费内容。用户可以通过完成任务来赚取虚拟货币Yoops，但若想更快地获得一对一的辅导等学习内容则需支付现金。Alleyoop会与这些提供收费学习内容的网站进行收入分成。

目前，Alleyoop网站仅面向13～18岁的学习者提供数学一科的学习内容。如果网站运营成功，Alleyoop很可能会考虑为更多年龄群的学习者提供更多科目的资料。

从宣传材料上看，Alleyoop似乎十分无私，其中的一个使命就是“帮助孩子们为大学和人生做好准备”，但这并非其全部使命。Alleyoop“一旦成功，会为培生集团创造可观利润。”

与Zynga不同的是，Alleyoop网站经营的是教育资料，而非消磨时间的游戏，这是它的一个重要特点。Alleyoop建立学习者的档案后，就开始为他们升学或职业选择作推荐，与此同时，向他们许诺可以获得更多的虚拟货币Yoops。

点评

纯粹的积分数字，很难发挥激励作用，Alleyoop认识到这一点，用户付出努力赚取的虚拟货币可以用来获取收费内容，也就是有了变现的渠道，让付出有机会获得“高人一等”的体验。

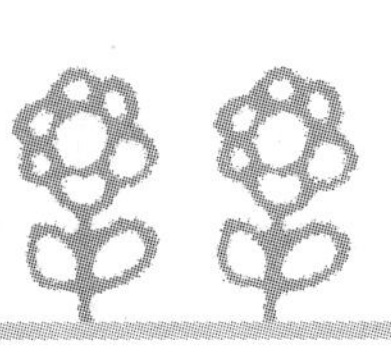

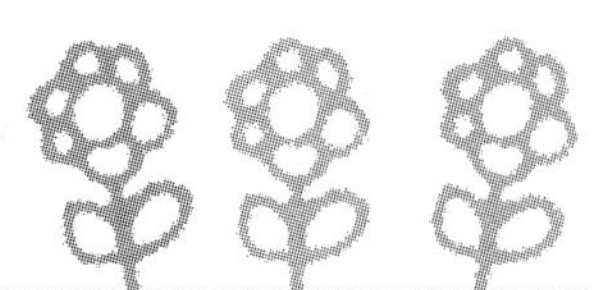

042 Foodzy：将保持饮食健康变成游戏

提要 主要功能是给吃过的食物"签到"。它引入了勋章模式，吃某一类食品到一定程度的用户会得到相应徽章。

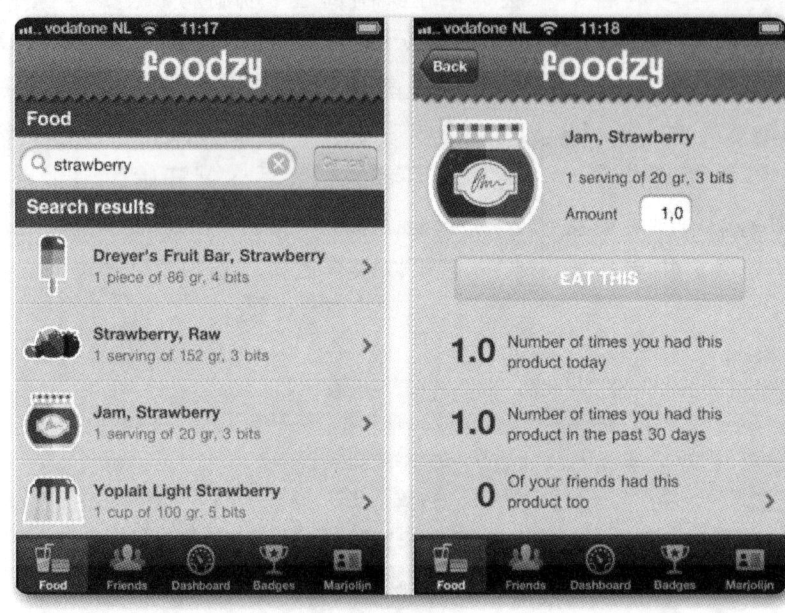

网站名称：Foodzy（http://foodzy.com/）
上线时间：2011年7月
网站地点：美国

主体功能围绕食物而展开的手机应用已经很多，比如根据所拍照片和输入的关键词来判断食物所含热量的MealSnap、基于地理位置的美食推荐服务Foodspotting（中国有类似产品美食达人）。

Foodzy是一个初创产品，它认为Mealsnap、Foodspotting的问题是"很有用而不够有趣"，提供了很实用的分享图片或计算卡路里等功能，但缺少交互。它希望引入游戏化机制来激励用户更自发、更愉悦地保持自己的身体健康。

Foodzy目前可以通过PC和手机访问，手机应用也将推出。它被描述为"食物版Foursquare"，主要功能就是给吃过的食物"签到"。Foodzy与用户给每一项食物都标注一个参数（bits），希望通过参数数值来帮助人们控制体重或者减肥。

这其中比较有趣的部分是Foodzy借鉴了类似Foursquare的勋章模式，不同的是Foursquare是给在某地点签到次数到一定程度的用户提供勋章等奖励，而Foodzy面向的则是吃某一类食品到一定程度的用户。比如，如果用户的饮食习惯比较健康，吃过的食物一般是被认作健康食品，他就可以获得相应的荣誉勋章，并且能够分享到其他社交网络。如果是滥饮无度，得到的则是“宿醉”徽章，能作为警醒，提醒用户饮酒需适度。

另一与Foursquare类似的就是，Foodzy也有好友关系，可以查找、管理好友，并且可以将内容分享给Facebook与Twitter上的好友，或关注好友的饮食记录。

Foodzy希望通过免费增值模式来营利。目前它推出了免费的试用版与收费的增值版。试用版只包括了基本功能，而且在获取的勋章累计数目、饮食记录保存期限等方面有多种限制。收费版按每一年期/两年期收取一定费用。除了免除上述限制，还有指定健康饮食计划、分析工具（比如分析饮食参数变化、最经常吃的食物）等功能。

点评

在营利模式方面，Foodzy没有固守“游戏化”元素，而是提供了咨询、分析工具。

043 Keas：健身游戏化

提要 在一个专注于健身内容的垂直SNS基础上添加了几种游戏化元素，用户可以在娱乐中赢得积分与经验值，进而获得物质奖励。

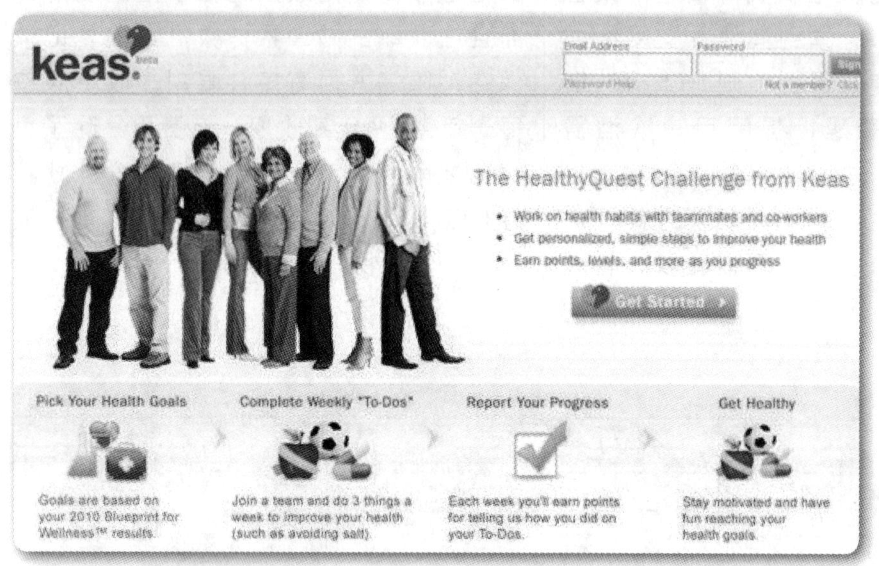

网站名称：Keas（https://keas.com/）
上线时间：2009年
网站地点：美国旧金山

Keas是由Google Health项目负责人Bosworth创办，起初是一个关注用户健康数据、并提供个性化健康建议的网站，但后来发现人们并不想要衡量他们的健康程度，于是转向了游戏化策略。

在Keas上，用户可以添加好友、组建群组、彼此评论，也可以分享状态、图片，类似于一个专注于健身内容的垂直SNS。但它添加了几种游戏化元素，用户可以在比较轻松的活动中赢得积分与经验值，进而获得物质奖励，比如金钱。

Keas给用户提供的玩法包括有以下几种。

- 进行健康知识小测验。比如美国超重人口的数量及饮食方面需要注意哪些问题等。通过回答这些问题，用户增长积分的同时也能给自己巩固一些知识。
- 给自己设定任务、添加事项列表并逐步完成。比如要求自己每周散步三次，每次20分钟，完成一次就到Keas网站上做一次记录。网站系统也会根据热门、最近被选择、营养、体育锻炼这样的分类来推荐一些任务，
- 加入群组或创建群组，然后邀请好

友，为群组设定一个健身目标。达成目标需要团队中每个人之间的合作，这样可以促进玩家互相支持。

Keas想吸引的用户是企业的人力资源系统而不是普通职员，他们会乐意为员工的健康与提高生产力付出报酬。而用户自己不会为玩这种游戏支付任何报酬，投放广告则会损害体验。

根据Bosworth提供的数据，Keas已经与拥有一千多名雇员的十多家公司达成合作进行测试，有90%的用户表示会继续玩下去，并推荐给其他人。70%的人会在一个长达12星期的周期内都一直活跃。

点评

游戏化是为了激励某一行为，如果有另一种势力也希望如此，那么提供游戏化服务的网站就有客户可图了。

044 Basno：勋章新玩法

提要 用户可以制作勋章，分享出去，还可以邀请好友前来收藏该勋章。

网站名称：FunMail.com（http://funmail.com/）
上线时间：2011年4月
网站地点：美国纽约

出于人们对成就感的追求、收集记录的欲望和从众等心理因素，成本低廉的勋章很受用户的欢迎，而且容易形成黏性，在各种模式的网站中得到广泛采用。Foursquare类LBS应用甚至依靠着勋章积累了最初的很大一部分用户。

Foursquare是签到＋勋章，StackExchange是问答＋勋章，Consmr是超市点评＋勋章，那么，把勋章独立出来会如何？Basno就在尝试。

Basno将用户分为两组，普通用户与认证用户，都可以制作、发布勋章并且在其他社交网络中分享。系统会确保用户发布的勋章独一无二，重复设计会遭到拒绝。

对于普通用户，他们可以使用网站提供的几款模板，上传图片之后制作自己的专属勋章，给它注明属性贴上标签补充定义说明。用户可以将勋章设置为所有人都能获取，或者只面向社交网络中的好友，然后分享出去，还可以邀请好友前来收藏该勋章。

Basno很快还将推出新功能，用户能使用它提供的小工具将自己制作的勋章嵌入博客或作为电子邮件的签名。

认证用户目前是一些品牌、机构与活动，比如公司与体育赛事。它们能够使用更高级一些的功能与资源，比如设计更为精良、更多元化的勋章模板，可以用作一种很不错的营销工具。

Basno在拓展设计师用户，设计师可以通过邀请的方式，将它当作限量版发行自己的作品并获取反馈的平台。这样一来也提升了网站自身的水准。

根据The Next Web的报道，从2011年4月上线之后的两个月，Basno有30%的用户进行了勋章操作，其中90%还选择了分享到Facebook、Twitter或Linkedin。分享到Facebook的勋章平均每个能够吸引超过200个用户单击，能获得2个Like和2个评论。Twitter上受到的关注度也增长了200%。Basno还与SoundCloud、SeedCamp等十多个组织在多个活动中展开了合作，比如纽约马拉松。

点评

物质方面变现乏力，Basno则采用了精神/荣誉变现方式，用户付出努力获得的勋章可以在社交网络中传播，也能获得附加体验，让这一行为得以延续下去。

045 StartRaising：账单支付的游戏化尝试

提要 用户发起还款活动，邀请亲友加入小组，通过投票决定将小组基金用于哪一位成员的账单支付。它的营利在于收取运营费用。

网站名称：StartRaising（https://www.startraising.com/）
上线时间：2011年
所在地点：美国加州

支付是一件很严肃的事情，但拥有新奇有趣的元素也能短期吸引众多目光，比如前些时间日本内衣网店Triumph开发的一种“撒娇功能”——女士选择喜爱的商品放入撒娇购物车，进入撒娇页面，填写自己的收件地址和男朋友的邮箱，男朋友收到Triumph的邮件后可以选择同意付款或拒绝。

StartRaising希望打造支付账单和信用卡还款的新模式，它给支付过程添加了发起活动（campaign）与投票的游戏化小环节。

StartRaising的用户可以发起一项还款活动，通过邮件等各种方式邀请亲人好友加入还款小组。每个加入小组的成员都需要支付一笔不低于10美元的钱，每个小组都有3个以上的成员被提名候选，然后其他人来投票谁该获得帮助，票数最多的人更可能获得群体基金来偿还信用卡、贷款等账单。发起者要在活动期间对活动负责，他需要确定小组中的人是互相认识的。

虽然目标是给还款增加一定的趣味性，StartRaising并没有在支付系统的严谨上松懈。参与这种活动需要提供联系方式与信用卡信息。为安全起见，这些信息只有加入小组的人才能看到。

每个活动中，每个候选人最多可以

从单个小组成员中得到5票，而每一个小组成员可以有10票，这样就不至于把10票都投给配偶或某个亲友。票数没有用完时也会收到系统提示。你的投票也不会被别人看到，StartRaising只会显示总数与排名。系统还会每天发送邮件通知进展。

StartRaising会检测小组基金与用户申请的还款数目，每次投票结果揭晓之后基金都将用于一笔款项的支付。如果基金在还款之后还有剩余，系统会将之捐献给慈善机构。StartRaising的营利就在于收取10%的运营费用，比如小组成员捐献最低数目的10美元，系统会收取平均大概1.3美元（美国信用卡发行商的手续费费率一般在2%～4%之间）。

点评

StartRaising的游戏化环节也可以视作一个常规的支付服务附加的运营活动，增进用户活跃度和品牌认知的同时，并未喧宾夺主。

046 IActionable：让网站引入游戏机制

提要 | IActionable网站通过各种游戏机制和API帮助网站吸引新用户、留住老用户。

"The Most Powerful and Customizable Gamification Platform"

Increase Engagement with Compelling and Rewarding Game Mechanics

Contact Us

Employee Engagement

Engaged employees are 43% more productive, generate 23% more revenue and are 87% less likely to leave. The problem is that less than one third of your employees are engaged. We can help.

Customer Engagement

Establishing loyalty can be a nightmare for the e-commerce vendor. You have competition already and more coming every day. Increase engagement, increase loyalty and increase sales with IActionable.

User Engagement

Whether in health and wellness, education, software or something entirely new; we can drive participation, loyalty and engagement from your user base - ultimately providing a higher rate of success.

网站名称：IActionable.com（http://www.iactionable.com/）
上线时间：2010年6月
网站地点：美国犹他州（Lehi, Utah）

IActionable网站由Jason Barnes和Ryan Elkins共同创立，Ryan很喜欢玩魔兽世界等游戏，他常常在想如果能把游戏世界中那些针对玩家所设立的各种刺激、激励体系引入到其他网站，或许会帮助不少好的网站快速地吸引新用户并留住这些用户，于是有了IActionable的创意。

IActionable本质上是帮助网站吸引新用户、留住老用户，也就是说网站能通过IActionable的API设置各种激励体系。比如让用户感觉到他们每天都在进步、每天能积累更多的积分，这些积分可帮助他们获得不同的title或特权。还比如网站通过IActionable让自己的用户设定各种里程碑，这种里程碑会成为用户在网站上的标志性成果，能通过公开的展示让更多的人知道并羡慕他们。

IActionable的使用比较简单，当用户注册登录后，可以根据相关指引设定奖励体系（reward system），这些体系包括用户在网站上可以做什么、会赢取什么、如何获得等；然后IActionable会将用户所设定的体系用API的方式插入到网站中、告诉用户，在API的运行之下，网站可以随时跟踪自己用户的参与情况，用户也可以通过网站不断地挑战自己、赢取那些对自己有吸引力的东西。

目前来看，IActionable的API模式对于社交和社区类网站、地区性网站等非常适合。虽然这些类型的网站通常也会有自己的一套积分或激励体系，当相比IActionable的专业性或操作性而言仍显得比较简单而且雷同。IActionable的各类API可以让你根据自己的网站情况、愿意投入的成本，设定各种不同类型的激励体系，让更多人感觉上网站犹如玩游戏一样，进而通过游戏世界的各种规则，帮助网站增进活跃度和吸引力。

点评

很多人在谈到网瘾的时候，总会将其与网络游戏挂钩。确实，网络游戏依靠其极具吸引力的虚拟世界让很多用户欲罢不能，这个虚拟世界中必不可少的就有等级、得分、特权等激励体系，为了让网络游戏的这种体系能进入到更多地网站、以吸引新用户留住老用户，就有了IActionable——通过API的方式将游戏机制（Game Mechanics）引入到各个网站。

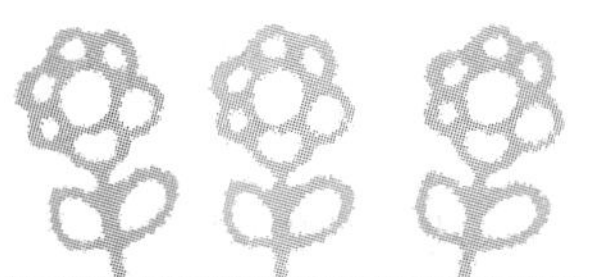

047 SaveUp：奖励用户理财

提要 为给用户建立一种奖励机制，使用SaveUp能节省花销，并且能让偿还债款的人相对于大把花钱的消费者们更可能获得激励。

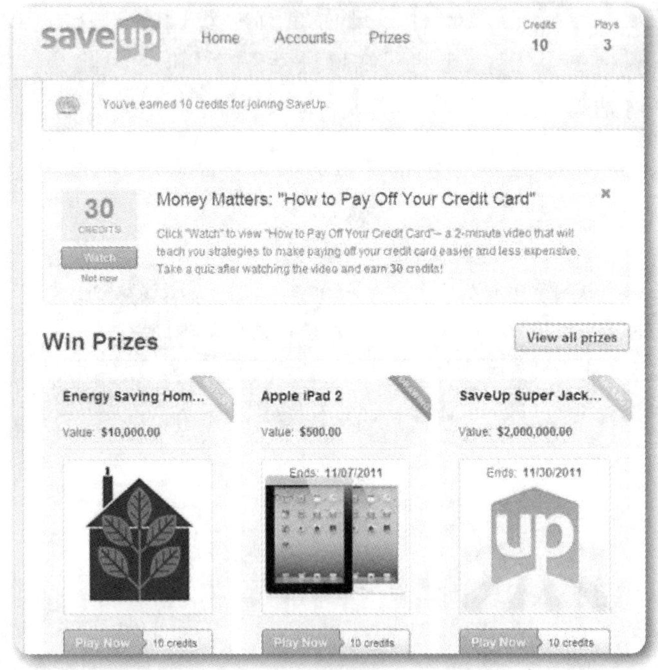

网站名称：SaveUp（https://www.saveup.com/）
所在地点：2011年4月
上线时间：美国旧金山

当人们习惯于消费额越多，获得信用卡、商场的积分越多，然后优惠额度越大的模式时，创业公司SaveUp却打算反其道而行之，激励那些节省的人。它凭借这个创意和执行，在2011年9月，宣布从风投机构BlueRun Ventures和True Ventures处融资200万美元。

SaveUp的产品模式为给用户建立一种奖励机制，使用SaveUp能节省花销，并且能让偿还债款的人相对于大把花钱的消费者们更可能获得激励。它的目标是将激励机制与游戏机制结合在一起，整合进一种日常的金融活动，将来与大的消费品牌合作。

SaveUp的思路来自于某些国家的有奖储蓄政策，与一般的高息政策略有不同，参与者有机会在利息之外赢得更多的“奖金”。

首先，用户把财务账户连接到SaveUp就有机会赢得一些奖品。然后，每当用户储蓄1美元或者偿还1美元债务，他们都会获得1个积分，而10个积分则可兑换一次游戏机会，然后可以通过参与游戏赢取奖品。另外SaveUp还有每月大奖。

SaveUp的奖品有数码产品实物、有美容服务、有广告主赞助，也有保险公司赞助大奖奖品。每当有人参与抽奖，SaveUp就会基于赔率向保险公司支付一笔钱。

SaveUp也会对用户在贷款等方面的财务问题作出建议。它与梅西银行等金融机构合作，为用户提供它们的理财产品。

SaveUp由现任CEO 普里娅•哈吉（Priya Haji）和CTO萨米•施瑞巴提（Sammy Shreibati）创办，前者是去年被eBay收购的类似Etsy的特色产品C2C平台World of Good创始人，后者曾工作于在线教育服务PrepMe。

点评

SaveUp要把财务管理变成一个游戏，用户在达成目标获取积分的同时，也在积累优惠。

048 DoughMain：游戏化的家庭理财平台

提要 通过PC网页和手机应用建立了一个实时而简易的平台，借用游戏来促进家庭协作，并对少儿进行理财启蒙教育。

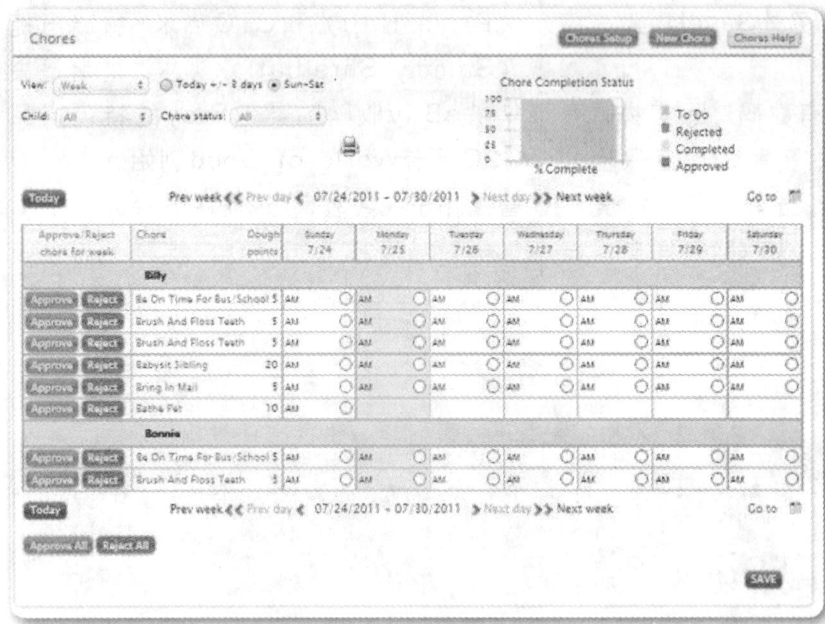

网站名称：DoughMain（https://www.doughmain.com/）
上线时间：2011年
所在地点：美国新泽西州普林斯顿

俗话说“穷人家的孩子早当家”，那很可能是因为他们早早地就见识了世道的艰辛。而“富不过三代”，主要是那些纨绔子弟不明白钱财的来之不易，挥金如土，擅长花钱而怯于赚钱。

创业公司DoughMain希望能挖掘到人们的这一需求，它通过PC网页和手机应用建立了一个实时而简易的平台，借用游戏来促进家庭协作，并对少儿进行理财启蒙教育。

DoughMain平台包括一系列产品：整合的家庭日历、家务事记录工具（美国家长有时会为孩子做家务付一定报酬）、零用钱或奖励管理工具。

家长们可以在DoughMain上建立一个定制的私密微型网络，用于记录和管理日常收支等信息。在这个网络中，家庭成员能够查看彼此的职责、家务完成进度等。除了实物货币，家长还可以用虚拟货币（DoughPoints）的形式奖励孩子。

DoughMain还推出了3款游戏，旨在寓教于乐，让孩子们在游戏中学习到能够帮他们合理节约、使用与管理金钱的技巧，并培育更符合一般父母期望的财富价值观。

TheFunVault是该公司请一些教师开发的Flash游戏，面向5～9岁的儿童，教授基础金钱管理技能。SandDollarCity是个多人在线虚拟经营游戏，面向8～12岁的儿童，让他们打理一个糖果铺。IRuleMoney则通过问答互动游戏传授少年们相对复杂难懂的理财知识。

点评

网络游戏的一个广为人诟病的特定是，容易培养即时满足的心理。如何让孩子从游戏中学习，又懂得生活实践中要会等待，不太可能像游戏那样即时的显示结果？

049 PlayMob：通过社交游戏募捐

提要 PlayMob创造了一个新型的市场，让慈善机构可以在社交游戏中展示虚拟物品，还能创建角色，玩家就可以支付款项给这些慈善机构。

网站名称：PlayMob（http://theplaymob.com/）
上线时间：2007年
网站地点：英国伦敦

社交游戏能用来做什么？养成收集类的偷菜？即时策略类的？第一人称视角射击？这些都是移植单机游戏的方式。有人开始探索社交游戏与电子商务的结合，而创业公司PlayMob是摸索社交游戏携手慈善事业。

作为一个开发商，PlayMob的知名度远远不如Zynga、Playdom那样光辉四射的热门公司。

PlayMob的特点是团队全部由女性组成，而且创造了一个新型的市场，让慈善机构可以在社交游戏中展示虚拟物品，还能创建角色，玩家就可以支付一些款项给这些慈善机构。

当然，这么做对慈善机构和游戏开发商来说是共赢。

慈善机构能从中获得以下几大好处。

- 小额支付降低了玩家献爱心的门槛。
- 与捐款者和潜在捐款者实时互动，增强了与大众的接触。
- 结合虚拟物品又能增强捐款热情，提高捐款频率。
- 相比于固定场所或街头募捐，减少了募捐活动的成本。

PlayMob自己也能获益，有评论认为它甚至可以发展成为一个强大的经济业务（传统的慈善募捐是在固定慈善机构场所或人流量大的街头，这里换到了人气很旺的社交游戏）。

对于PlayMob更为实际一些的是，它可以通过虚拟物品营利。这些虚拟物品收入的一定比例要划拨给游戏开发商，而且还可以寻找一个品牌来赞助支持慈善事业。

此前已经有开发商短暂尝试过，比如Zynga曾为海地地震赈灾捐出Farmville等热门游戏的部分虚拟商品收益，日本海啸时更进一步，Cafe World游戏中，玩家可以购买含有日本元素的道具来装饰自己的咖啡屋，以此援助赈灾。又如社交游戏Hospitopia携手儿童奇迹网络医院（Children's Miracle Network Hospitals）展开慈善活动，让玩家在游戏中扮演经营医院和照看病人的角色，该款游戏收入的10%会捐给医院。

点评

PlayMob在慈善的道路上比先例们更进一步，它希望用赋予慈善机构更多主动性，并增强商业元素角色，使得社交游戏与慈善的结合能够更具可持续性。至于结果如何，需要今后的运营数据来说明。

050 GrandparentGames：家庭游戏平台

提要 GrandparentGames是一个为老人提供互联网娱乐的平台，目前专注于家庭游戏。

网站名称：GrandparentGames.com（http://www.grandparentgames.com）
上线时间：2010年2月
网站地点：美国加州

GrandparentGames网站的创始人非常热爱互联网，当他有了自己的子女并且开始慢慢变老时，他认为技术并不一定能阻隔人们的亲情、利用得恰当也可促进亲情关系。于是开发了这个网站，以家庭成员可以一起做游戏、娱乐的名义，让老人们有更多的机会玩互联网。

从GrandparentGames网站的设计来看，游戏平台虽然简单但是却很用心，其主要活动的方式是祖父祖母和孙子孙女们通过同一个账号、利用音频和视频等元素（摄像头、耳麦等），共同参与Flash游戏。这些游戏包括看图识字、简单的小游戏等。用户可以通过家庭的名义组建小圈子，一起娱乐。

目前来看，GrandparentGames网站的主要功能比较简单，随着用户基数的增加、网站功能的完善，GrandparentGames网站或许能像当前火热的儿童门户网站一样，成就一些新的互联网蓝海领域，毕竟“白发经济”也值得互联网从业人员分享。

点评

互联网在发展的过程中，会针对特定的人群推出针对性的服务和应用，当大多数年轻人和小朋友们都有了自己喜欢并常用的网站后，随着老人网民群体的增多，一些专门针对他们的互联网应用也开始出现。

051 TheBrainTraining：边玩益智游戏边赚钱

提要 每个人都有机会拥有属于自己的益智类游戏网站，而且还可以赚钱。

网站名称：TheBrainTraining.com（http://www.thebraintraining.com/）
上线时间：2009年12月
网站地点：西班牙巴塞罗那（Barcelona）

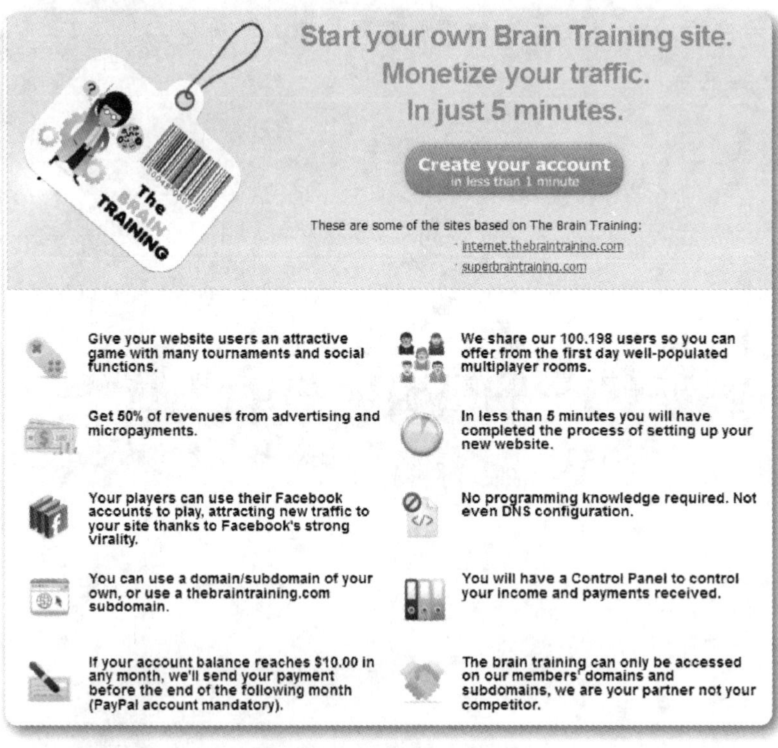

TheBrainTraining让用户创建属于自己的大脑游戏训练网站（BrainTraining Site），这些网站既可以基于TheBrainTraining的子域名，也可以是新的独立域名。通过简单地操作和管理系统，TheBrainTraining让每个人有机会在5分钟内就创建一个属于自己的游戏网站，不仅自己可以玩，而且其他用户也可以玩些益智类、轻松类的小游戏。

除了玩游戏的乐趣外，TheBrainTraining还帮助用户组建联盟，一起赚取广告费或游戏的微支付费。TheBrainTraining承诺每个基于其网站所搭建的游戏网站，可以获得50%的提成，一方面是广告费，另一方面则指基于这些游戏所产生的微支付提成。

为了让这种方式更具有传播性，TheBrainTraining支持用户直接使用Facebook账户就可以玩游戏，而且还可以在Facebook等多地进行宣传，吸引用户来玩游戏。

边玩游，也赚钱，TheBrainTraining希望通过这种方式，快速地扩张。在上线后仅仅1个多月的时间里，用户数达到了91805个，这种扩张从某种程度上证明TheBrainTraining模式的可行性。

点评

对于互联网上的各类益智游戏，我们都不陌生。TheBrainTraining不仅有很多训练大脑的游戏，而且还可以让其他网站安装这些游戏的应用插件。边吸引人们玩游戏边赚取流量和广告费，实现多赢。

小结：不仅仅是打怪练级升装备

游戏化已然成为一个热门新词，它将游戏的思维和机制运用到其他领域，在互联网、教育、金融等领域影响用户的心理，具体包括积分激励、经验系统等多种放大人性的机制。

如果进一步抽象，它也是另一种打怪练级升装备。希望用户参与的活动是“怪”，参与之后获得的激励是“练级”，而这些激励能够兑换、变现的是“装备”。

但问题不可以这么简单粗暴的理解。

梅菲尔德基金（Mayfield Fund）常务董事Tim Chang的理解比较深刻，前面介绍的一些网站也符合他的观点。

- 游戏化不仅仅是面对消费终端用户，同时也面向企业员工，游戏化不仅可以让面向消费者的产品更加有趣，也可以让企业员工的工作更为高效。
- 企业应该仔细考虑自己的核心商业目标，选择相应游戏机制，然后与用户体验相结合，不可以简单地在现有的商业活动中引入游戏化概念。
- 游戏化需要面对用户生命周期的4个阶段（新用户进入、用户参与、免费用户转化为付费用户或分享型用户、保留有影响力的用户），不同的阶段可能适合采用不同的方案。
- 游戏化离不开社交。
- 游戏化下一个目标是教育电商、本地零售及金融服务。

KPCB sFund主管Bing Gordon则提出用户体验的三部分：获取用户、用户参与及挽留用户。

另外，Bartle的四分类模型也是游戏化功能的一大框架，分别为杀手型（战胜他人）、成就型（搜集大量虚拟财物或捕获目标）、社交型（热衷于与他人交流）及探索型（发掘游戏的深度）四类玩家。

第5章 电子商务

052 Shopkick：LBS购物平台

提要 用户安装Shopkick公司的应用后，在进入实体商店或者做出产品评价都能获得店家回馈，这些回馈可在消费中获得优惠。

网站名称：Shopkick（shopkick.com）
上线时间：2010年8月
网站地点：澳大利亚悉尼

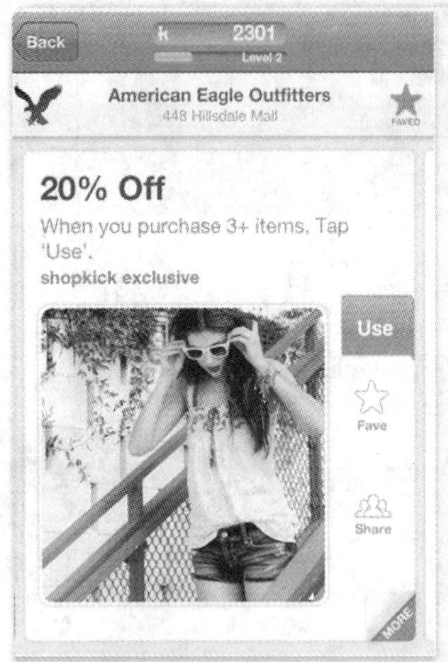

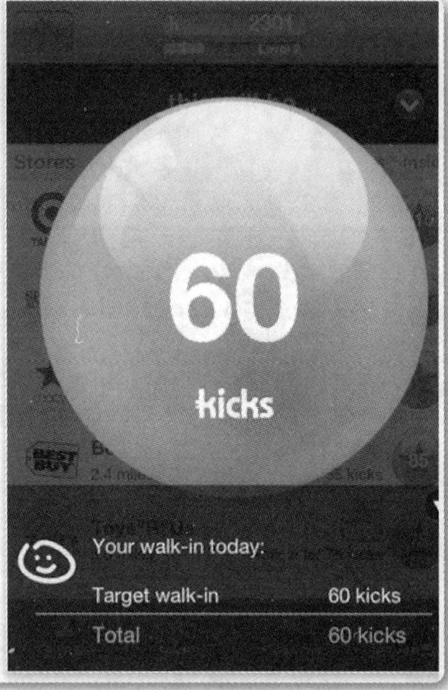

购物应用服务商Shopkick公司财政报告显示，2011年营收超1.1亿美元。公司系统内，活跃用户已超过300万人，每月用户在应用中与商店联系的次数为1.5亿。用户来自22个国家的零售商已超过4000家商店。

在2010年11月，Shopkick公司宣布与Visa公司正式合作，零售商可推出进店促销活动，用户购买金额达到一定数量即可获得额外的进店好礼。

Shopkick公司系统于2010年8月正式推出，当时是基于位置的一个系统，消费者忠实度与店家回馈模式并存。用户安装Shopkick公司的应用后，在进入实体商店时，就会登录Shopkick公司系统。用户进店或者做出产品评价都能获得店家回馈，这些回馈可在消费中获得优惠。

和其他LBS一样，用户可以通过Check-in（签到）来赚取kickbucks，然后用户可以walking-in（走进）和Shopkick有合作的零售店，比如Best Buy、Macy's、American Eagle等综合性的商店，这时候Shopkick系统会根据用户所在的位置、积累的kickbucks积分为用户推送各类优惠券、折扣编码、代金券等，用户一般会有多种选择，而且优惠服务会相当大，如果你有兴趣购买的话，只需要将手机中相关的优惠券进行扫描，即可完成交易。

在这个过程中，Shopkick有自己独到的技术与服务。

首先是对用户的定位，Shopkick并未使用GPS或Wi-Fi定位，而是在其合作商店搭建了实实在在的硬件及全套识别系统，称之为shopkick Signal。这一方面是为了防止当前很多用户进行虚假Check-in，比如只在某个商店的周边而并未进去甚至消费；另一方面则在于对用户在商店的位置进行更精准的定位，比如判定该用户是在家电区还是在食品区，好为其推送符合地理位置的优惠活动，这就是所谓的location-based shopping（基于位置的购物）。

其次则在于Shopkick会根据用户kickbucks的不同，设定了人性化的激励积分体系。一方面Shopkick会根据用户Check-in的次数给予积分；另一方面则在于当用户到达Shopkick合作商店的时候，会根据用户在该商店逗留的区域及时间给予不同的积分奖励，当然越靠近有优惠券及促销活动的区域，用户获得的积分会更多，这样可以刺激用户不断地积累kikcbucks并进行实际的购买活动。

点评

LBS（基于位置的服务）是当前比较火的一个概念，在和很多人谈到LBS发展的时候，必不可少的一点就是需要强大的线下运营能力——让用户真正感觉到实惠。LBS平台Shopkick.com在让用户从Check-in走向walking-in的同时，为用户提供了看得见的实惠，并以此为基础搭建手机世界和现实世界（零售店）的融合性平台。

053 搜物网：代发货平台

提要 在货源+仓储+物流之外，还有“一键开店”等功能，卖家可将搜物网供货商提供的货源一键上传到网店铺货。

网站名称：搜物网（http://www.sowu.com）
上线时间：2011年10月
所在地点：中国

搜物网是一个货源分销平台，它想做的更是一个整合、简化供应链及渠道的平台。搜物网希望帮助电子商务网站卖家更简单有效地推广与销售，供应商也从中扩大销售增加利润。搜物网创办者认为：工厂作为货源提供方存在销售渠道局限，缺乏拓展电子商务渠道的基因；同时网络C店卖家又多存在资金、货源、仓储、物流等问题。在这样的背景下，我们创办了搜物网，意在统一整合供应链及渠道。

搜物网的模式为Drop Shipping，也就是国内国外已经有多家企业从事的“供应商代发货”模式。这种模式旨在实现分销商的零库存和零风险：分销商自己并不压货，只是有消费者在自己的网站/网店下单时，才通知后端的供应商直接发货到客户。

与多数代发货平台有所差异的是，搜物网的口号是“创业就这么简单”，提供的产品也在贯彻这一口号。对于电商网站卖家，也就是分销商，搜物网在货源+仓储+物流之外，还有“一键淘宝”等功能，创业者可将搜物网提供的货源一键上传到淘宝开店铺（需要登录并绑定淘宝账号），还可以将淘宝订单同步到搜物网的管理后台。供应商发货之后，卖家也能够在“搜物订单”详情处获取物流信息，并发送给网店买家。

点评

尽管搜物网对于供货商有着较为详尽的审核要求，它面对的或者说想解决的局面仍然非常复杂。“统一整合供应链及渠道”这样一个目标对于自身也处于创业起步阶段的搜物网来说或许过于宏大而艰巨。它声称的“专业客服支持，即时订单通知，及时同步库存，24小时发货保障； 产品与描述相符，行业统一保修政策，7天无理由退换货承诺”等服务已然让乐淘、凡客等多家电商企业都倍感寒意。理想很丰满，现实很骨感，看上去很美好的理念仍需要在执行中验证。

054 Little Black Bag：“惊喜”模式网购

提要 Little Black Bag会调查用户在款式风格方面的偏好，然后提供一个装有3件商品的虚拟袋子，其中一件可见，另两件保密。

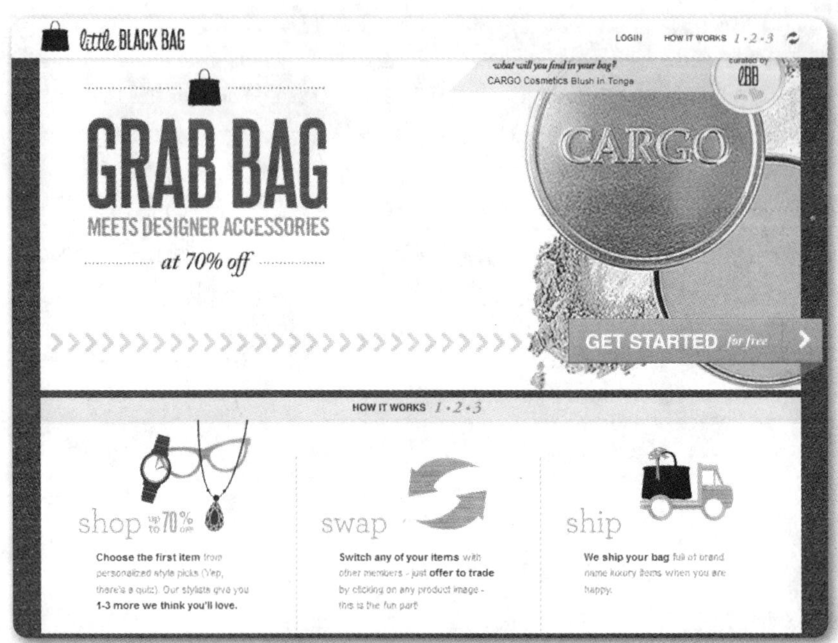

网站名称：Little Black Bag（http://www.littleblackbag.com/）
上线时间：2011年
网站地址：美国洛杉矶

时尚电子商务网站Little Black Bag近日获投275万美元。这笔资金来自于风投GRP、DCM Chamath Palihapitiya、Tim Kendall以及David Tisch，将被用于构建其产品和团队。

与在线购物相比，实体店购物的乐趣或许在于两个字——机缘，购物过程中的“意外新发现”是人们对逛商店乐此不疲的一个重要原因。尤其是在购买服饰类时尚品时，很多人脑海中并没有确切的概念，只有到实体店中看到陈列的商品后，才能在比较中发掘自己喜爱的究竟是什么。考虑到这一点，许多电商初创开始尝试增加在线购物体验的随机性，以便给购物者更多新鲜感，就像线下购物时感受到的那样。Little Black Bag正是秉承这种理念的一家初创电商。该企业从日本购物概念——“福袋”中汲取灵感，将这一模式套用到网络中。

具体模式是：首先，网站会对用户在款式风格方面的偏好做一个调查，接下来，网站会为用户提供一个虚拟袋子，并装有3件时尚商品，一件可见，其他两件保密。用户有两种订购选择，每月59.95美元或49.95美元的虚拟袋子，在完成订购后可以看到余下的两件商品。如果用户不喜欢，可以同其他网站用户交换这些商品，这样一来，可以尽可能地避免浪费，Little Black Bag也可赚取交换差价。

Little Black Bag的联合创立人之一Dan Murillo谈到："这些年来，我一直感到很奇怪，为什么网络一旦碰上电子商务就会冷场。新型社交媒体网站的出现更是加剧了这种脱节的情况。后来我想到了这个点子，我觉得，对于构建一个电子商务交互式社区而言，这或许是个不错的出发点。"

点评

这种"开箱子"模式，对技术和成本把控的要求比较高。如果用户总是收到自己不喜欢的、或者认为代价相对过于高昂的商品，毫无疑问会"抛弃"这家网站。

055 Say Mmm：用菜谱自动创建购物清单

提要 只须添加一个标签到消费者存储在Evernote上的食谱，Say Mmm将会生成一个购物清单，含有烹饪所需要的一切东西。

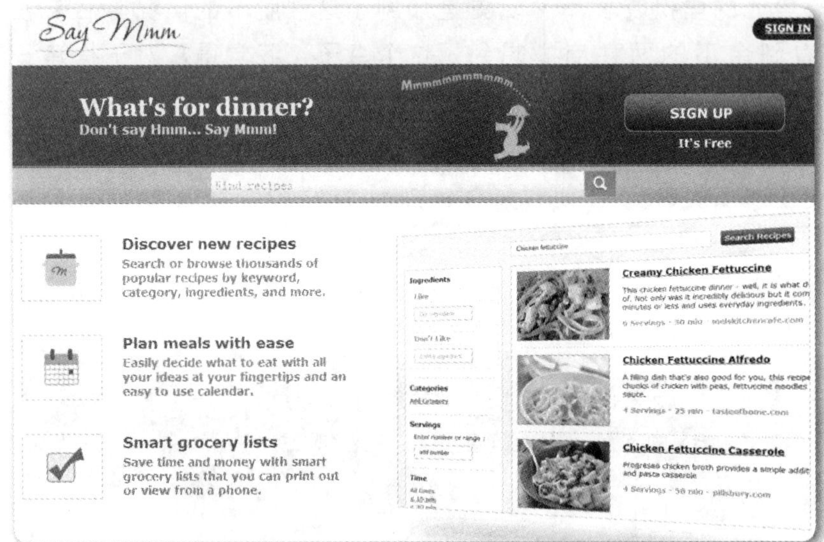

网站名称：Say Mmm
上线时间：2011年
网站地点：美国加州

如果消费者使用的是时下流行的信息管理平台Evernote，可能会保存所有浏览过或喜好的东西，以便在将来浏览。而这样做的一个主要用途是为未来的烹饪享受存储食谱。

如果这些保存的食谱可以自动转到未来的购物清单，将会怎样？不再是如果了，Evernote平台与Say Mmm的整合如今已成为现实。

Say Mmm是用餐规划网站，专门组织食谱。只须添加一个标签到消费者存储在Evernote上的食谱，Say Mmm将会生成一个购物清单，含有消费者烹饪所需要的一切东西。应用程序甚至会显示营养信息及购物清单上的所有新项目，这是一个绝妙的创新，相当cool。用消费者的语言来描述：让我们来做一个蛋糕，食谱都在Web上，Evernote绝对是一个伟大的保存方式。

消费者通过Evernote账户登录Say Mmm，就可以开始收集食谱，添加Say Mmm标记，Say Mmm然后解析出食谱，并生成一个购物清单。消费者不必等待新的食谱，只须回到存储到

Evernote上的信息，并将它们拖到Say Mmm标签上。

基于食谱的购物清单将单独创建，可以将之合并成一个大清单，以便下一次购物使用。Say Mmm甚至还为消费者的收藏项目进行分类。

除了Evernote整合，Say Mmm还具有日历上计划大餐的功能，消费者可以与朋友分享食谱。很多消费者认为，这是一个非常甜蜜的服务，Evernote功能做得非常好。

点评

国内与Say Mmm类似的有豆瓣和虾米等网站，豆瓣的购书单就是从豆瓣读书中创建购物清单，虾米的精选集服务则提供打包购买下载的功能。

056 Ringleadr、Loopt、Sobiz10、路客网：团购新模式之反向团购

提要 用户发布团购信息，通过社交网络分享链接邀请同伴，等待人数达到一定数量时，商家通过该团购计划。

自从Groupon、LivingSocial开创网络团购这一模式近三年来到，行业格局已发生了很大变化。多家结合SoLoMo概念的新秀涌现：有专注于细分产品、细分人群或本地区域市场的。比如有夜生活消费团购Poggled、有致力于数据分析与信息聚合的、有将团购与其他模式进行糅合（mashup）的——比如结合团购与游戏性及提供团购产品之外用户购物还会获得额外奖励的LevelUp。提供技术支持的企业也受到了关注，如团购技术提供商Dealised就获得了650万美元融资。

这里要介绍的是最近出现的几种糅合Priceline逆向拍卖模式的团购服务（逆向拍卖模式主要是商家提供闲置资源，用户确定价格）。

Ringleadr（ringleadr.com）

创业公司Ringleadr上个月月底获

得了50万美金的种子资金，它让用户可以自己发起团购。用户发布团购信息之后，通过社交网络分享链接，邀请同伴加入，当人数足够时，Ringleadr就会把该团购计划发给商家审阅，商家有半个月的时间来决定是否通过或者需要修改这项团购计划，商家与用户的互动功能也即将推出。

Loopt（loopt.com）

地理位置应用与优惠券服务Loopt也推出了团购U-Deals，用户可以请求团购，然后会看到附近的商家，选择其中之一后Loopt会显示优惠选项。当提出团购请求的用户达到一定数量时，它就会通知商家。Loopt的优势在子位置信息的积累和已经具备的数百万用户。

Sobiz10（sobiz10.com）

内测中的Sobiz10是非常激进的一类反向团购：它减少从商家抽取的分成，缩短用户等待团购生效的时间至48小时，人数限制也放宽。

Sobiz10另一个大功能是购物社区，用户和商家都可以创立账户，评价交易或交流互动。

路客网（lookoo.cn）

路客网主要做区域性的传统商家服务，基于位置或对用户日常消费行为的分析推荐商品或服务。它也开始了反向团购的尝试，推出“我想团”服务。“我想团”与上述几类相同的是用户基于位置与描述要求来申请团购，最大的不同是这项服务后续的团购由美团、拉手、24券等已有一定经验、用户和资金基础的团购网站来执行。

点评

对于流量和资源运营能力不足的小团队，反向团购或反向电子商务有着起步苦难的问题。与商家沟通时，小团队缺乏吸引力、话语权小，另外用户量不足，导致用户提出的需求长期因为无人跟团而搁置，继而无法积累用户。对于实力强的团队，则是信任程度的问题，小规模的交流尚可，规模越大彼此信任的程度可能就越低。

057 BagThat：将B2C与C2B融合起来

提要 它与品牌合作，提供商品出售，但具体价格交由消费者来确定。

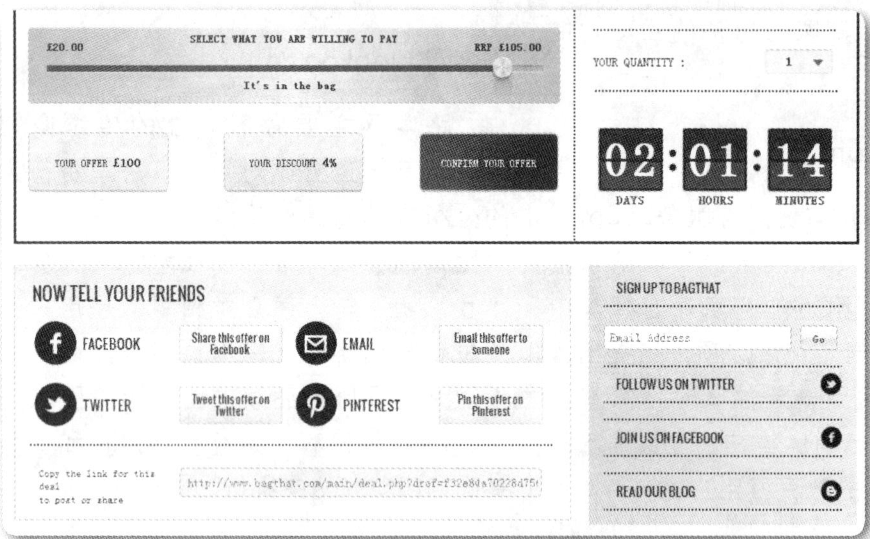

网站名称：BagThat（http://bagthat.com/）
上线时间：2011年
网站地点：英国

反向电子商务，也就是由消费者发起电子商务交易的模式（C2B），相对于传统由商家发起的B2C。部分人士认为这种模式能够更好地满足消费者的细分需求，也能让其中的创业者们在主流的成熟商品渠道之外寻求成长的空间。

更多的业内人士则看到C2B的不足，消费者的需求可能过于细分（因而导致小众与非主流，数量上难以吸引商家参与）、产品的标准化问题（如果不进行标准化，则难以向消费者准确阐述商品）、创业者们缺少能够完好执行C2B交易的实体与渠道（在OTA、餐饮等方向B2C或流量中介模式已经很强大）等。另外，C2B对于数据挖掘、用户互动的技术与运营都提出了更高的要求。一些支撑不下去的创业项目也验证了此类观点。

于是有创业者想到将B2C与C2B融合起来，BagThat就是其中一家。它主打高端消费，与品牌合作，提供商品出售，但具体价格交由消费者来确定。

BagThat的模式主要分为以下5个步骤。

①消费者搜索与查看正在进行中

的促销活动（用户可以根据BagThat目前提供的电子产品、家居用品、体育项目、休闲用品、旅行等种类分类浏览）。

②移动促销商品页面提供的滑块，选择自己想要的价格与折扣力度。

③填写个人信息，包括支付方式与收货地址。

④网站系统统计人数，出价的人越多，这一促销越有可能实际进行。

⑤网站与商家协商，促销结束。出价在商家与网站能够承受的底线或以上的人可以获得该优惠。

至于营利模式，BagThat采取的方式和其他B2C或中介并无二致：从交易中提成，还有推广费用，但它宣称将把净收入的5%捐献给慈善机构。

点评

BagThat也面临着整个反向电子商务模式所面临的问题。

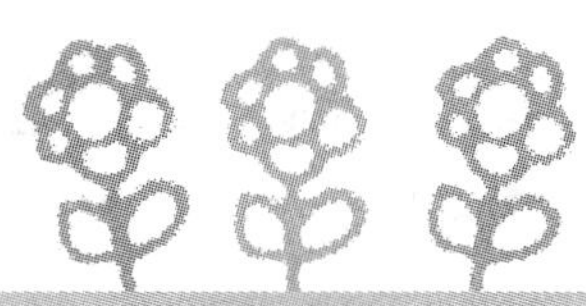

058 ScoreBig：票务逆向拍卖

提要 拥有剩余门票的人在ScoreBig上录入信息出售，消费者则可标注他们想要的门票价格与坐席位置，系统将两者进行匹配。

网站名称：ScoreBig（https://www.scorebig.com/）
上线时间：2010年
网站地址：美国

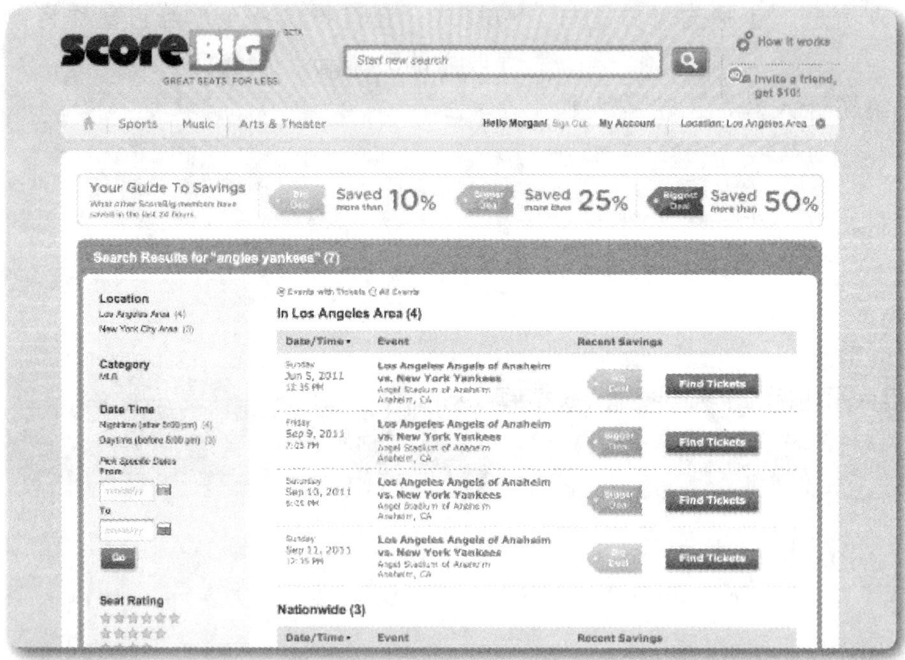

说起逆向拍卖，不得不提Priceline。它要求需要住酒店的用户输入一个自己愿意支付的价格，然后在数据库中进行匹配，返回一个页面，告知此价格是否被接受，如果被接受还会显示包括酒店名称、地址的具体信息。当消费者确定入驻酒店，Priceline会从中收取佣金。它甚至还为这种Name Your Price模式申请了专利。

空房间是酒店不愿意看到的景象，所以它们愿意在Priceline上接受用户开出的低价。空空的体育场与音乐会场馆也不是件好事，ScoreBig希望能够利用到这些没有出售的座位，模式类似Priceline。

ScoreBig仍在会员制测试当中，注册用户需要邀请码。它为会员提供包括体育、音乐会、歌剧等在内的高折扣门票，折扣从10%～70%不等，并且保证其网站上出售的所有门票都是真的。

场馆业主、球队、分销商以及个人都可以将剩余的门票信息录入网站出售，消费者则可以标注他们想要的门票价格与坐席位置，售票者可以接受或者拒绝消费者的出价。同样，ScoreBig的营利来自于从中抽成。

对于球队、场馆或中介等门票来源，ScoreBig保证不会透露他们的信息，同时会隐藏交易的实际价格，以免激怒全价买家。而消费者也要做出些许牺牲，他们不能选择具体的座位，只能根据大体位置出价，在买单之前才可以看到自己的座位在哪儿。

ScoreBig还开发出一种定价算法，根据剩余座位、离活动开始还有多久等参数。

点评

ScoreBig希望用反向电子商务为体育和音乐产业创造一种新的折扣模式和新市场。

059 OrderWithMe：团购模式外贸

提要 利用团购模式，把美国各地小型零售商的订单合并，达到足够数量后向中国工厂下单。

网站名称：OrderWithMe（https://www.orderwithme.com/）
上线时间：2011年
网站地点：中国杭州

OrderWithMe是一家位于杭州的团购模式外贸网站，它表示自己是Online Trade 2.0，目前除了PC网站还推出了iPhone客户端。

OrderWithMe主要面向美国中小零售商。零售商们可以用类似团购的形式，在OrderWithMe平台上向中国的工厂下订单，当订单积累到一定数量规模后，OrderWithMe将其打包成大订单发给中国的工厂，按批发价格拿货。OrderWithMe平台同时可提供支付、海关、长途运输、库存等多种服务。

在中国这一边，OrderWithMe搭建了一个多元化的采购团队，希望能够筛选合适的中国工厂，并获取美国中小零售商的信赖。

据介绍，在网站测试期间，“对于前几个月来讲，我们看到整个交易已经超过了12万美元，而且我们每周都会推出上百个新品，有12个产品的类别，已经有12个工厂的合作伙伴。”

OrderWithMe的营利模式主要为赚取商品网站售价与工厂价之间的差价。

OrderWithMe同时是创业孵化器“中国加速”（China ccelerator）近一期孵化计划的9个项目之一。

OrderWithMe团队的自述

当你进到OrderWithMe，这里是一个多元化的团队，可以帮助他们跨越在中国采购的障碍。

比如说，在这里我们可以打一个电话，相应的人员会解释整个过程是什么样子，然后怎么买单。你登录账号之后是一个主页，就是跟你相关的，你可以看到很多类别，可以选择最喜欢的类别。比如墨镜，以这个为例子，可以进到这个产品的页面，在这里可以看到非常高清的画面，还有百分之百质保方面的承诺，以及告诉他们为什么选择这样的眼镜而不选择其他的厂商提供的眼镜。

这样，就可以看到出售了多少，我们的商品还可以持续五天的时间，这些信息给我们提供了方便。整个网站其他点上也一样，整个过程都很方便。

我们还可以捕捉客户的需求（这个是很关键的），在这里我们可以帮他们去采购他们城市非常需要的产品。我们也知道他们其实是很忙的，所以我们还创建了一个iPhone应用，让他们在iPhone上还可以用。当他们在路上或店面的时候，也可以用手机，很方便地找到产品。对于前几个月来讲，我们看到整个交易已经是达到了12万美元，而且我们每周都会推出上百个新品，有12个产品的类别，已经有12个工厂的合作伙伴。我们希望冷却，截取精华中的精华，并提供给零售商。通过以上的数字，可以发现OrderWithMe不仅帮他们省钱了，还提高了效率。

有时候不仅是零售商，供应商也会给我们一些压力。比如说像我说到，要扩大我们的团队，不是寻找上千个长期合作的工厂，而是精华中的精华，一定是让我知根知底的，有品质保证的工厂才能入选。

我们由美国客户来选择产品，因为他们知道美国的当地消费者喜欢什么样的产品。我们中国的厂商也很喜欢这种模式，因为他不知道到美国卖什么东西，既然你知道，那你告诉我们做什么样的样品就好了。对于我们企业来讲，以前需要买很多东西，这样造成了库存的积压，同时还有非常大的风险。而现在知道美国消费者要买什么，中国工厂就针对性地生产什么，这是非常重要的一方面。

点评

OrderWithMe在2012年做了很大幅度的改版，也许，消费者的需求，并不是那么容易了解的吧。

060 一块儿微集市：预订模式的社会化电商

提要 用户在一块儿网站只须支付少许购买金，即可获得商家指定优惠产品的购买权，并收到优惠券当做购买凭证。

网站名称：一块儿微集市（http://jishi.yikuair.com）
上线时间：2011年10月
网站地点：中国

一块儿有两大关键词：Specialdeals用户预订（后付费）模式及社会化电商。

按照他们自己的说法："一块儿是基于微博平台的电子商务网站，用户可以通过微博账户直接登录，用户在一块儿网站只须支付少许购买金，即可获得商家指定优惠产品的购买权，并收到优惠券当做购买凭证"。另外还将启动"商家自主发布"的服务。

Specialdeals模式

作为Specialdeals的中国子公司，一块儿在产品中贯彻了这一特色的后付费模式：消费者只须支付定金就可以锁定一项优惠，比如用1元定金来"抢购"原价178元现价79元的童装，也就是用1元购买相应的优惠券，系统将优惠券代码发送到消费者填写的手机与电子邮箱，然后用户凭代码去商家消费时输入信息，并支付余下的费用。

这种形式有些像团购，商家通过折

扣与Specialdeals、一块儿这种中间网站渠道进行非常规促销，扩大了客流量。但它与团购的不同之处是：它不截留用户用于消费的钱（留下定金作为服务费用，也就是它目前的营利模式）；而且如果用户放弃消费，损失的也只是定金。另外，它还给用户与商户都建立信用体系，用户实际消费会有积分，在社交网站上分享该优惠会增加积分；商户旅行服务并确保质量也有相应的信用积分。

社会化电子商务

社会化电商部分，与母公司Specialdeals借用Facebook不同的是：一块儿紧密结合了微博。拥有微博账号的用户可以购买优惠券、评论、分享，查看其他购买同样产品的微博用户等，将来还可以作为商家自主发布优惠。

现在一块儿的情况则是，需要在“商家入驻”页面提交姓名、E-mail、商家名称、商店官网、微博、产业类别、城市、电话等一系列需要确认的信息。入驻之后的商家可以设定交易量、商品总价、优惠价和定金价格，发布优惠项目等待审核上线。

点评

尽管设想与模式都比较新颖，市场发展空间也很大，但由于推出时日尚短，知名度不高，还面临着各大电商网站的优势竞争等诸多问题，一块儿目前用户非常少。

061 挑拈网：社区超市网络配送平台

提要 一家超市联盟网络配送电子商务平台，在用户与城市中拥有配送业务的中小型便民商店之间构建桥梁，方便御宅一族购物。

网站地址：挑拈网（http://www.tiaonian.com）
上线时间：2011年1月
所在地点：上海

在线下零售商店与互联网的结合上，美国的沃尔玛和折扣零售商凯马特走在了前端，它们打造了以“到店提货”（in-store pick-up）为核心的新式服务（消费者通过店铺、互联网或电话来订购商品，然后通过另一种渠道取货，比如自行到店提货）。在台湾，连锁便利店7-11则已经开展了近十年时间的“收快件服务”。前不久还有传言称顺丰快递在上海与7-11联手创新最后一公里物流服务。

这些将线下零售商店作为渠道的方式都给中国电子商务指出了一种创新的方向，另一些服务则将自己作为渠道，沟通线下零售商店与懒得出门的消费者。

在北上广等大城市，去超市购物对于部分年轻的上班族来说，逐渐成为一件令人头痛的事情：交通堵塞、排队结账消耗了大量时间，让工作压力大的年轻人越来越不愿意去超市。挑拈网希望在这种新的生活方式转变中找到商机，它是一家新型的超市联盟网络配送电子商务平台，在用户与城市中拥有配送业务的中小型便民商店之间构建桥梁，方便御宅一族购物。

在挑拈网，用户可以免费注册，根据自己所在地的入口进入（目前开通了北京、上海、深圳、杭州等数个城市）。然后输入街道、小区等区域信息，查询周围带有配送业务的商家，可以加入收藏，也可以继续选择商品。网站会对商家的送货速度和服务质量进行评分排序。

尽管挑拈网推崇“一公里近联网”理念，在模式上也有些O2O的影子，但目前的产品设计仍然比较初级，需要花更多的时间与精力来提升用户体验。

注意，在线下商家拓展上，比如超市加盟，网易科技尚未拥有相关资料能够证明挑拈网优于其他竞争对手。

点评

懒人经济的又一个例子。

062 Goldstar：门票销售网站

提要 Goldstar放弃与商家分成的模式，转而选择收取每张出售的门票服务费，从而使娱乐场馆能够带走每张门票销售的全部收益。

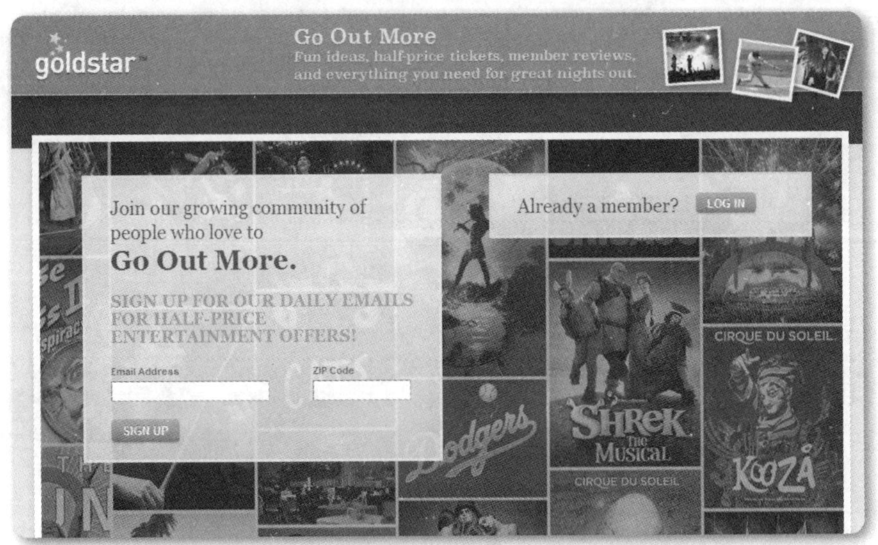

网站名称：Goldstar（https://www.goldstar.com/）
上线时间：2003年
所在地点：美国

门票折扣销售网站Goldstar，2011年8月宣布门票销售数量已经达到500万张，并且推出一项新功能，能够让购买同一个活动的门票的会员好友相互坐在一起。

对于票务销售来说，“售罄”是最好的事情。但是不管航班能不能出售所有的机票，或者球队能不能让球场满座，该开始时还是要开始。如何能最大量地进行门票销售，是商家面对的最大问题。Goldstar网站正是要解决该问题，这是一个会员制网站，能够提供半价的现场娱乐节目门票，让场馆出售未能售完的门票，从而带来额外收入并打响口碑。

Goldstar目前已经在全美与超过5000个场馆达成了合作伙伴关系，并且邀请互联网投资人马特•科芬（Matt Coffin）、艾美奖获得者尼尔•帕特里克•哈里斯（Neil Patrick Harris ）以及票务公司Ticketmaster前首席执行官肖恩•莫里亚蒂（Sean Moriarty）担任咨询委员会成员，希望避免成为“娱乐节目门票的团购网站”。

为了使自己的模式与Groupon和LivingSocil形成差异，Goldstar放弃与商家分成营收的模式，转而选择收取每张出售的门票的服务费的部分（平均为4.50美元），从而使娱乐场馆能够带走每张门票销售的全部收益。

目前为止，这个模式一直都较为成功，Goldstar最近宣布已经售出500万张门票，并且会员数量达到200万以上，已经进军全美20多个主要城市。该网站现在每天提供1200～1500张半价门票。

当然，如果有人想要利用门票打折的机会与朋友一起观看演出的话，以前可能比较麻烦。现在，Goldstar已经推出了自己的解决方案，该方案的目的是让门票购买者和销售商通过Sit With Friends功能解决上述问题。Goldstar这个新功能会给购票的会员发送一个个性化链接，从而可以通过电子邮件或者社交网络与朋友分享该链接。用户可以通过这个链接购买同一活动的门票。并自动与好友坐在一起。

Goldstar成立于2003年，其售出的首张门票是一场在加州帕萨迪纳市举行的马术比赛的门票。该公司从未获得外部投资，但是能够一直保持营利。该公司的销售人员并不多，其首席执行官吉姆•麦卡菲（Jim McCarthy）表示，之所以没有增加销售人员的规模，是为了能够培养与场馆和比赛活动组织管理方已经建立的关系，而不是专注于增加新的商家。

在谈到公司未来的发展路线时，麦卡菲表示：Goldstar正寻求向美国国内新的城市扩张，并提高其核心技术、推出新功能，从而鼓励人们尽管在经济不景气的情况下也能走出家门去参加现场娱乐活动。

点评

从分成改为收取服务费，对商家可能更为有利，对消费者却没有多少优惠。

063 Bevvy：用定金换折扣的细分团购

提要 | 消费者付出10美元的定金，可以让之后的不超过100美元的账单打五折。

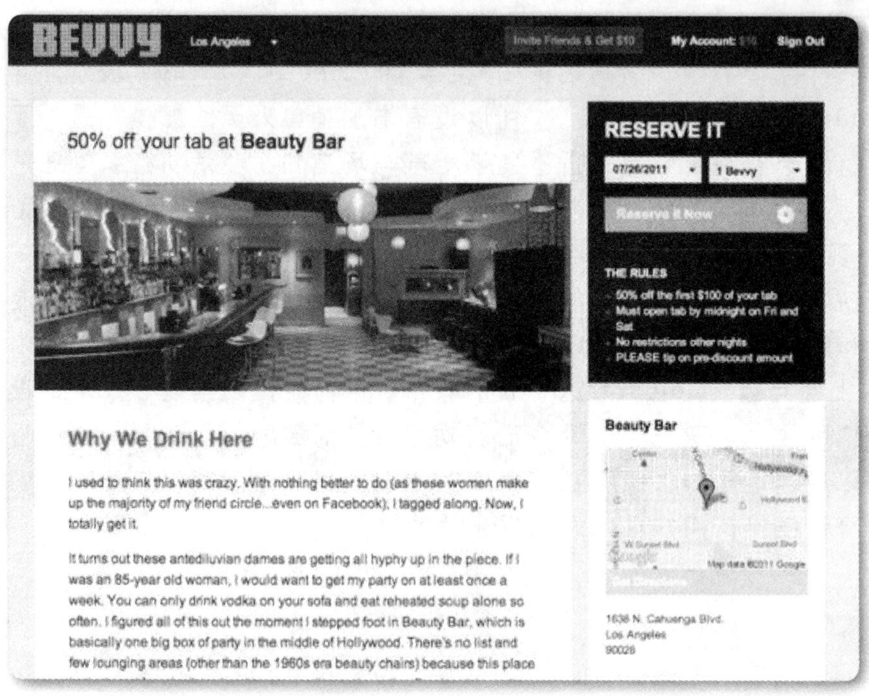

网站名称：Bevvy（http://www.bevvy.com/）
上线时间：2011年2月
网站地点：美国洛杉矶

网络团购市场已然是红海，针对各种产品和服务的综合性团购数不胜数，细分团购网站也非常多，Bevvy则是其中有特色的一家：为爱逛夜店的人提供夜间酒吧、饭店以及俱乐部的团购服务，在美国8大城市提供每日一团服务。

刚刚上线的新服务让Bevvy更显得有些与众不同，或许能够在激烈的竞争中找到属于自己的一席之地。这项服务的方式大致为：消费者付出10美元的定金，可以让之后的不超过100美元的账单打五折；50美元的定金则对应500美元版本（bottle service）。

付过定金的用户会通过电子邮件得到一个密码，以此作为凭证获取优惠，同时也可以帮助夜店场所区分Bevvy与其他网站吸引来的顾客。用户可以把密码当做礼物送给朋友，不过，这个密码是一次性的，而且不能与其他优惠券或抵用券一起使用，Bevvy希望维持一个比较合理的折扣，与夜店场所保持长久的合作关系，让它们既能够销售剩余座位（一般会预留30%～40%给VIP），同时不至于被过低价格损伤。

Bevvy网站还整合了Twitter与Facebook的一些特性，比如可以使用Facebook账号登录，邀请一名朋友前往消费就可以获得10美元的积分。

在获得10万美元种子资金后，Bevvy计划扩张至其他城市，手机客户端也在开发之中，还与奢侈品网购Gilt City展开合作。

点评

一般的团购等电商网站是先开出优惠条件，然后消费者选择线上支付与货到付款。Bevvy的做法像是用定金来约束消费者。

064 CityPockets：团购二手交易与管理

提要 如果用户不能或不想完成某项优惠服务，他/她可以将之放在CityPockets提供的市场上交易。

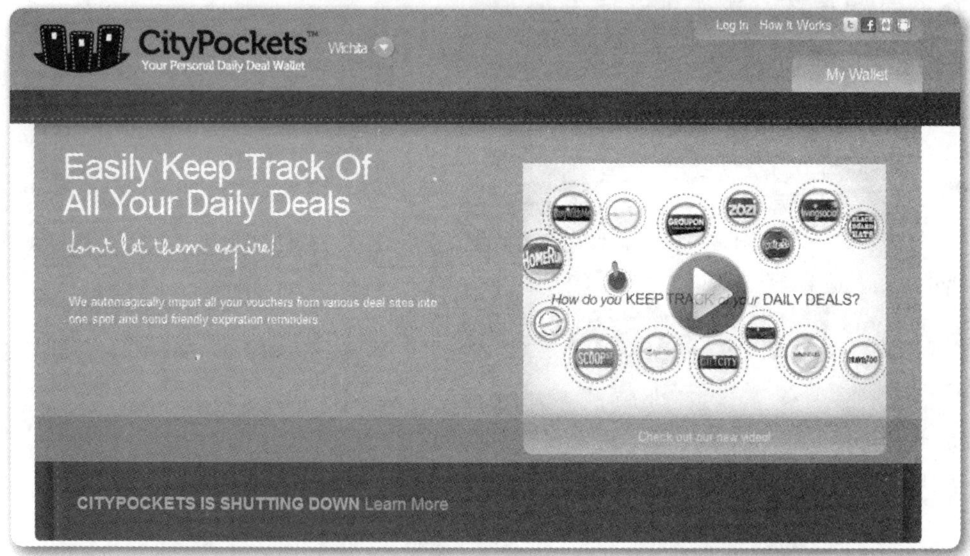

网站名称：CityPockets（http://www.citypockets.com/）
上线时间：2011年
所在地点：美国纽约

在美国，团购也早已发展到了百团大战的阶段，于是出现了对团购信息整合的需求。

Yipit模式是提供搜索与筛选的功能，有些类似国内的团购导航，但使用的是邮件来向用户推送他所处地区附近的优惠服务。CityPockets在这种方式上又往前进了几步。

CityPockets的目标是打造用户日常交易与折扣的管理工具，它目前支持Groupon、LivingSocial、BuyWithMe、Yelp等美国主流团购服务，关联这些团购网站的账号之后就能自动导入相关信息，并且提供组织与追踪的功能。它会使用邮件或手机应用的推送功能提醒用户的管理账户中哪些团购优惠即将到期。

除了管理，CityPockets的主要功能还有团购的二手交易。如果用户不能或不想完成某项优惠服务，他/她可以将之放在CityPockets提供的市场上交易。想购买优惠的用户则可以在市场上根据餐饮、旅游、健身等分类查找感兴趣的服务或根据过期时间、发布时间、价格排序，网站并不限制交易的销售价格，还会提供PayPal转账支付的功能，并从中收取小额费用。

点评

CityPockets的思路值得借鉴。团购交易往往不是实名制，同时也会有各种原因会让消费者有放弃的打算，从而给了一个流通市场的发展空间。

065 Slice：网购跟踪与管理服务

提要 一款网络购物助手服务，帮助消费者在云端管理在线购物信息，还可实时追踪发货过程。

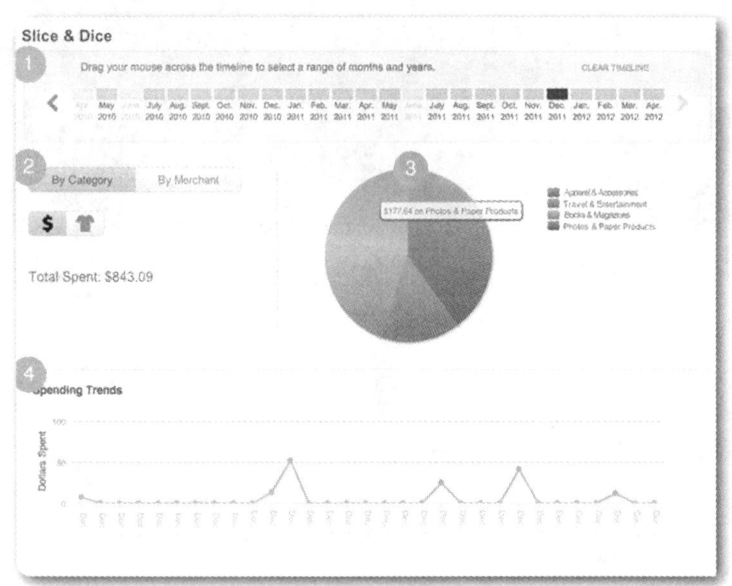

网站名称：Slice（https://www.goslice.com/）
上线时间：2011年
网站地点：美国加州帕洛阿尔托市

Slice是一款网络购物助手服务，帮助消费者在云端管理在线购物信息。Slice的服务包括三部分，其中新推出的iPhone应用让用户可以追踪交易信息，比如包裹所到达的地点；邮件组件则是从电子邮箱中整合用户的相关购物信息。

Slice的服务包括以下三部分。

Slice网站

Slice在Web端为注册用户提供了管理网购交易的操作后台。

邮箱组件

Slice发布的第一款网络应用名为Project Slice，用于帮助消费者管理在线购物信息产生的电子邮件。

Project Slice进驻Gmail和雅虎邮箱账户，将用户的相关在线购物信息整合在一起，包括在线发票、发货通知、退货和团购信息。

手机应用

新发布的iPhone应用程序让用户

外出不在线时也能通过移动设备登录他们的Slice账户，除了查询购物详情记录、追踪发货过程，还可以在超市、连锁店等购物场所实时搜索亚马逊之类电子商务网站上面的报价信息，以此货比三家。

Slice首席执行官斯科特•布莱迪（Scott Brady）表示："有Slice在手，你绝不会担心在线购买的物品是否包装好，或者忘了去年为女儿买的是多大尺码的裙子。"

Slice的数据显示，自从推出以来已经处理了400多万条购物信息。

点评

中国国内的大型网购平台一般都有订单跟踪与管理服务，但类似Slice的产品还是可以发掘小型B2C，与网店建站系统深度合作。

066 Quirky：创意产品社会化电子商务

提要 用户提交产品创意，由整个社区来评估可行性并组织设计开发生产与营销。

网站名称：Quirky（http://www.quirky.com/）
上线时间：2009年3月
所在地点：美国纽约

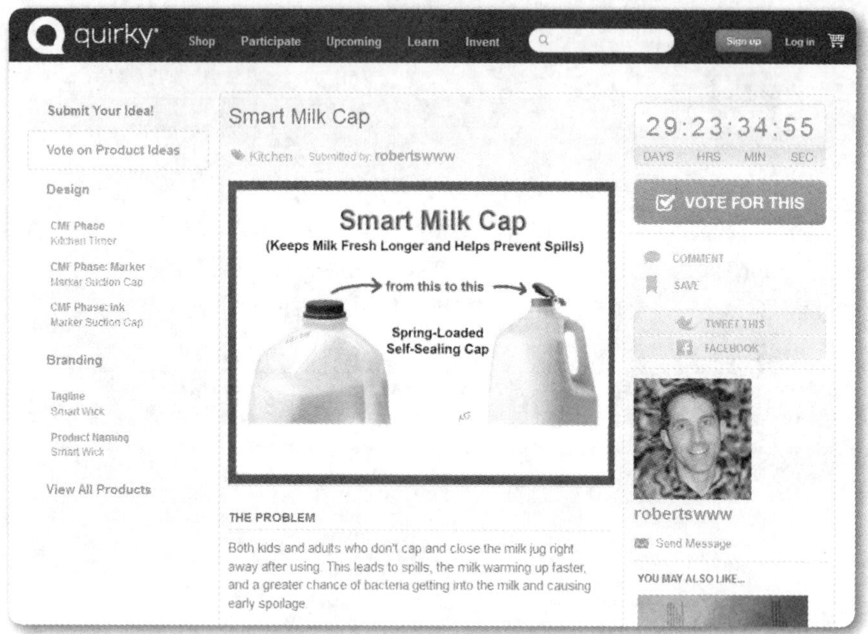

Quirky是一个创意产品社区与电子商务网站，利用众包方式，让社区参与产品开发的整个过程，包括提交创意、评审团审核、估值、开发、预售、生产、销售等多个流程。

Quirky的电子商务部分与Etsy等定位于手工艺品网购的服务比较类似，专注于创意产品细分市场（厨卫小工具、数码设备配件、儿童玩具、运动与旅行辅助装备等）。

Quirky不仅在网上销售其产品，还与家居产品零售商Bed Bath And Beyond和办公用品零售商办公麦克斯（OfficeMax）等商家达成零售协议。

Quirky被风投看好的除了电子商务部分的变现能力，另外主要就是它的独特社区。

用户可以在Quirky上提交他们的产品创意（每提交一个需要花费10美元），也可以对其他人的创意进行投票、评分与提意见或建议等。Quirky社区每周会从当前一周提交的所有产品创意中挑选一个并付诸现实，创意提交者也就成为该产品的发明人。在运营上，Quirky还与电视台合作，推出相关真人秀节目以推广产品创意。

Quirky社区在首要位置推荐的是“产品达人”（Top Influencers），用户要想成为“产品达人”，就需要在社区多多活跃以获得“影响因子”（influence），比如提交创意、投票评分评论、参与预售、参与产品的设计开发与营销等。推送的内容还有热门产品与创意、最新评论、成功案例、顶级技能等。

Quirky创始人本•考夫曼（Ben Kaufman）发明过手机配件mophie和iPod配件kluster。他表示Quirky平均每年生产60种产品，而今年社区有望获得100万美元收入。

点评

不光“游戏化”离不开社交，创意电子商务也离不开它。因为创意来自于一个高素质的团体，而让他们聚集起来就需要注重社区的运营。

067 VibeDeck：让音乐人与粉丝直接交易

提要 借用社交网络在音乐人与他们的粉丝之间搭建桥梁，致力于提升艺术家与粉丝之间的交易体验，提供互动与支付工具。

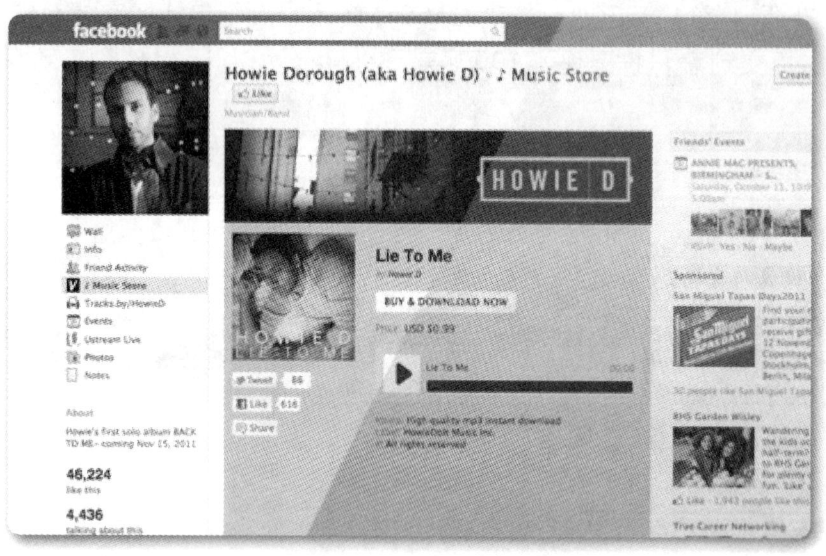

网站名称：VibeDeck（http://vibedeck.com/）
上线时间：2011年
所在地点：美国

数字时代对音乐/唱片业的冲击有目共睹，免费或者盗版音乐直接导致实体唱片销量锐减。1999年全球唱片销售269亿美元，而十年后的2009年，这个数字只有170亿美元。

是拥抱互联网还是举起版权大棒我行我素？很多厂商已经做出选择，谋求在音乐界以外获得更多收入，比如让歌手走影视歌三栖路线；也有厂商在寻求共赢的可能，他们的方案是豆瓣FM等在线点播电台、音乐视频与音乐社交化。

创业公司VibeDeck的做法是借用社交网络在音乐人与他们的粉丝之间搭建桥梁，它致力于提升艺术家与粉丝之间的交易体验，希望让音乐制作者们能够达到收益最大化，并且与粉丝能够形成更深一层的关系。

音乐人能通过VibeDeck上传音乐、制作个人页面，这个页面包括播放器、背景图片、资料介绍、价格、支付链接等，可以高度定制，也可以嵌入个人博客或者社交网络。它还有监控浏览、收听与下载的分析工具，可以实时查看投放效果，销售数据还可用CSV等格式导出备份。

粉丝们可以在Facebook这样的大型社区或SoundCloud等垂直的音乐社区看到音乐人的VibeDeck页面，这样就增加了音乐的曝光度与传播广度，还能够很方便地连接到PayPal来付款买下心仪的乐曲。

由于物品价格由音乐人自主确定，他们可以自由调整，甚至用音乐免费换取粉丝的一个邮箱列表。

目前VibeDeck完全免费，其CEO里奥•沙米尔（Lior Shamir）表示，未来或将通过广告的形式获取收入。但沙米尔又强调VibeDeck首先是一个电子商务和软件技术公司，专注于买方与卖方之间的交易环节。

VibeDeck的竞争对手有BandCamp等，后者是一个电子商务平台，让音乐人开设网店，直接向粉丝销售乐曲和其他商品，它更多的是专注于托管乐队的页面。竞争对手还有Nimbit（直接向粉丝销售）、Sonicbids（帮助乐队找到工作）等。

点评

买卖内容是门大生意，中国前有彩铃（小厂牌甚至小团体能借助运营商的渠道销售自身作品的改编形式），后有各种语音社区，在麦克风上歌唱的人收获“鲜花”等虚拟礼品。这都是相对变相的形式，豆瓣音乐人有潜力做得更为直接，它给音乐人小站赠送小豆、豆瓣FM音乐人DJ频道都是规模化的。当然还有些网站，比如初刻，与一小部分知名但独立的音乐人合作，销售专辑和演唱会门票。

068 Tweetalicious：用Twitter购物

提要 通过Twitter将用户与商家联系起来，向消费者推荐其喜欢的品牌优惠活动，还可以显示当前的购物趋势。

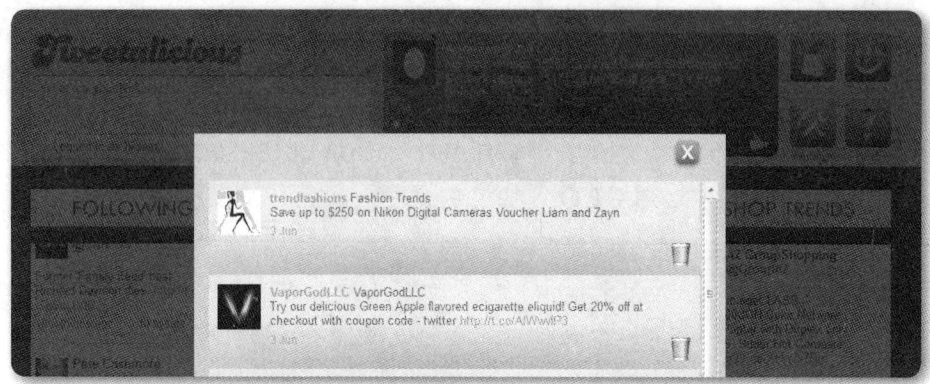

网站名称：Tweetalicious（http://www.tweetalicious.com/）
上线时间：2011年5月
所在地点：美国宾夕法尼亚

Tweetalicious是一个基于Twitter的购物网站，它将消费者与商家通过Tweet联系起来，旨在帮助用户随时随地找到自己喜欢的品牌与商店的优惠服务，并且广为分享。

Tweetalicious主要由用户系统与推荐引擎两部分组成。

用户使用Twitter账号授权登录之后，会被要求选择自己喜欢的商品品类与品牌，比如平板电脑、Galaxy Tab。然后网站就会根据用户的喜好推送相关交易，有直接单项的优惠服务推送，也会显示当前受欢迎的交易。用户可以选择给出“喜欢”的评价、放入收藏或者单击Deal Me来查看新的优惠服务。这些操作都只需要一步单击。用户还能够设置刷新与消息推送的时间频率、收藏内容自动清除的周期等。

对于推送的优惠服务来源，Tweetalicious目前使用的是尚在测试调整的推荐引擎结合人工编辑，该推荐算法正在美国专利商标局申请专利。

与Twitter对应的国内各家微博服务，也早就开始试水电子商务货币化方案。主要有以下四种方式。

- 机器营销账号的垃圾评论。往往用户在发送的微博中包含诸如“减肥”这样的词汇，机器营销账号就自动评论，内容包含减肥药的网店链接。这种方式与Tweetalicious有些类似，但是强制性的不经用户许可并且简单低级，也是微博平台的打击对象之一。

- 微博账号直接发布的内容中包含购物链接。有的是粉丝数量大的营销账号，收取一定费用帮商家发布软文，有的则是商家官方账号直接贴出优惠活动链接。京东淘宝等越来越重视微博平台，有活动都会在微博上提醒粉丝。
- 新浪微博的“微热卖”形式。它与京东商城合作，在京东商城企业版微博上提供3C百货数码等十多个品类的商品，还有收藏和“转发到我的微博”的功能。但还是一个较为原始的状态，只起到商品陈列的作用，并未引起强烈反响。
- 在微博上进行的互动式营销，用户的参与程度决定营销的导向和幅度。比如，腾讯微博在2011年联手好乐买推出的“微卖场”，好乐买提供商品，规则是用户转播则商品价格下降一部分。还有京东商城在新浪微博上的“求合体”应用，用户授权该应用后可以@几位好友，然后与其中一位拼单，会有进一步的优惠。

点评

Twitter或微博上的电子商务都还没有做到像听音乐、看电影那样在Timeline中完成，还需要跳转到对应的网站下单购买。这说明它对于电商网站还只是发挥流量渠道甚至推广媒介的角色。

069 Pognu：叫价越来越低的拍卖网站

提要 主打理念是快速成交，采用荷兰式拍卖方式。

网站名称：Pognu.com（http://www.pognu.com/）
上线时间：2009年12月
所在地点：美国亚利桑那州（Scottsdale, Arizona）

对于拍卖网站，我们已经比较熟悉了，用户们希望通过拍卖网站获得最质优价廉的商品。除了叫价越来越高或“增加拍卖”的英格兰式拍卖网站外，也出现了不少“减价拍卖”的荷兰式拍卖（Dutch Auction）网站。Pognu就是采用荷兰式拍卖方式的网站。

拍卖网站的两种方式很难说谁优谁劣，不过荷兰式拍卖网站的明显优点就在于其成交时间及效率一定高于英格兰式拍卖网站，对于渴望更快买卖物品的商家而言，“减价拍卖”会更有吸引力。Pognu网站（由Purchase online goods new and used的第一个字母缩写而成，在线买卖新的、二手的物品）所主打的也是快速成交的理念。

对于卖家而言，在Pognu网站上是完全免费的，无论商品是否成交。用户在如同其他拍卖网站上传图片、介绍商品、输入起拍价格及时间周期之外，不同之处在于卖家还需要设定一个最低承受价格，到了这个价位如有人叫价则会自动成交。当然卖家是可以随时更改自己的最低成交价格的。

而对于买家们而言，则可以通过

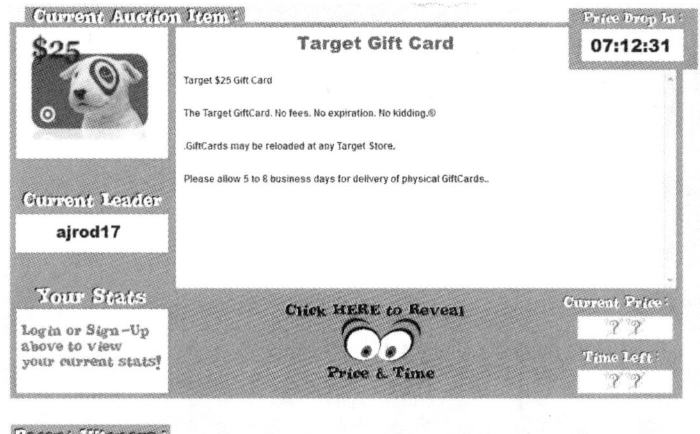

Pognu网站实时查看各类物品的价格变化状况，当看着价格一点一点下降的时候，会更容易让人有购买的欲望。

此外，Pognu网站页面除了展示了当天正在拍卖的物品、过往拍卖成功的商品外，还展示了即将进行拍卖的商品，以吸引更多用户过来参与拍卖。

Pognu网站的收费方式也不同，相对于大多数网站向卖家收费或提成的方式而言，Pognu网站将向买方收取一定比例的费用，毕竟买方可是在一点一点的减价过程中购买商品的。

点评

不断下降的价格一定更容易让人参与购买么？Pognu的一大敌人非购物搜索引擎莫属了，这种能对比价格的工具让大多数商品都不适合在Pognu式网站上销售。同时，电子商务网站覆盖的商品品类越来越多，留给Pognu的空间并不太多。

070 Nasty Gal：时尚衣物销售公司

提要 主要运营方式是搜集过时衣物，经过重新搭配，以一种新的时尚理念出售。

网站名称：Nasty Gal（http://www.nastygal.com/）
上线时间：2011年
所在地点：美国洛杉矶

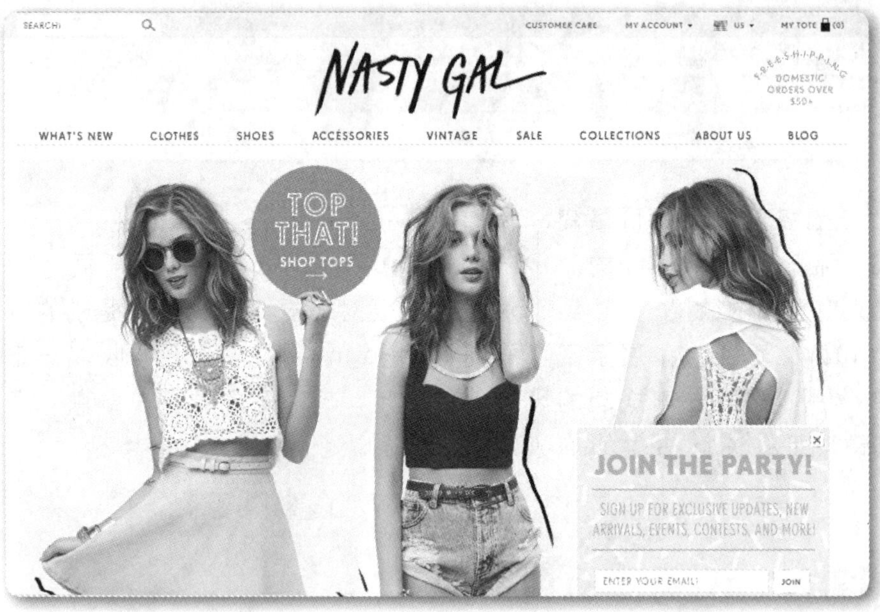

时尚衣物销售平台 Nasty Gal，2012年3月份宣布从风险投资公司 Index Ventures获得900万美元的风险投资。

Nasty Gal公司的起步比较卑微，最初只是一家eBay小店，如今已成长为拥有100名员工、具有一定规模的公司。Nasty Gal的主要运营方式是搜集过时衣物，经过重新搭配，以一种新的时尚理念和全新的品牌出售。由于是身材有型面容姣好的模特展示，摄影师的一流技术让这些衣物能够将复古与前卫两种理念糅合在一起，时而是酷炫的视觉冲击，时而简洁干练、优雅不俗。

而且Nasty Gal的衣物定价合理，它们叫好又叫座，新上市不久就被抢购一空。

Nasty Gal创始人索菲娅•阿莫卢索（Sophia Amoruso）原本是美国一位自由造型师，她最初主营古董服饰，复古风加上网络渠道的便利性，赢得了这一类品味的消费者群体，还有非常多的用户争相为她做广告模特。

索菲娅表示，她创办eBay商店的初期就一直营利，而2011年的总收入增至2800万美元，年收入增长率达到500%。

Nasty Gal公司的用户基数也相当可观：15万客户、20万Facebook粉丝、3万Twitter粉丝和5万照片分享程序Instagram上的粉丝，这些客户遍及全球50多个国家。Index Ventures公司表示："我们对时尚非常感兴趣，而时尚产业在欧洲非常强劲。在与消费者的亲密程度方面，我们从未见过像Nasty Gal这样的公司。"

点评

Nasty Gal对设计师的水平要求非常高，与其说它是个电子商务公司，不如说是一个时尚设计企业。

小结：电子商务的低成本玩法

电子商务是一门烧钱烧得无比厉害的生意，在各大互联网业务中是最为“重资产”的。

但从“销售为主创意为辅”的角度出发，或者换一个方向来开展这一服务，也有一些轻量级的方法。

一个非常热门的方向就是结合移动互联网，与地理定位服务相结合。比如LBS购物Shopkick，

再就是反向电子商务。不论反向团购还是反向的客房、票务销售都在成长初期面临非常大的挑战。

第三是结合社会化元素，在Facebook、Twitter等平台上开展电子商务。

还有很大的一部分是融入各种创意，为销售道路锦上添花。比如惊喜模式Little Black Bag、将游戏机制引入网购不同的人会看到不同价格的Sneakpeeq，结合增强实景（augmented reality）的购物服务Snapshop，联络有志于环保事业或希望借此宣传品牌的企业、通过举办高端会议等方式推广环保概念并进而售卖产品的Opportunity Green等。

这一类型并不能改变电子商务的产业链条绵长的现状，如果在货品、支付、物流等环节没有明显硬伤，相信还可以取得不错的成绩。

第6章 本地生活服务

071 走街串店：用社交网络“逛街”

提要 尝试让用户通过社交网络来“逛街”，将线下的特色店铺和有此逛街需求的用户通过街道的方式组织起来。

网站名称：走街串店（http://www.99going.com/）
上线时间：2011年
所在地点：上海

相比于夜店网站、餐饮场所点评网站等本地生活服务网络，走街串店网给人的感觉是现实场景版的豆瓣阿尔法城，包涵了更多的文化氛围。如同他们自我介绍所说的：“在散落着梧桐叶子的街上散步，碰巧路过摆满七八十年代孩童时候的玩具小店，于是默默地收藏于心中，告诉自己，会常来……”

走街串店网尝试让用户通过社交网络来“逛街”，将线下的特色店铺和有此逛街需求的用户通过街道的方式组织起来。用户在网站上可以发掘以前不知道的小店和它们经营的特色商品，还可以找寻志趣相投的朋友，彼此分享与借鉴生活的休闲计划。

走街串店网由用户、小店、街道三部分组成。

- 用户的个人页面包括相册、日记、添加的小店、居住的街道等信息，他/她可以选择某条街道来查看附近的各类小店，或者根据名称关键词来搜索街道与小店；可以增加街道信息或添加小店（这一点比较像《众包城市指南UpOut》）；还可以对店铺发表评论，或向他人推荐。用户之间可以相互关注，发送信息，就某一店铺或街道的话题进行讨论。

- 街道（名为“大街小巷”）是用来组织信息的结构，网站会根据分类展示（比如黄浦区、静安区），也有用“明星街道”这种方式来推荐。用户来到独立的街道页面，可以查看街道的历史与人文信息、有哪些美食、休闲、娱乐等场所，可以申请成为“居委会主任”（有发布街道黑板报等特权），注明是现在住、曾经住过还是想住这里。还有评价街道、查看街道上其他居民或用户等功能。
- 小店是商家部分，普通用户也可以添加特色店铺，但对店铺主提供了“认领”功能，店主认领之后就可以打理自己的小店，比如添加文字描述、晒图片、发布公告。用户可以对小店进行喜欢、支持店主、支持店名、支持镇店之宝、收藏、推荐、点评等操作。

营利模式上，目前没有看到走街串店网有多少“超前”的举措，只在网站底部提供了一个“广告服务”的链接，“关于我们”也写得非常平实，像一篇散文。或许这也是上海创业者与北京创业者的最大不同：海派重实操，京派更喜欢讨论概念。

点评

尽管有着新锐的创意和务实理念，走街串店网仍然面临着众多本地生活服务网站的竞争，包括从传统的BBS、点评网站到顶着LBS、社会化问答、O2O等热门概念的众多新创网站，都在考验它的线上运营与线下商家拓展的能力。

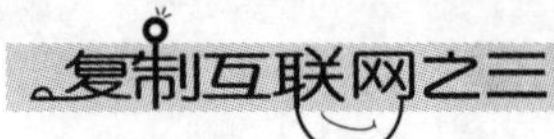

072 Foodspotting：美食发现应用

提要 | 美食分享与推荐服务。

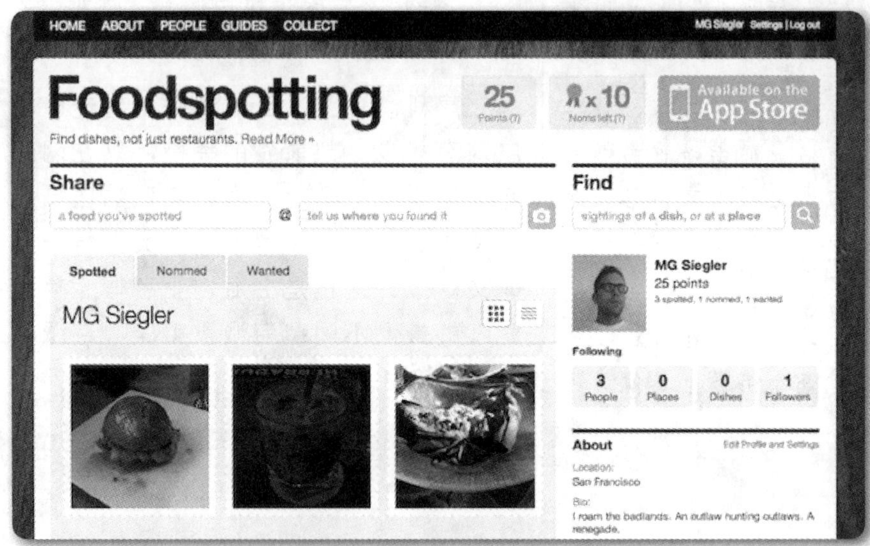

网站名称：Foodspotting（http://www.foodspotting.com/）
上线时间：2010年
所在地点：美国

2011年8月，美食发现应用Foodspotting下载量已突破100万大关。为庆祝这一里程碑，Foodspotting增添了新的“关注”标签页，以提升社交联系。用户将能够更迅速地找到或者关注也在使用Foodspotting的朋友（以及美食专家），也能够在同一内容流中关注特定的美食和饭店。

在上线后一年半的时间中，很多人都是通过使用各类社交网络去分享他们的美食图片。Foodspotting也正是基于这个理念而打造的，单是那样也许已经足够，但是图片分享背后更大的目标一直都是美食发现。

关注人、地点和美食的功能在Foodspotting网站上已存在了一段时间，但其应用才是服务的关键。Foodspotting联合创始人兼CEO艾里莎•安杰耶夫斯基（Alexa Andrzejewski）表示，他们不只是在饥饿时打开应用，而是一整天都打开它的。

人们不相信应用，他们相信的是人。我们从未以创建另一个社交网络或者图片分享应用为目标。相反，我们是通过设计Foodspotting的社交元素来支持发现美食体验的。安杰耶夫斯基说："当你到了一个新城市或者走进一家饭店，你能够看到你的朋友或者旅游频道所推荐的美食。我们想让这个应用变得像一个镜头，可以揭示你周围有趣的东西，随着用户群和社交功能的日益增加，这一愿景正在逐步实现。"

除了下载量达100万以外，Foodspotting 上的评论和图片数目前已超过72万。最新版Foodspotting 应用目前在App Store和Android Market均可以找到。

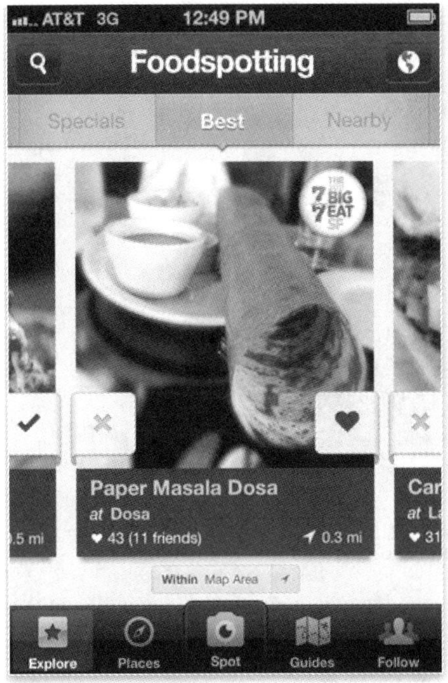

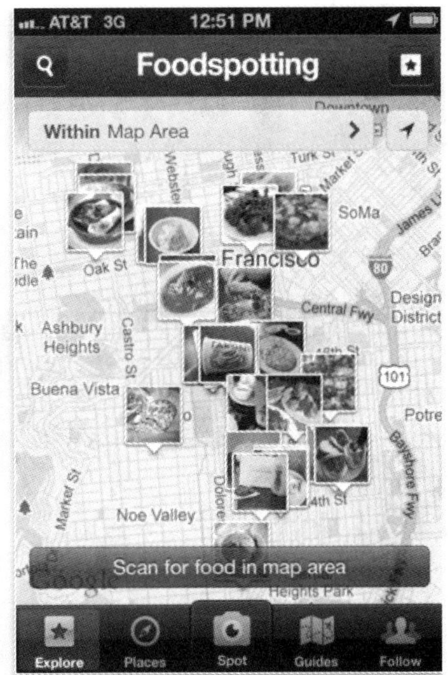

点评

Foodspotting在做的是基于美食分享与推荐的社交，但他们很清楚，人们在决定吃什么时，首先考虑的是个人口味，接着是名人推荐，然后才可能是朋友。所以Foodspotting决定不像某些应用那样把关注点放在社会化推荐上，它不过度强调社会化因素，而是注重于算法的优化和用户的反馈与口碑。

073 CookItForUs：美食界Airbnb

提要 CookItForUs连接的是两类人，忙碌得没有时间做饭的和需要顾客的人。后者发布菜谱，前者对其进行评价或与后者交流交易。

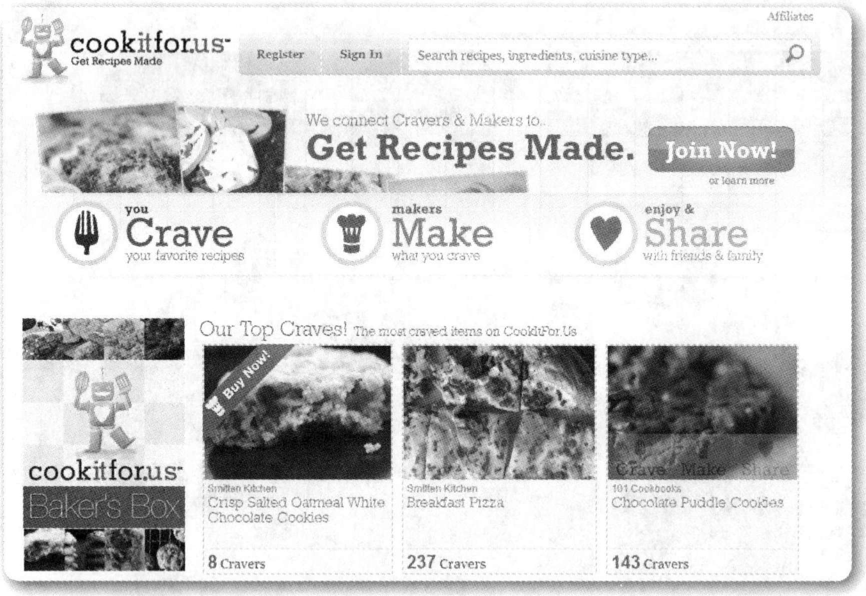

网站名称：CookItForUs（http://cookitfor.us/）
上线时间：2010年10月
所在地点：美国芝加哥

衍生于美国的后院杂货交易，被eBay搬上互联网，又从线上走到线下的P2P（peer-to-peer，个人到个人）模式正在兴起。其中以融资超过一亿美元的Airbnb为典型，它们的共同特点是提供了一个人与人之间交流交易的“集市”。

CookItForUs联系的两类人是忙碌得没有时间做饭和需要顾客的厨师或酒席承办人（要求拥有资格证书）。

在CookItForUs网站上，厨师/酒席承办人注册账号后通过制作菜谱的形式展现自己的厨艺技能，其他用户可以对他们的菜谱进行评价，单击Crave It按钮就相当于Facebook的Like或Google的“+1”。还可以很方便地将该菜谱分享到社交网络上。

需要就餐的人能够从其他用户的评价对该厨师/酒席承办人有所认识，对菜色和价格都中意的话选择Make It就能与菜谱发布者进一步沟通。达成协议的就餐者可以前往厨师提供的场所，或快递外卖，或要求酒席承办人到自己指定的地方。

CookItForUs还添加了一项新功能Request a Maker（邀请厨师），这是一个反向的服务，顾客可以提出自己对食物的要求和制作的时间与地点，通党不超过72小时来邀请厨师们。

CookItForUs的目标用户群是双收入家庭、美食爱好者等。商业模式也比较明了，目前每单交易从菜谱发布者的获利中抽取20%的服务费。它的竞争对手是快餐店、餐厅外卖、杂货店的包裹食品或冷冻食物。

CookItForUs有可能会成为酒席承办人的利器。

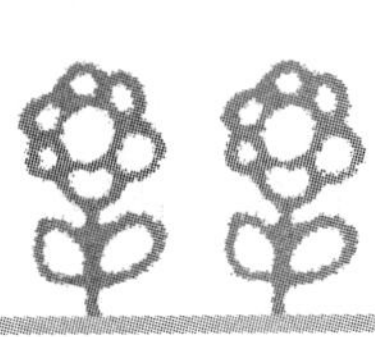

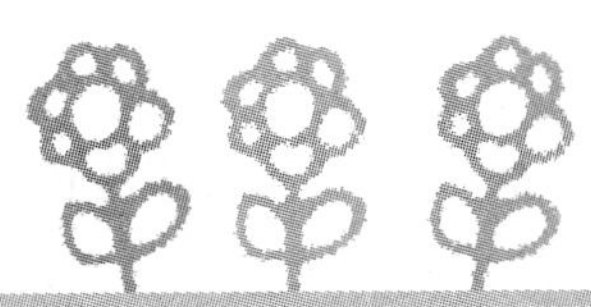

074 FoodGenius：本地美食发现服务

提要 基于位置、好友推荐与算法向用户推荐美食，向商户出售关于顾客口味的数据分析服务。

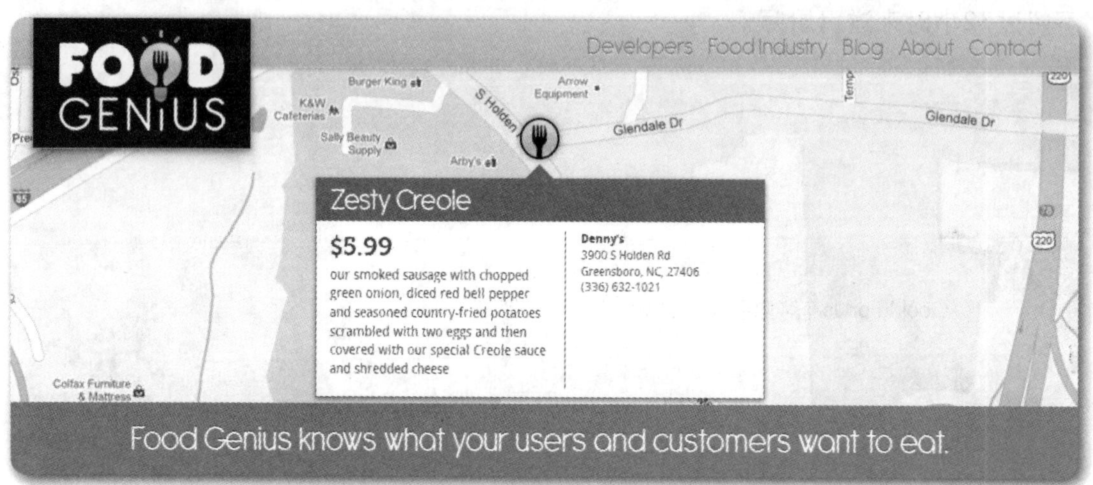

网站名称：FoodGenius（https://getfoodgenius.com/）
上线时间：2011年
所在地点：美国芝加哥

CookItForUs的目标是为忙碌得没有时间做饭的和拥有资格证书却需要顾客的人搭建一个交易平台。FoodGenius在CookItForUs的基础上又进了一步。

FoodGenius认为目前的主题围绕饮食的网站大多过度关注餐馆，而不是单独的食物本身。该团队认为人们是吃食物而不是餐馆。（注意，可能他们忽略了消费场所的档次与氛围的附加值）。

FoodGenius提供了网页版推荐工具和手机与平板电脑应用，它为每一道菜建立独立的页面，归入数据库，方便用户搜索和Google等搜索引擎地索引。

FoodGenius整合了社交网络分享服务，用户可以根据地点的远近和信任的朋友的推荐来做出选择，也可以把尝试过的美食推荐到Facebook或Twitter等网站。而它宣称自己的推荐系统也像在线电台的智能学习功能那样，用户使用得越久，积累的数据越多，推荐会越准确。

FoodGenius的这种做法同样面临着竞争对手，比如美食推荐应用FoodSpotting与LoveFre.sh、分享服务SnapDish等，它的特色或许在于构想的商业模式。与CookItForUs从菜谱发布者获利中抽取服务费的做法不同，FoodGenius不打算打广告，也没有分成的计划，它准备卖数据——等待用户数量积累到一定程度时，向餐厅出售关于顾客口味的数据分析服务。

点评

与Foodspotting相比，FoodGenius综合的元素相当多。他们的这一思路也无可厚非，不论用户是通过个人口味、名人推荐还是好友建议来选择食品，能够给用户一个满意的答案就好。

075 外卖网站变形记（其中的几种模式）

提要 | 外卖网站除了GrubHub分成模式，还有类似58的搜索、自建物流、结合网页游戏等形式，定位上也有专门服务于高端人士的。

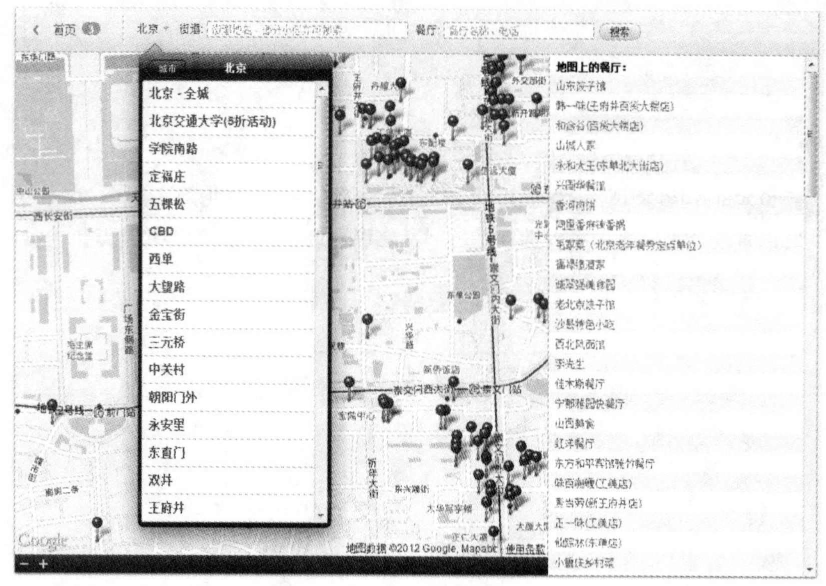

民以食为天，饮食在中国从来都是一个大市场。从点评到团购，餐饮产业催生并壮大了不少创业公司。而今年3月份融资2000万美元、并且计划两年内上市的GrubHub，则让外卖网站这个行业吸引到更多业内人士关注的目光，一些国内新兴外卖网站也开始获得融资。

其实国内涌现的多家外卖网站早已超出了GrubHub的模式，有的是结合搜索引擎、地图等服务，有的是从物流方面发力，还有的在目标用户定位上有所区分，国内的外卖网站呈现出很明显的多元化特征。下面将介绍它们当中的几个典型。

GrubHub模式：美餐网、邻在线等

GrubHub的大致服务流程是：用户在网站上筛选商家，然后在线预订或电话预定，系统通知餐厅，各饭店接到订单后自行负责相关送餐过程。GrubHub并不向个人用户收取费用，它的收入主要来自与餐厅分成。（详见前述《外卖搜索引擎GrubHub》一例）

国内的美餐网、邻在线等网站的模式与GrubHub类似，但都对流程进行了优化。

比如美餐网，用户可以通过“餐厅地图”的形式直观地查找餐厅，并且添加到自己的“首页”，也就是一个个性化的定制页面，这样当用户下一次使用美餐网的时候就不需要重复操作。

除了消费者市场，美餐网还对企业开设特别通道与专门的订餐系统。

外卖搜索引擎：外卖库

外卖库给自己的定位就是一个搜索引擎，它目前是一个汇集外卖商家与菜单信息的资讯平台，商家将信息交给外卖库团队放到网上展示即可，并不需要做出适配或改变。

用户可以根据地名、店名或品类搜索，或者单击标签查找拥有类似地点或食物的餐馆。

外卖库的主要收入来自基于实际交易数收取的小笔费用，并非绝对提成模式，另外还有餐馆的展示费和网站banner广告等。

在团队收录与审核餐馆信息之外，外卖库还接受用户提交新外卖或报错，并且有社会化分享到微博、豆瓣、人人等平台的功能。

网页游戏：豆丁网

豆丁网是成立于2005年的老牌外卖网站，目前在行业内处于比较领先的地位，业务发展也相对成熟。它的营收除了展示广告、豆丁品牌店，还拥有网页游戏业务“等餐游戏”和面向企业的团餐服务。

自建物流：饭是钢、餐餐易、餐急送

饭是钢送餐网拥有自己的物流团队，能够很大程度降低用户的等待时间。它的服务项目还包括高档水果，比如新西兰Zespri奇异果、加州车厘子等。

饭是钢业务覆盖了北京回龙观等地区，订单生成后，物流团队前往相应餐馆，将食物送给消费者。它设定了一般为10元地起送金额，每笔订餐也收取小额送餐费。

位于上海陆家嘴的餐餐易订餐网则主要由一支送餐员队伍组成，它可能更像是一家快递公司，服务项目也包括中西餐、糕点茶饮、电影票、鲜花上门、衣服干洗等。

餐急送起步于武汉，主要通过代理商自建物流，采取小片物流区域物流。会在每个城市内以邮政编码为单位，在每方圆5公里内设置一个送餐服务网点。它的营利模式包括向代理商收取平台使用费与交易额分成。

与GrubHub模式相比，自建物流的外卖网站在体验上可能会好一些，但业务拓展上也受到自有物流的限制，发展步履比较稳健。其实送餐不光消耗中小餐饮企业的资源，一些大公司也选择与第三方合作的方式，比如肯德基宅急送、必胜宅急送等。饭是钢、餐餐易这样的团队如果能够积累并发挥出自己结合网上订餐系统与外卖配送的能力优势，也会有相当大的潜力。

定位细分：锦食送、到家美食会、饿了么

锦食送给自己的定位是服务高端人士的送餐公司，目前有北京朝阳区和东城区的餐厅为用户提供订餐送餐服务。

锦食送选择的合作伙伴一般是中高端的西餐厅、中餐厅，比如丽江主题餐厅一坐一忘、乐寿司、Schiller's德国菜馆等。它也设置最低消费额度，餐到时现金支付，并对订单收取送餐费。

到家美食会专注于为城市中高收入家庭提供特色餐厅外卖服务，它也对订单收取送餐费，但单一餐厅订餐金额超过200元时则免去该费用。到家美食会覆盖了从广安门到中关村、望京、劲松等多个北京市繁华地带，并计划推广到其他重要城市。

饿了么的主要用户为大学生群体，它在上海的闵行、松江、奉贤等大学校园展开外卖服务，网站也可以使用“与人人连接”登录。

点评

对于小型商家，他们更需要的还是一个可供展示的媒介，一个能吸引更多订单的渠道。互联网，与在街头发订餐卡并没有太大的区别，只是前者的门槛比较高，所以也乐得让外卖网站去扫描他们的订餐卡。也正因如此，假若外卖网站想采取较为激进的货币化策略，就会很容易流失掉部分客户，除非他们能很清楚地看到自己获得的好处。

076 Areatags：基于地点的活动维基

提要 选择了采用类似维基百科的众包方式，活动与地点的信息由用户主导，让普通人都可以及时更新更正。

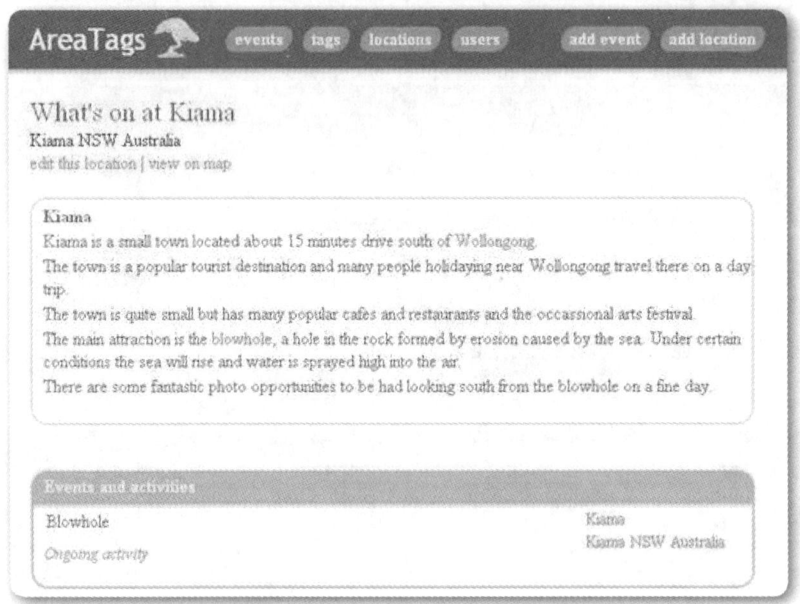

网站名称：Areatags（http://areatags.com/）
上线时间：2011年
所在地点：不详

活动服务网站已经不罕见，比如eventbrite，它主打需要门票的活动，在线票务服务很有竞争力。还有Lanyrd这样的社会化活动目录网站，它可以帮你找到你的朋友即将参加的会议，看看即将召开的会议会发生哪些事情、有哪些人出席、相关书籍等。

目前尚在测试中的Areatags则看上去有些原始，它希望满足的用户需求是：当你在某地旅行，想知道这个地方正在发生哪些活动。比起其他的活动或者会议网站，Areatags选择了采用类似维基百科的众包方式，活动与地点的信息由用户主导。

Areatags的口号是“描述你的世界，并向他人分享”。它的目标是让用户不受网络上泛滥的过时或错误活动信息困扰，让普通人都可以及时更新更正自己家周边或旅游过的地点信息。

Areatags的信息组织分为地点/位置、活动与人三个维度，其中地点/位置是非常重要的环节。

用户使用Google、Yahoo！等大众网站账号或OpenID登录之后，就可以添加地点与活动，就像给维基百科增加词条一样。地点由位置信息（调用Google地图服务）、描述与相关活动组成。活动的组成部分包括地点、描述、活动起止日期。

点评

Areatags的内容或许能够尽可能准确，展现形式却非常的不友好，比较难以吸引浏览用户和贡献内容的用户。

077 UpOut：众包城市指南

提要 让人们可以通过发布活动与场馆信息协同地创建城市指南。

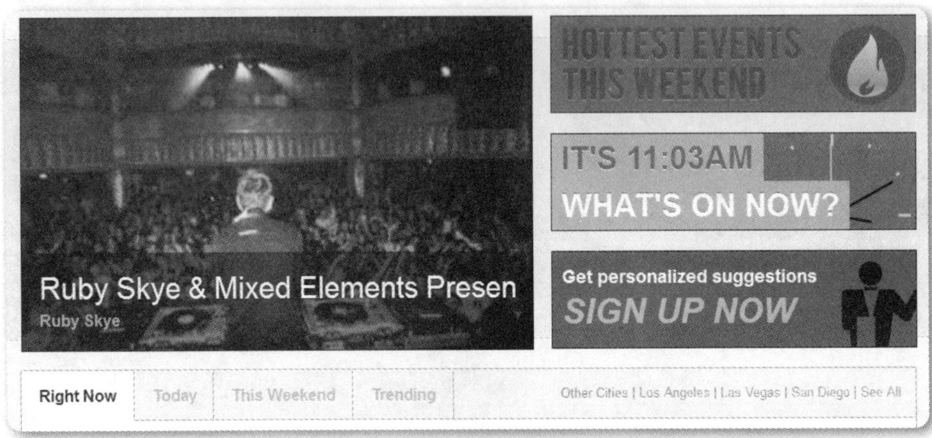

网站名称：UpOut（http://www.upout.com/）
上线时间：2011年
所在地点：美国波士顿

城市有哪些好去处？比如宾馆、酒吧、演唱会、艺术展、剧院、打折活动、夜总会……

UpOut网站的目的就是来展示这些信息，它看上去像一个SNS混搭上活动发布平台，乍一看有点凌乱，其实核心就是围绕“解决城市人的无聊”。

用户自行注册或通过Facebook Connect登录之后，可以自己发布活动，也可以根据活动分类（酒吧或演唱会）、价格区间（每人消费多少美元起）、时间段（早、中、晚）、日期来筛选。在具体的活动页面下，也可以进行收藏、评论或与其他对此感兴趣的用户进行交流。

UpOut希望本地人和举办活动的人提供更有价值的信息，让人们可以通过发布活动与场馆信息协同地创建城市指南。它目前支持的城市包括纽约、波士顿、旧金山、洛杉矶、奥斯汀、拉斯维加斯、多伦多和伦敦。

内容上，除了分类、价格与时间，UpOut让用户使用标签来组织，或在地图上标注活动所在地，或者上传图片用相册的形式更直观地展示。card模式则是一次单击推荐一个活动。

推荐上，有根据热度排序的功能，也有用户的关注关系推荐。活跃用户会获得经验值积分，积分可以用于升级头衔荣誉或兑换现实利益。

除了账户系统关联Facebook，相册调用Flickr API，该网站还准备结合Twitter推出本地问答服务，结合热门的LBS，比如Foursquare或Gowalla来进行本地的一些折扣与优惠。

点评

Upout比Areatags更注重设计，而且擅长利用已有的社交媒体的数据，因而能够走得更远。

078 Uniiverse：生活协作平台

提要 一些科技博客纷纷给它贴上“分享型经济”、“颠覆Craiglist”这样的标签。

网站名称：Uniiverse（https://www.uniiverse.com/）
上线时间：2011年
所在地点：加拿大多伦多

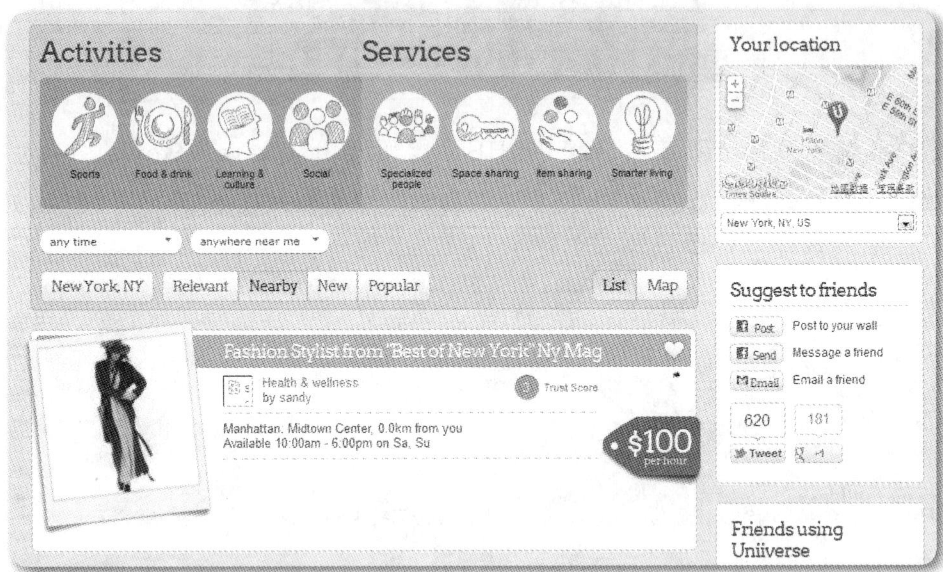

Uniiverse出现不久即受到一些科技博客的好评，纷纷给它贴上“分享型经济”、“颠覆Craiglist”这样的标签。它还宣布已经获得75万美元的种子资金，将用于产品开发、设计和营销活动。

Uniiverse当中又能看到其他多种新兴本地生活服务的影子。比如，“特定的人”分类包括让相关人等帮助修理电脑、辅导英语（Tutor Sphere）、照看宠物（Rover），物品分享对应分类信息网站和Airbnb这样的交换服务，活动分类又与Spotie等类似。也就是说，Uniiverse在功能上是对各种垂直的分类网站进行整合，用户可以免费分享或发起各种活动与服务（买方需要在交易价格的基础上向Uniiverse额外支付费用）。

那么，Uniiverse与早已包含多种交易的传统分类信息网站，或者与中国的威客网站的区别又在哪里？尽管不承认自己是一个社交网络，但Uniiverse与上述服务的最大区别就在于结合了更多的社交元素。用户使用Facebook账号登录之后，也能够查看与好友相关的项目、互动、评分与评价等。Uniiverse平台也可借此增强用户之间的信任度与沟通成本，它还引入了“信任层”这样的词汇。

点评

很多网站都打出颠覆Craiglist、追赶Craiglist的旗号，但这家创办于1995年的网站似乎是淡泊名利，也不打算在用户控制上采取多少行动，只是提供一个简单纯粹的网民互助交易平台。它主要依靠用户自己来过滤掉不合适的内容。

079 Eventup：活动场地租赁领域的eBay

提要 提供一个平台，让有租赁活动场地需求的人可以在上面找到心仪的场地。

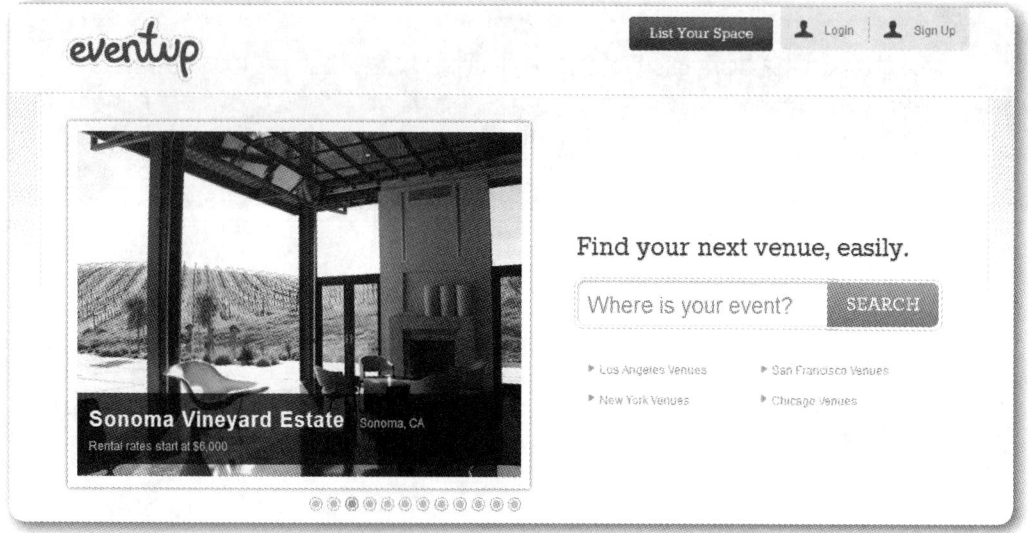

网站名称：Eventup（http://eventup.com/）
上线时间：2010年
所在地点：美国加州

任何人需要找一个地方来举行派对、会议等有很多人会出席的活动时，都可以在Eventup.com上找到他们需要的东西。该网站让出租场地的业主与需要寻找活动场地的人聚集在一块。场地可通过上传高清相片与描述来进行展示。

想寻找活动场地时，人们只需要在Eventup.com上输入搜索词，如场地地点和类型，不管是海滨小屋还是酒店宴会厅都可以找得到。选定场地之后，就可以选择在活动举行的日期预订该场地。场地选择程序不仅仅停留在互联网上，还可以在举行活动之前亲自到场地参观。不过现场参观需要预先支付10%的订金，但如果参观后最终决定不预订，该预付金额可以退回。

场地业主可以免费使用Eventup.

com的服务。他们获得预订时才需要向Eventup.com付费，该网站收取10%的订金，除此之外没有任何别的收费。租赁场地的人则直接向所选场地的业主付款。

如果想在Eventup.com上列出自己的房产，你必须注册建立一个主页。之后就能自主设定预订规定，以及订金支付方式。

点评

Eventup的模式有些类似Airbnb，后者是民宿租赁的eBay，也是基于P2P（Person-to-Person）的服务。与Airbnb相似的是，Eventup也有场地业主资质和租客的品行问题，彼此的信用体系未建立之时，不稳定因素还是很多。

080 WalkScore：给位置评分

提要 可以计算出一个房屋到附近生活设施的“步行指数”，从而帮助找到一个适合步行的居住区。

网站名称：WalkScore（http://walkscore.com）
上线时间：2011年
所在地点：美国

WalkScore可以告诉用户住所附近的餐馆、理发店等设施。

下图为Walkscore网站公布的纽约及周边地区的步行指数，其中红色表示步行指数在0～49之间，黄色代表50～69，淡绿色代表70～89，深绿色则代表90～100。

社交应用网站WalkScore.com是一个步行评分网站，该网站可以计算出任何一个房屋地址至附近生活设施的步行指数，从而帮助找到一个适合步行的居住区。其通过评估居民步行至住所附近的超市、餐馆、学校、公园等设施是否方便，创设了一种分析生活机能的步行指数。该指数介于0～100之间，分数越高表示生活机能越佳，如步行指数70分以上的社区即属于生活机能佳，90分以上则属理想。

WalkScore.com首席执行官乔什•赫斯特（Josh Herst）称：目前有超过10000家诸如Zillow或Estately的房地产信息网站列出对居住房屋的评级，但大部分仅仅是关于价格及室内环境的评级，对于居住者来说相当抽象。

另外，用户还可以输入两个地点，然后查看各种交通工具所花的时间、路线等。

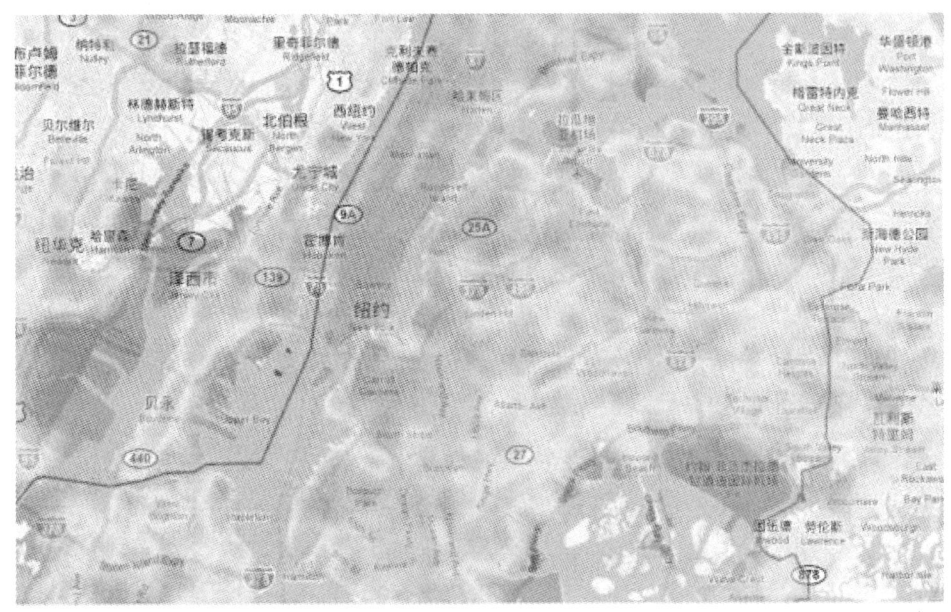

点评

WalkScore的方式可被两种服务所借鉴，一种是本地信息服务，一种是健身应用。前者的列表页让用户想直观地对比多种雷同选择时遭遇的困难；后者一般是告诉用户健身过程中和结束后收获了什么，而很少评估健身之前应该选择哪些区域。

081 Rover：宠物寄养版Airbnb

提要 像Airbnb让普通民居作为客房出租一样，Rover想做的是让普通人也能通过照料他人寄养的小动物而获利。

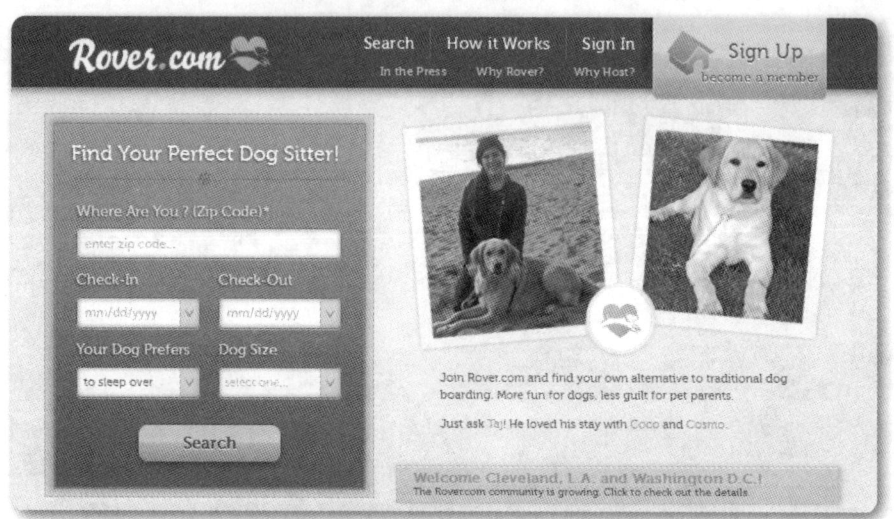

网站名称：Rover（http://www.rover.com/）
上线时间：2011年11月
所在地点：美国华盛顿州西雅图

很多人都爱小动物，不管是不是它们更容易控制，至少在言语上，人们表现出了对小猫小狗的爱护。各大城市的宠物医院也从侧面验证了这点。

那么，如果宠物的主人要出行几天，该怎么安排呢？正像假日房屋租赁服务Airbnb让普通民居作为客房出租一样，Rover想做的是取代那些宠物寄养中心，让普通的宠物爱好者也能“出租”自己的照料服务，通过照料他人寄养的小动物而获利。

Rover提供了一套搜索、联系沟通、评分与支付服务，这样，喜爱小动物、照料小动物有一套的人可以接触到更多的宠物，同时获得一笔收入。出差或度假的人也能在Rover这种平台上获得更为透明的信息，不用去寄养中心支付过高的费用，同时让自己心爱的宠物获得周到照顾。

对于希望寄养宠物的用户，在Rover上需要做的是（以狗为例）：提交狗狗的资料，给它创建页面，包括图片和描述；按日期、地点、价位来搜索与筛选提供照料服务的人；联系他们，通过Rover预定和支付报酬；出差或度假；取回宠物，并对照料者打分与评论。

而“保姆”们需要做的是：创建自己的页面，添加描述，包括选择是要让对方把狗狗送到自己住所还是去他们家等；通过完善资料等方式提高自己的搜索排名；与宠物的主人交易（如果有需要，可以与对方实时沟通宠物的状况）；要求宠物主人评论（不排除邀请朋友过来写推荐）。

正如Airbnb的平台作用，Rover的角色也是交易平台，它像淘宝那样收取预付，等待双方确认之后转账，并从中抽成。用户可以选择收取虚拟货币Rover Bucks，等积累到一定程度再兑换，也可以直接用PayPal支付现金，Rover收取15%的服务费用。

Rover的营利模式还包括增值服务，比如“最后一分钟”（Last Minute）服务是面向那些时间所剩无几的用户，省去中间与宠物照料者沟通协商等环节，Rover则收取额外的费用。

Rover估计美国宠物寄养的市场规模为65～80亿美元，虽然结合互联网的做法刚刚开始，Rover已经面临着竞争，比如DogVacay，这家网站是让经认证有资质的人来帮助寄养宠物。

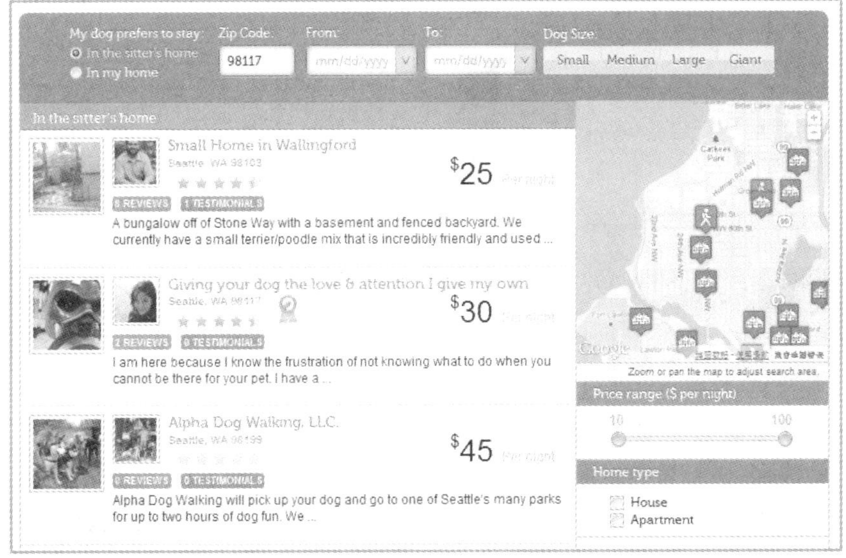

点评

在北京，已经有报道称出现职业遛狗人，月收入达一两万，他们是在小区中口碑传播获得较好客户。相信类似Rover的网络服务会让这种案例越来越多。

082 我搭车：拼车应用

提要 用户可以发布拼车需求，比如什么时间从哪里出发到哪里去，然后基于谷歌地图呈现线路。

网站名称：我搭车（http://wodache.com/）
上线时间：2011年12月
所在地点：中国北京

随着内地城市化的推进，交通成为日益严重的问题。借助移动互联网和O2O的大潮，还有已经发展较为完备的地理位置基础服务，搭建一个拼车应用也成了一个方向。在这里，不仅有海归、有ABC、有本土创业者，还有“神奇网站”们的拼车频道。

我搭车核心团队由两名归国留学生和一位ABC组成，他们的创业历程非常理想化，创始人在美欧生活多年，对网络拼车和私车租赁已经习以为常，了解到国内的“首堵”之痛之后，放弃投行工作回国创业。

由于种种原因，我搭车转向更为轻量级的服务。最初他们想做一个类似GetAround的私家车租赁服务，但不符合国内的法律要求；便决定做出租车点评和分享应用，但VC（风险投资）认为不合国情，于是转型为实时拼车。后来考虑到人流密度不够高的问题，再次转身做网页版结合手机版的预约拼车，主要是专注于公司内“半熟人”之间的上下班拼车。

在我搭车上面，有车的和求拼车的

用户都可以发布拼车需求。比如，什么时间从哪里出发到哪里去，然后基于谷歌地图呈现线路。在用户身份认证上，他们选择结合微博接入和企业邮箱验证的方式，可以从微博获取用户的头像、性别、经历等资料。

这与美国的拼车服务Ridejoy（http://ridejoy.com/）有些不同，对于拼车服务的安全措施，Ridejoy用户需提供相关的工作及教育经历、个人照片以及用户在Facebook上的共同朋友列表。此外，Ridejoy还提供了用户评论，每一位乘客或驾驶员都可对Ridejoy用户以往拼车经历的评论进行查询；同时Ridejoy提供用户推荐，允许用户朋友为其提供相应担保以提高服务可信度。

我搭车打算先专注做好北京市场，然后推广到上海等大城市，计划在一年内发展到10万用户，营利模式上会从广告入手（Ridejoy乘客可通过现金或信用卡支付行程费用，而Ridejoy将对信用卡付款抽取小部分服务费）。

在我搭车的目标市场中，诸如PickRide乐搭等本土团队打造的应用早已取得一席之地。PickRide乐搭近日发布新版iOS应用，增加互换车位的功能（将自家的车位租出，租入公司旁边的车位），他们表示发布第一天全国便已有5000多车位发布出来。如此PickRide乐搭集实时拼车、通勤拼车、出租车和代驾叫车诸多功能于一体，其上线数月就获得60万用户。

比PickRide乐搭用户数量更大的则是各大分类信息网站，比如58同城的拼车（http://bj.58.com/pinche/），上面有很多节假日旅行之类的长途拼车信息；赶集网则有专门的通勤拼车子栏目（http://bj.ganji.com/pincheshangxiaban/）。

点评

符合法律、注意安全、验证信用……，在这之外还有强大的本土对手，都是我搭车不得不面对的问题，这支有着创业激情的海归团队还有很长的路要走。

083 Triptrotting：旅游网站

提要 希望通过它的旅行平台，让游客与当地人交流起来，游客获得便利并节省开销，当地人也能收获新的朋友。

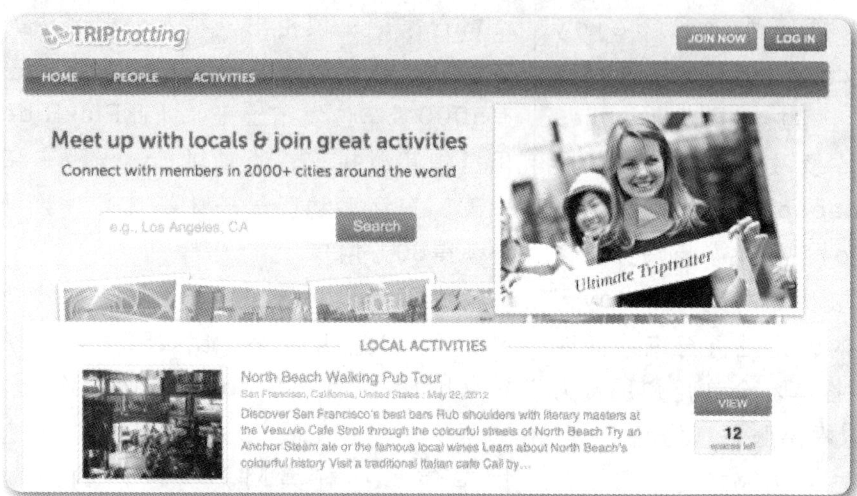

网站名称：Triptrotting（http://www.triptrotting.com/）
上线时间：2011年
所在地点：美国加州

正如聚餐网站Grubwithus让美食爱好者能够以饭局会友寻找同道中人，创业公司Triptrotting希望通过它的旅行平台，让游客与当地人交流起来，游客获得便利并节省开销，当地人也能收获新的朋友。

Triptrotting表示此创意早在2008年3月就开始产生，2010年7月成型，2011年网站上线，目前已覆盖了150个国家的2000多个城市。它在A轮融资中筹集100万美元，投资方包括谷歌风投、500 Startups的Dave McClure等天使投资人。Triptrotting的融资总额达到130万美元。

Triptrotting承诺要让用户不再成为毫无头绪的旅行者，它的做法简单说来是：当用户将要去某地旅行，可以在Triptrotting上查找选择一个当地人来陪同，比如根据填写的兴趣爱好资料来筛选，然后可以住在对方家里、和对方一起外出游览或就餐等。

Triptrotting的愿景是让不同文化背景的双方用户以这种面对面或形影相伴的方式加深了解，运营上他们很看重移民、国际记者、学生等群体。

对于旅行者，Triptrotting的服务看上去很美好，但对于当地人，它如果坚持“文化交流”方式，或许没多少吸引力。所以Triptrotting允许用户向旅行者收取服务费用。

就像Airbnb曾经发生租客洗劫房东的事情，Triptrotting必须对安全性有所顾及。它明确要求用户自主判断，同时采取措施验证会员的身份，并加入当地陪同人员与旅行者互相评价的机制。而且，目前Triptrotting只面向部分大学和专业机构开放，希望以此减少陌生人见面带来的风险，同时让旅行者更容易找到志趣相投的目的地朋友。

点评

要有多闲适，你才会为了“志趣”陪同一个外地来的陌生旅客游览家乡？收取费用在什么程度呢？与旅行团导游的界限又在哪里？ Triptrotting的方案能获得何种收效呢？这些有待观察。

084 GoSpotCheck：带着手机去超市赚钱

提要 让用户在所在地附近的超市拍下某个品牌产品的摆放位置（照片或录像），这些“完成任务”的用户会从品牌那里获得报酬。

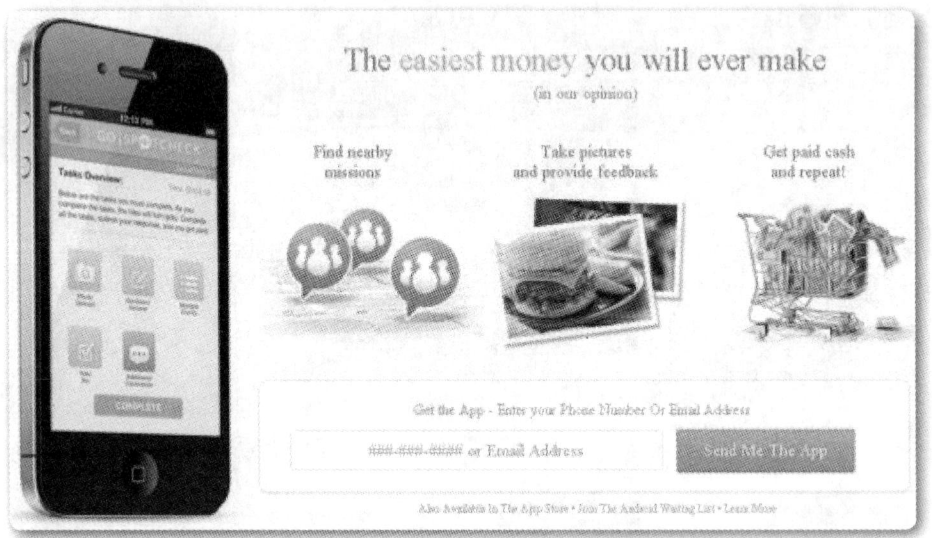

网站名称：GoSpotCheck（http://www.gospotcheck.com/）
上线时间：2011年6月
所在地点：美国科罗拉多州堡得市（Boulder）

手机可以用来做什么？打电话发短信？愤怒的小鸟还是植物大战僵尸？Check-in换优惠券？

美国最近涌现的一些融入游戏化元素的应用让用户玩手机的同时也能获得收益。

GoSpotCheck是其中之一，它让用户在所在地附近的超市拍下某个品牌产品的摆放位置（照片或录像），品牌就能实时地了解其产品的价格、货架位置或促销广告是否占据好的展示位置等，以此更深入的了解零售终端。当然，这些“完成任务”的用户会从品牌那里获得报酬。

GoSpotCheck允许品牌个性化设置这一众包流程，而它的营收则从连通产品与消费者的环节中收取费用，还打算把消费数据管理、打包并出售给研究消费行为趋势的调研机构。

GoSpotCheck的点子并不完全是新创，之前也有些类似的应用出现。

比如首轮融资100万美元的本地化C2C交易市场Zaarly，它让用户通过手机或网站发布指定地点等待完成的任务，附近其他用户或商家出具方案进行竞标，然后由发帖者决定最合适自己的那一个，最后是Zaarly通过匿名电话将双方连接到一起并进行支付报酬（概念上比较类似中国的威客网站，不过它更加本地化，还结合了移动设备）。

与Zaarly有些相似的是GigWalk，它筹得了170万美元的启动资金。它通过手机应用，让智能手机用户在去健身房的路上或外出时完成小任务，顺便赚取小额报酬。这些任务五花八门，包含了从探访餐馆到使用软件的各种类型。

TaskRabbit是一个“跑腿网站”，人们可以在上面发布一些需要跑腿的工作任务，比如送信、组装宜家家具、定时喊人起床等，完成任务的人可以获得相应报酬。TaskRabbit还引入游戏机制，跑腿者能获取相应的点数并提升级别。网站上有排行榜用来显示跑腿者的等级和用户的平均评价（有些类似移植到互联网上的求职中介，帮助一些失业者找到工作，但用户评论和等级制度让它更为透明可信，而且更具用户黏性）。

点评

还有什么样的工作可以一边闲逛一边进行？

085 LoveThis：让朋友和专家来点评

提要 看上去有些像更宽泛更笼统的大众点评。但它与大众点评或Yelp模式最大的区别就是以“人”为核心，而不是被点评的对象。

网站名称：LoveThis（http://lovethis.com）
上线时间：2011年3月
所在地点：英国伦敦

LoveThis是一个点评网站，包含了从网站、手机应用、游戏到聚会、餐馆、酒店的多个领域，目前以餐饮行业为主，看上去有些像更宽泛更笼统的大众点评。但它与大众点评或Yelp模式最大的区别就是以“人”为核心，而不是被点评的对象。而且它推荐的功能非常简单，只包括用户想推荐的场所名称和简述推荐原因两部分，不需要打分。

LoveThis可以用邮箱注册，但它推荐用户使用Facebook连接登录，这样就能提供更多的服务。它能将Facebook上添加过的Like转化为自己网站上一个推荐。比如小编在Facebook上对Discovery Channel给出过一个Like，导入数据之后在LoveThis上就自动对它做了推荐。

LoveThis还能对接到Twitter，用户发布的带有#lovethis 标签的tweet可以出现在网站的推荐中，它利用这种方式让用户可以在移动端做出更新，比如手机短信发送推荐。

除了社交图谱，也就是用户信任的或已经成为朋友的人，LoveThis还会推荐“专家”。

每个人都可以申请成为专家，需要做的是建立一个“专家页面”（Expert Profile）提供一些能够证明自己资质的资料，比如美食博客、购物专栏，供LoveThis来筛选。而专家级别的高级用户相应也有更多的权利。

LoveThis宣称上线三个多月以来评论数已经超过了2万，而且还在不断增长。BBC、《卫报》、《每日电讯》等12家媒体也已经与它达成合作。

点评

通过对用户资质的限定，LoveThis可以做到比Yelp的点评更为可信，但评论数量呢？

086 Paygr：实名本地交易平台

提要 提供一个本地交易的市场，让你可以通过做自己喜欢的事情来赚钱。引入Facebook的认证，降低匿名程度，提高交易安全性。

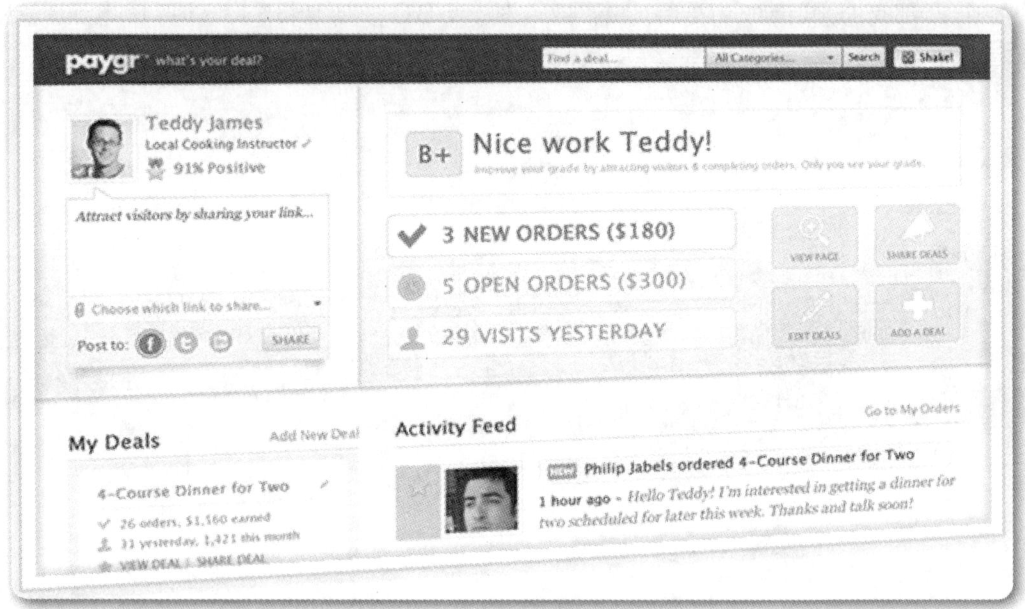

网站名称：Paygr（http://www.paygr.com/）
上线时间：2011年
所在地点：美国加州

创业公司Paygr将提供一个本地交易的市场，让你可以通过做自己喜欢的事情来赚钱，从数学家教、私人教练到洗车、遛狗等。

首先，你去Paygr的主页，注册登录。然后填写个人资料，或者与Facebook等社交网络账号关联。

如果你是个买家，则可以按关键词和地点输入查询，Paygr会匹配一系列卖家，提供它的服务和销售历史，并显示其他用户给他们中的每一家留下的评论。如果你关联了已有的社交网络，Paygr还会让你可以单独查看朋友们的评价。

每个人都可以成为卖家。对于卖家，Paygr建议填写比较详细的资料，或关联Facebook与Linkedin等社交网络。它从数据中发现资料全面或引入了Facebook认证信息的卖家销售情况会比较好。

除了验证身份，Paygr还利用Facebook推出了“交易邀请”（Deal Request）的功能。

Paygr的另外一个功能Shake比较有意思，单击之后会看到系统推荐的一项服务。

点评

如果是在一个人烟稀少、抬头不见低头见的小镇，人与人彼此之间都是“实名”的，Paygr的意义更多在于交易平台。如果在一个大城市，它又需要与那些在BBS时代就存在的本地社区竞争。

087 邻居网：基于地理位置分享信息

提要 邻居网基于地图让用户定位自己、结识周边邻居、查询周边生活娱乐信息等。

网站名称：邻居网（http://www.linjumap.com/）
上线时间：2011年3月
所在地点：中国北京

邻居网融入了多类网站的特征，包括SNS社交网络、地图应用、LBS签到、分类信息网站等，通过百度地图将这些功能整合到一起，看起来别具一格。

整体来看，邻居网与前面介绍过的Maps.com.hk网站有些类似，但还没有做到那么精细。在邻居网上，用户可基于地图定位特定的位置，然后以此为基础查看周边的生活信息、结识在这里到访过的邻居朋友们。

在呈现生活信息方面，邻居网图标与百度地图结合的方式很不错，地图上方的图标将信息分类，包括餐饮、购物、休闲娱乐、医疗、金融、教育、住宅小区、商务楼宇、政府部门等，每单击一个图标，下方的百度地图上则对各个地点进行精准地定位。用户单击进去后，可以签到“我在这”，可以搜索周边信息、公交及驾车信息等，还可以发布免费的信息，犹如分类信息网站上一样，这样邻居网也将通过用户提交的数据对自己的分类信息进行进一步的整理，由此形成一个很好的循环。

在体验邻居网的过程中，可以感觉到分类信息呈现不错，但是用户的互动即网站的社交性质几乎没有，主要还是单一的网络行为。此外，因为邻居网具有多类网站的特点，其今后也将面临不少的竞争对手，不过目前来看，邻居网至少能给我们一些亮点和新感觉，很值得关注。

点评

手机和互联网平台相比，地理位置是不是其独特的优势？显然不是，因为PC互联网上基于地图的各类应用非常多，也带有鲜明的地理位置特征。“邻居网”就是如此。此外，邻居网linju001.com还有几个很有趣的点：一个是当年校内网刚出来的时候引领了一大波SNS浪潮，当时就有基于邻居关系的社交化网站“邻居网”linjunet.com；另一个则是关于地图API的调用，前面介绍过很过基于Google地图所搭建的网站，而邻居网则是基于百度地图。2010年百度地图进行了很多改进，并围绕其推出了一些产品如“百度身边”，或许今后百度地图会衍生更多的服务……

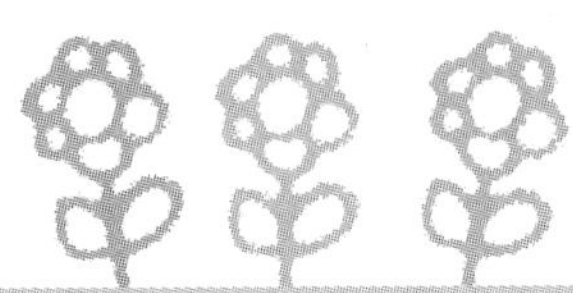

088 CarlSays.com：本地商户推广平台

提要 CarlSays是针对Foursquare等LBS用户，帮助本地商家进行营销推广的平台。

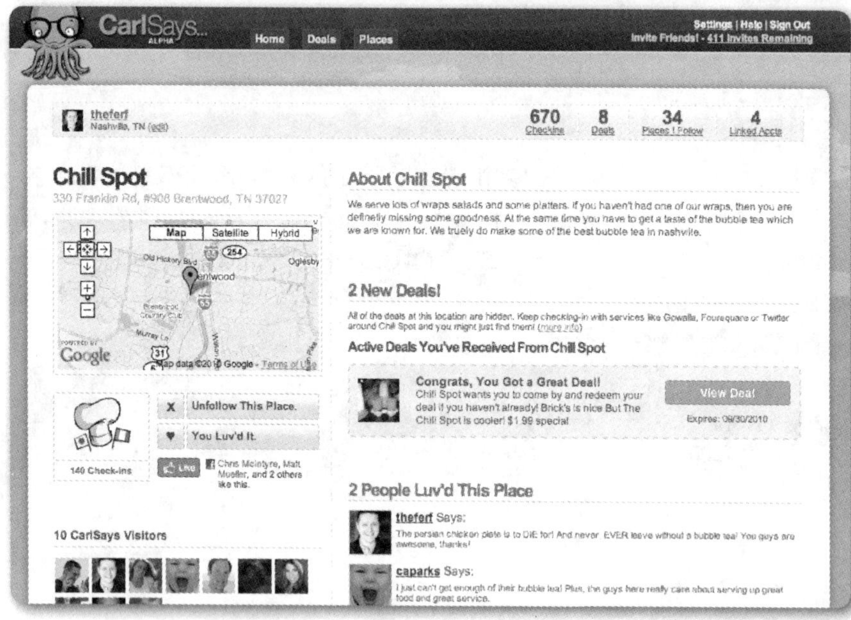

网站名称：CarlSays.com（http://carlsays.com/）
上线时间：2010年5月
所在地点：美国亚利桑那州（Scottsdale, Arizona）

CarlSays所提供的服务可以简单地理解为：当用户在本地某个商家（餐厅、酒吧、咖啡店、娱乐场所等）进行Check-in，即可通过CarlSays平台获取各类优惠券、参与促销活动，这样有利于用户赢取更多积分、享受更多优惠，也让商家赢得更多生意，而CarlSays自然也能从中获利。

CarlSays作为中间平台服务商，一方面通过各种手段积累更多的用户资源，除了Foursquare等LBS用户外，该网站还支持Facebook、Twitter等用户直接登录，共享各类信息；另一方面则是不断地开拓商家资源，然后将其各类优惠、促销信息推向Foursquare用户以及Facebook用户等。用户可以通过网络或手机平台查看其他CarlSays留下的足迹及点评意见。

其实Foursquare更有机会提供这样的服务，只是其目前更专注于为Mayor提供服务，以让更多的用户不断地Check-in，这样很多用户没有机会享受到一些优惠，CarlSays希望通过自己的平台、让所有Check-in的用户都能享受到优惠，而且CarlSays会慎重考虑商家，针对的为用户推送各类信息，而且推送平台包括Twitter、E-mail、SMS短信等各种方式，帮助你发现本地商家不一样的地方。

看到这里，就很容易理解为什么大众点评网也会进入Foursquare领域了，手握无数商家及用户对其的点评意见，大众点评网的推送拥有天然的基础，而CarlSays要做大的话，随时面临诸如大众点评网模式网站的挑战，所以推送什么样的商家信息、给用户良好的体验非常重要，而且专注于本地、一个个深耕细作，或许CarlSays不能做得很大，但养活自己是没问题的。

点评

当Gowalla败走，Foursquare自己着手本地商家业务，Carlsays进入了一个比较尴尬的境地，直至暂时关停服务。但Carlsays团队的努力完全付之东流了吗？并没有。他们在Carlsays的基础上，打造了另一个帮助本地商家、品牌和艺人与受众互动的服务Checkd.in。

小结：衣食住行

本地生活服务包含了用户在衣食住行的各方面。

买衣服，除了去C2C网站，还可以在虚拟的网络上逛街。有手机应用能让你通过扫描商品的条码来获取相关口碑信息、商品评价与使用心得，帮助购买决策。

吃东西，有FoodGenius、Foodspotting帮你发觉当地美食、在CookItForUs上找厨师，或者直接去外卖网站订餐。

在分类信息网站或Airbnb上找到房子，住下来之后，就该考虑当地有哪些地方可以娱乐一把了。Areatags展现的是各种活动，UpOut则是众包的城市生活指南、用户贡献内容，OneAway为用户提供好友与“好友的好友”喜爱的玩乐信息，在本地热点地图上显示地点信息。

实在懒得找了，还有Weotta这样基于用户的个人兴趣和简单信息来制定行程的服务，可以通过智能算法制定一个包括晚餐、电影、酒吧的行程。

想健身，可以先在WalkScore看看哪些地方环境适宜，也能在Rentcycle上租赁运动器材或仪器。

如果要出行，近距离的上班路途或远距离的外地出游，都可以找Ridejoy、GetAround等拼车租车应用。出游之前，上Rover给自己的爱宠找个好人家寄养吧；旅行路途中，还能安装交友应用来寻找附近合适的同行伙伴，一起拼出租车或轮换开车；到了目的地之后，还能去Triptrotting寻觅当地人陪同，他们知道哪些地方更值得游览。当然也能用Vayable这样的个性化旅游服务平台，让个人可以对个人提供服务，比如野外骑行、冲浪课程、农家小吃等。

第7章 网络营销

089 Nabfly：海报上的QR应用

提要 让用户扫描他们见到的演唱会或电影海报上的二维码，参与到与品牌的交互之中。

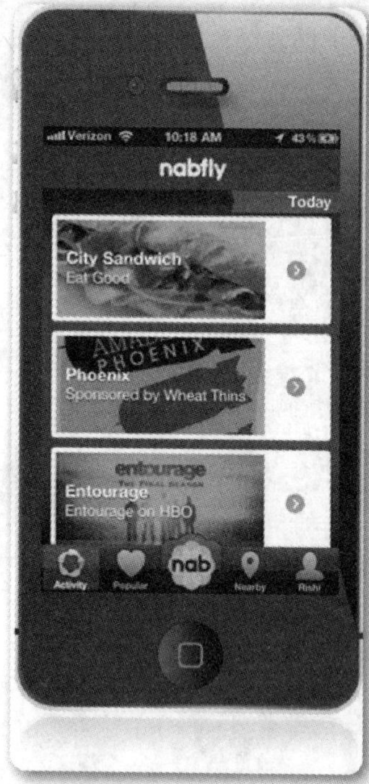

网站名称：Nabfly（http://nabfly.com/）
上线时间：2011年6月
所在地点：美国纽约

Nabfly是一款QR码（即二维码）应用，不同于Quick拍等与零售或电子商务公司合作更多的服务，Nabfly提供的是一个“移动端标注平台”，让用户扫描他们见到的海报，参与到与品牌的交互之中。

Nabfly的目标是让用户“轻松记住行走着的城市中最酷的事情并且与之互动”。

对于普通用户，下载Nabfly应用（目前只有iPhone版），拍下电影院或演唱会招贴的海报，扫描上面的QR码，这样Nabfly就能知道用户是在看哪种表演或电影。用户可以查看地图、通过活跃使用而解锁更多功能，获得优惠等，也能够分享到Facebook或Twitter中。

对于品牌方，则可以与Nabfly联系，制作自己的QR码，然后打印在海报上，以此展开营销活动。这些客户可以在Nabfly上提供试听或预览、图片展示、Twitter账号链接等。

Nabfly的营利或许会来自它向用户推荐的内容：有热门活动（参与度高）、最受欢迎活动（评分高）、用户身边的活动（基于地理位置），这些都可以插入“广告位”。另一种方式则是与演唱会场馆、电影院、演出组织机构甚至是唱片公司合作收取费用。有媒体报道，Nabfly的创始人们正在大幅修改商业计划书。

与Nabfly功能相似的有ShareSquare，后者是一个众包平台，帮助乐队与品牌。机构可以在街头张贴有QR码的海报，用户用智能手机扫描解码、分享到社交网络、购买或赢得特殊奖励。

点评

二维码应用，往往是需要提前布局争夺用户量，因为不论是电子商务网站，还是演艺团体，他们的户外广告与海报上的二维码都是一样的解析机制。

090 LocalResponse：利用Twitter与Foursquare打广告

提要 为客户监控多个平台，在Twitter、Foursquare、LBS、Instagram等社交服务上实时地面向消费者展示广告。比如，当机场误机的乘客在Twitter上咕哝抱怨时，LocalResponse会马上在下面给出一家杂志公司的广告："您的行李还要等上一段时间，不如先买本数字杂志吧。"

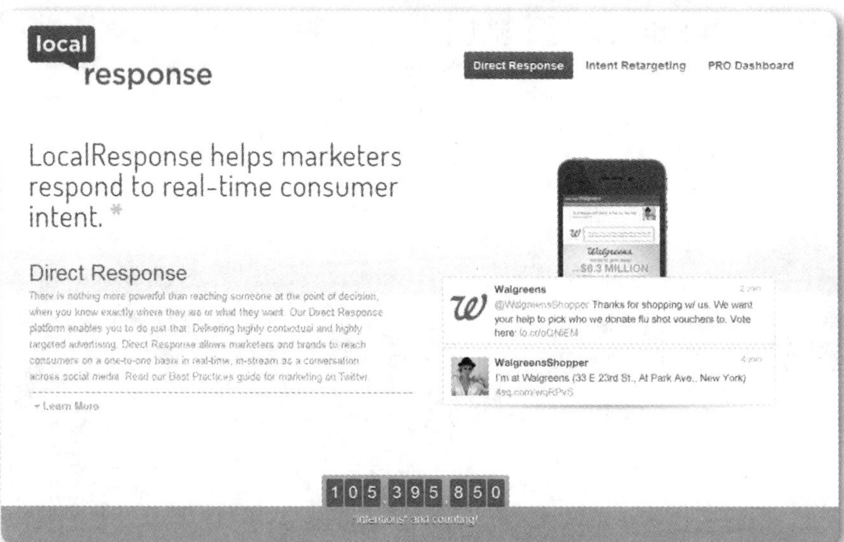

网站名称：LocalResponse（http://www.localresponse.com）
上线时间：2011年
所在地点：美国

微博和LBS的营利模式何在？这是很多人都探讨辩论过的问题，多个服务提供商也早已开始尝试。也有第三方创业公司希望从中获利，LocalResponse就是其一。它是个新型的社交网络广告系统，能够为客户监控多个平台，在Twitter、Foursquare、LBS、Instagram等社交服务上实时地面向消费者展示广告。

LocalResponse的广告方式比较新颖，也可以说"走偏锋"。比如，当机场误机的乘客在Twitter上咕哝抱怨时，LocalResponse会马上在下面给出一家杂志公司的广告："您的行李还要等上一段时间，不如先买本数字杂志吧。"该公司创始人尼哈尔•梅塔（Nihal Mehta）声称这种广告的单击率能够达到46%，还表示上线第一个月就获得了5万美元营收，目前已拥有微软和沃尔玛等十几家大客户。

LocalResponse认为它从Twitter获得的收入已经付给Twitter一半，但是后者没有接受。这也给这家创业公司的模式带来潜在风险——Twitter或许会为了自己做或者以清除垃圾广告知名封杀掉它，虽然它表示将来会限制客户给社交网络用户发送广告的次数，而且给人提供关闭该广告的选项。

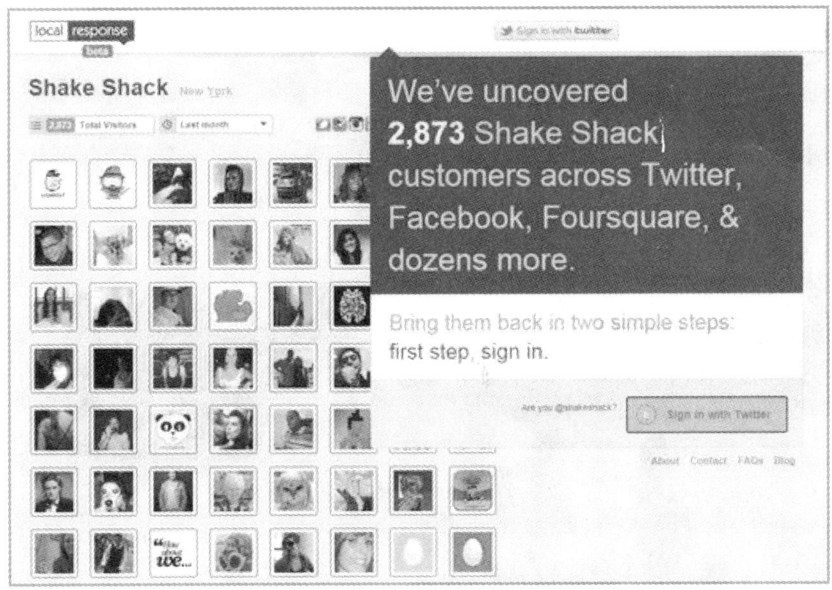

点评

LocalResponse的做法其实已经被众多营销机构采用，它们用机器账号按关键词对正常用户的微博内容进行评论，因而也拉低了社交平台的品质，为平台方的打击对象。LocalResponse本身则应释放出足够的诚意，而且对用户生产内容的分析要足够准确，降低打扰程度。

091 Sageby：排队与等候时间的生意

提要 通过Sageby，能够利用排队与等候的无聊时间来获利——让用户在排队或者拥堵在车流中等无聊时光，可以通过该产品填写调查并兑换奖励。

网站名称：Sageby（https://www.sageby.com/）
上线时间：2011年
所在地点：新加坡

Sageby由新加坡管理大学的一个学生团队打造，结合了传统的问卷方式和时下热门的移动互联网。他们想做的是：让用户在排队或者拥堵在车流中等无聊时光，可以通过该产品填写调查并兑换奖励。

对于用户，他们需要做的是注册账号或使用Facebook登录，完成Sageby提供的调查任务。同时，他们还可以看到与某一任务相关的其他社交网络用户，方便分享互动。

Sageby上的任务包括收听语音问题、扫描QR码填写调查表等方式。用户将结果发送到Sageby之后，就能够得到积分，累计就可以兑换奖励，奖励也包括多种：免除出租车车费（Cab4Free）、餐厅买单打折（Dine4Free）、商场购物优惠（Shop4Free）、虚拟商品（Credits4Free）。

Sageby在用奖励来吸引用户的同时，也面向商家提供相应的服务。毕竟这些优惠还是来自于商家。

商家可以在Sageby上发起调查，调查信息包括内容、目的、发起方资料和愿意提供的优惠。作为回报，Sageby提供数据反馈。

比如提供购物优惠（Shop4Free）的商家，他们从调查中获得的数据分析就有位置、时间段等，获得更高的关注度与客流量，还有机会更为精准的定位目标顾客群。

点评

排队与等候的时间毫无疑问是一个值得发掘的大市场，电梯旁边的几寸屏幕就能造就市值数十亿美元的分众，各种或粗暴打断或温和植入人们生活空间的“传媒”也验证了这一点。他们也在考验着这个市场：转移消费者注意力的事物已经太多，收入的能力却没有同步大幅提升，那么新兴的广告、营销手段就更加需要别出心裁，毕竟在商家、在渠道上他们还是新手，远远落后于行业中耕耘已久的前辈。如果在创意与执行上有所欠缺，等待Sageby这种模式的，仍将是引得一时关注之后被消费者“免疫”，最终湮没无闻。

092 StartApp：移动应用分销平台

提要 让应用赚钱，将搜索服务与Android应用结合起来，让开发商即使是推出免费应用也可以通过被下载而赚钱。

网站名称：StartApp（http://www.startapp.com/）
上线时间：2011年9月
所在地点：以色列

StartApp公司2011年12月宣布，其9月推出的安卓应用货币化及销售平台组件已被450余个手机应用安装，自身下载次数已过千万。它将搜索服务与Android应用结合起来，让免费应用也可以通过被下载而赚钱。

如果应用开发者想通过StartApp获得收入，需要提交申请并在应用内安装StartApp组件。这样，Android用户下载应用并安装后，手机上就会自动在桌面上出现一个“搜索”（Search）图标和一个指向StartApp网站的书签链接。

当用户单击“搜索”图标或经过该书签进行网络搜索，会直接进入StartApp的门户网站，而非谷歌等搜索引擎。

用户的这些搜索帮助StartApp创收，而StartApp会与应用开发商进行收入分成。用户下载1000次应用，开发商即可获得10～15美元的报酬，不同地区情况略有不同。

StartApp这种方式与PC捆绑软件的

做法颇为类似，比如安装某音乐软件之后浏览器主页被修改为某导航网站。但StartApp要求开发商应向用户说明新的搜索选择并非默认选择，图标随时都可以删掉。

这个创意大获成功。StartApp的搜索选项下载次数已过千万，上线四个月就已支付开发商20万美元。StartApp称，在此期间，下载量不断增长，目前已达到每天30万次的下载量。

StartApp公司CEO Gil Dudkiewicz称："我们收到很多来自合作伙伴的积极反馈，当中的很多商家都从其应用中获得了更多收入，收入增幅十分可观。"

Dudkiewicz指出，公司已支付开发商20万美元。一些开发商称，其收入增长了10倍之多。

StartApp取得了一定成功，但目前iOS操作系统仍然是一些开发商的首选合作伙伴。

StartApp公司由Gil Dudkiewicz和Ran Avidan创立，总部在以色列，赞助商为施达基金会（Cedar Fund）。

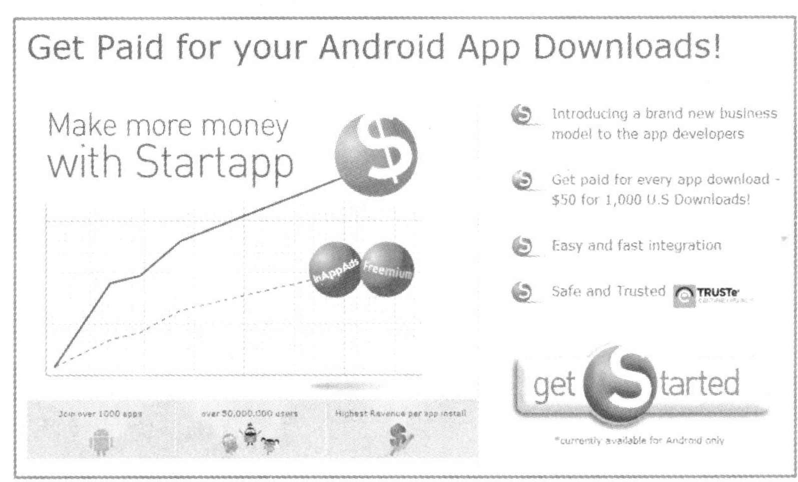

点评

StartApp也代表着一种趋势，移动互联网正在迁移Web上的各种模式。很多移动应用都能在PC、Web上找到借鉴的影子，就连营利模式都是亦步亦趋。

093 DoubleRecall：验证码广告平台

提要 内容发布商可以使用DoubleRecall的广告平台，在内容中插入带有广告产品简介的验证码。

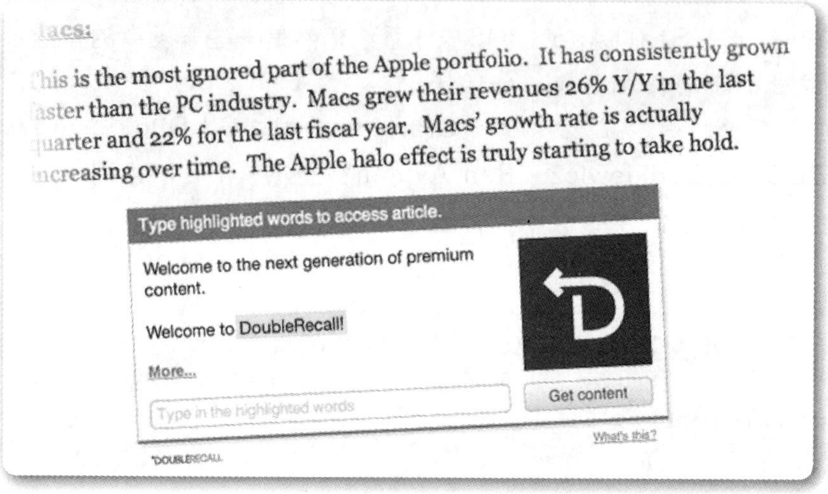

网站名称：DoubleRecall（http://doublerecall.com/）
上线时间：2011年
网站地点：美国

该初创公司DoubleRecall“毕业”于创业孵化器Y Combinator。它把“收费墙”转化为品牌营销机会，通过验证码形式的广告来创造营收。已获得160万美元种子资金。

在这种新式的广告形式中，内容发布商可以使用DoubleRecall的广告平台，在内容中插入带有广告产品简介的验证码，用户想要跳过这个验证码或者浏览全文，只须阅读产品简介后，输入其中的几个由广告商提供的、突出显示的词语即可。

DoubleRecall的理念是：为用户打造免费浏览体验，降低广告形式会引起的厌烦情绪，并为品牌商带来精准的营销和不俗的点击量，从而实现创收。

至于该模式的有效性，DoubleRecall称，2011年第四季度，其平台上的广告参与率达82%（“收费墙”的只有33%），点击率（CTR）平均达3.6%，提高品牌知名度的效果比传统的横幅广告高11倍。

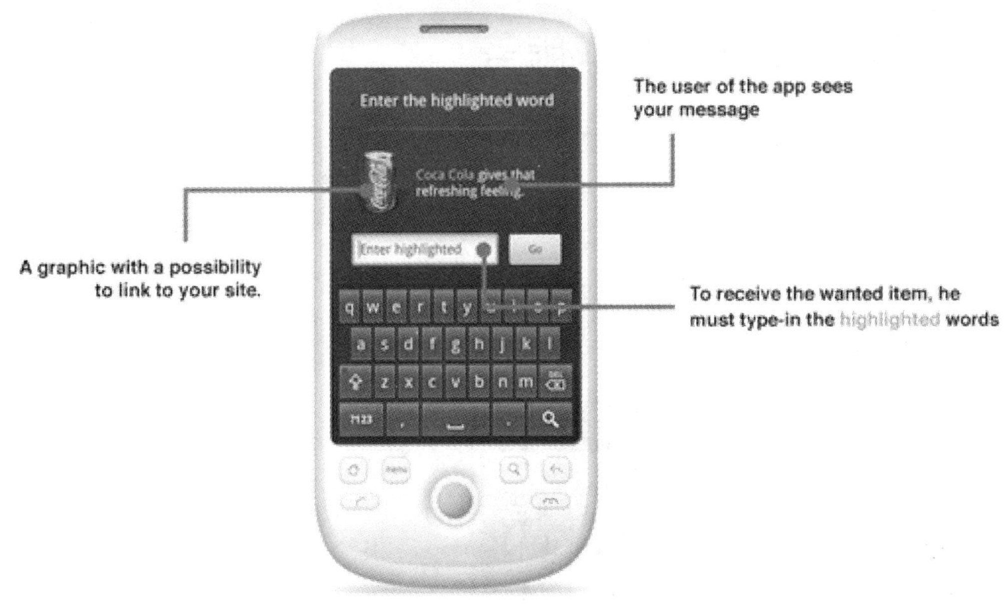

点评

DoubleRecall的模式确实不错，既能够为内容发布商提供一种新式营利方式，也使得读者不需要付费就能浏览优质内容。

094 Zoove：字符电话号码服务

提要 消费者能利用其提供的双星号码便捷拨打一家公司的号码，比如，**NFL。利用该号码的组织、或公司须支付给Zoove一定费用。

网站名称：Zoove（http://www.zoove.com/）
上线时间：2004年
所在地点：美国加州帕洛阿尔托

手机营销公司Zoove早在2004年就成立了，但它的总裁与首席执行官乔伊•吉列斯派（Joe Gillespie）说这家公司2011年才算得上腾飞之年。

这家公司在2009年9月，也就是成立之后的第六年，宣布获得C轮1300万美元融资。之后，又获得D轮1500万美元融资。紧接着还获得了又一轮500万美元投资。

Zoove把跟电信运营商Sprint和T-Mobile的合作谈妥并公布，此前它已经与AT&T和Verizon达成协议，这样一来，它赖以发展的商业模式就能渗透到美国95%的通信网络，因而有了与客户谈判的实力，进而能够获得资本的亲睐。

其实，Zoove的模式简单说来只需要寥寥数语：它提供给用户更为便捷的双星号码（StarStar numbers）。比如，用户拨打“**NFL”就可以链接到美国橄榄球联盟；“##MADDEN”则会接通艺电旗下Madden游戏的热线。它用更为直观且容易记忆的双星号码代替了传统的一大串数字，而使用它的双星号码的组织或公司则向它支付费用（费用根据号码长度和稀缺度而有所不同）。

当然，在Zoove的服务中，拨打号码可能只是一个开始，之后消费者可以收到SMS短信或语音留言，提示他们访问相关的网站或下载手机应用、优惠券之类。

Zoove与其投资者看好的是它的易用性，用户不需要拥有智能机，不需要给QR码拍照扫描，也能够被组织与品牌的营销推广活动覆盖。这样就节省印刷二维码海报并张贴的时间，Zoove认为通过它的服务，宣传攻势在10天以内就能展开，更大程度地提高ROI（投入回报比）。

双星号码与QR码

QR码（二维码，Quick Reaction）在经过多年技术积累之后，终于在近两年开始了广泛应用。目前，国内二维码服务已经渗透到餐饮、购物、传媒等多个行业，用户只需要用手机在印刷的二维码上拍照扫描，就能通过应用获取网站地址、商品价格等相关信息，继而获得优惠券、电子门票、参与抽奖活动等。

此前读写网总结了商户利用QR码的5种方式：将客流量转化成网站流量；在社会化媒体上吸引关注者；充当名片，强化与现实世界联系人的关系；使印刷广告更为有效；打造寻宝游戏提升客户参与度（将印有QR码的物品藏在线下场所中）。

吉列斯派却认为QR码不足取：

- 智能手机仍然是小众产品，大多数手机仍然无法读取QR码，这让客户的营销活动效力大打折扣。
- 二维码种类繁多且无法通用，阅读条码的手机应用也多种多样，容易造成混乱。
- 缺乏跨媒体功能，比如电视广告或高速公路的广告牌上就不适合展示QR码。
- 使用复杂，包括下载QR码阅读应用、寻找QR码、拍照、扫描、上传、生成并返回相关信息等多个步骤，对于小白用户使用并不方便（远远不如Zoove）。
- 扫描失败几率高，影响用户对QR码的印象。据Lab24的调查数据，仅13%的受访者能成功扫描。

二维码读取软件泄露实名火车票信息、QR码爆安全漏洞消费者账户被窃取之类的消息也侧面验证了吉列斯派的信心并非精神胜利法或空中楼阁。

点评

美国运营商的竞争格局让Zoove有了出世的可能。

095 Razzi.me：分享图片赚钱

提要 他们计划效仿YouTube的合作伙伴计划，让上传图片的用户也能分享到广告收益，与用户五五分成。

网站名称：Razzi.me
上线时间：2011年
所在地点：美国

Razzi.me是一个提供图片上传分享功能的社会化网站。其不同之处在于，他们计划效仿YouTube的合作伙伴计划，让上传图片的用户也能分享到广告收益。

Razzi.me目前提供了手动上传图片和从Flickr导入图片的功能，并且提供了一个iPhone的应用，为用户提供更多上传和分享的便利。

除了提供更加强大的图片上传、管理和分享功能之外，在其他的硬性条件上，Razzi.me确实也要优于传统的Flickr、Photobucket等竞争对手。它不限制上传照片的流量，不对照片的分辨率进行压缩，且提供了更加友好的图片链接地址以及隐私选项。

更吸引人的是，该网站还将与用户分享网站收益。根据该网站的规则，用户绑定自己的Adsense账户，可以选择在自己上传的照片的10种页面里插入广告，通过Adsense账户来管理广告收入，每当收入满100美元的时候，将可以获得谷歌的真金白银。

具体的分成政策是：用户免费开设网站账户并上传图片，其将获得的广告收入的50%，而如果用户选择开设6.95美元/月的该网站高级账户，将可以获得相关的全部广告收入。

互联网已经进入读图时代，我们也期待着基于图片这一内容资源，有越来越多尊重用户劳动的商业模式出现。

点评

Razzi.me的形态与早些年博客服务红火时的广告分成模式比较类似，它的发展并不顺利，也说明了营销手段需要建立在扎实产品的基础之上。如果服务与Flickr、Picasa之类相比毫无亮点，又因为自身流量有限、广告收入有限、分成有限，用户还是会习惯使用Flickr和Picasa。

096 Ifeelgoods：虚拟货币营销平台

提要 提供一个虚拟货币营销平台，用Facebook Credits作为刺激在线营销的工具，代替了折扣、团购、赠送礼品等传统方式。

网站名称：Ifeelgoods（http://www.ifeelgoods.com/）
上线时间：2010年9月
所在地点：美国加州

Ifeelgoods是一家刚刚完成650万美元融资的创业公司。它的产品模式非常的简单明了：用户通过做一些与品牌相关的活动来获取Facebook虚拟币，包括网上购物、在Twitter上关注一个品牌账号、用邮箱订阅促销信息服务、参加一项评比等。

简而言之，Ifeelgoods就是提供了一个虚拟货币营销平台，它用虚拟货币Facebook Credits作为刺激在线营销的工具，代替了折扣、团购、赠送礼品等传统方式。用户会喜欢“白白”得来、可以用于Facebook社交游戏的虚拟币，商家可以把这项服务当做一个很不错的推广手段，而游戏开发者则乐于看到增加了玩家。

Ifeelgoods还在Facebook上进行AB测试来比较利用虚拟币与折扣的效果，一种是5美元的减价促销，另一种是提供50个虚拟币（价值5美元），结果后者的

CTR（点击率，Click-Through-Rate）是前者的两倍。

Ifeelgoods在美国东海岸的弗吉尼亚州与法国巴黎也开设了子公司，目前已与20多家客户签订了合作协议，其中包括Shoebuy.com、Ice.com、Shopping.com、法国的La Redoute等电子商务网站。

其实，利用Facebook虚拟币的不仅是Ifeelgoods一家，还有其他几种形式的多家网站。比如4Loot，用户进行它认定的有效搜索就可以换得4Loot虚拟币，并可以进一步兑换成Facebook Credits。LBS购物平台Shopkick让用户进入商店签到与扫描商品时可以获得积分kickbucks，也能用于兑换Facebook Credits。

点评

Ifeelgoods的AB测试说明消费者、用户的心理确实微妙。

097 Gumroad：付费链接服务

提要 通过对Twitter用户的发帖、跟帖，基于特定的关键词发送定向广告。

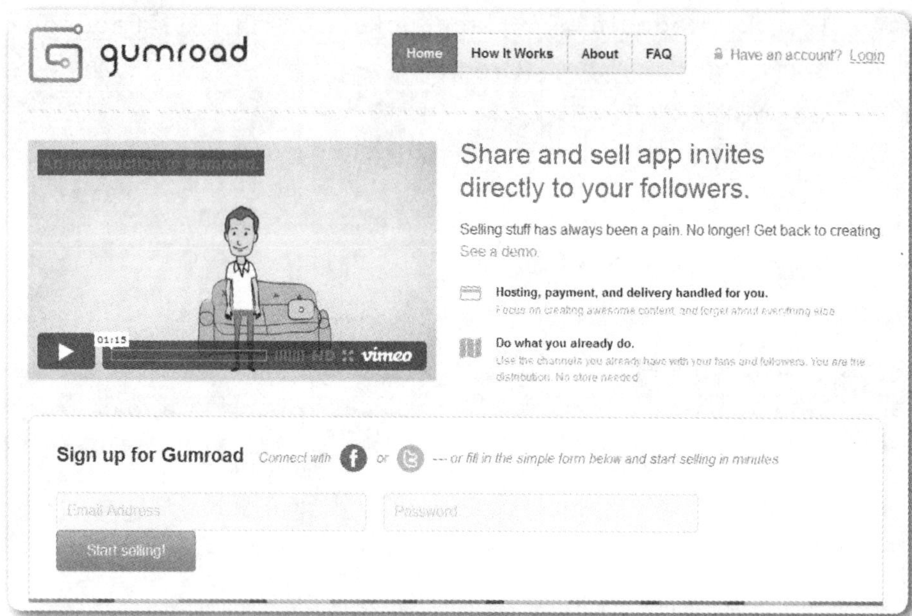

网站名称：Gumroad（https://gumroad.com/）
上线时间：2011年
所在地点：美国

付费链接服务Gumroad在2012年2月宣称获得110万美元的种子基金，5月宣布再融资700万美元。

该初创公司由现年19岁的Sahil Lavingia 创立，他已从大学退学，同时也是图片分享社交网站Pinterest及音乐社交网站Turntable应用的设计师。

要使用Gumroad这项服务，使用者只须登录其Facebook或Twitter账号，并在输入文本框中提交欲出售的链接地址即可。链接内容可以是一篇博文、Spotify的一份音乐播放列表、Instagram的抓拍图片、一款iPhone应用的邀请注册链接、一篇学术论文或者其他任何你能想到的链接内容。使用者需为所提供的链接定价，并选择是否需要邮件提醒和上传照片。

Gumroad有些类似内置交易服务的网址缩短服务Bit.ly，它帮助用户在Facebook及Twitter上分享付款链接，界面简单，同时具备Bit.ly的实时链接跟踪功能，方便用户跟踪浏览次数及交易情况。

Lavingia认为，借助社交网络平台Facebook及Twitter，Gumroad发展前景良好，市值或有望达数十亿美元。Gumroad显然与传统的网络分销系统有所不同，例如：它可以帮助粉丝众多的明星直接在网上销售新作品。与此同时，Gumroad严格遵守支付卡行业（PCI）数据安全标准，以保护交易安全。

Gumroad的营利模式是从每笔交易中收取5%的提成及30美分。Lavingia的经营目标是，当人们在社交网站上看到Gumroad连接时知道它是什么，并且会单击它。他也谈到：“我并不认为5年之内能实现这一目标。但Gumroad也许能激发出人们在网上或现实中卖东西的潜能，正如Twitter激发出了每个人与人交流的能力一样。”

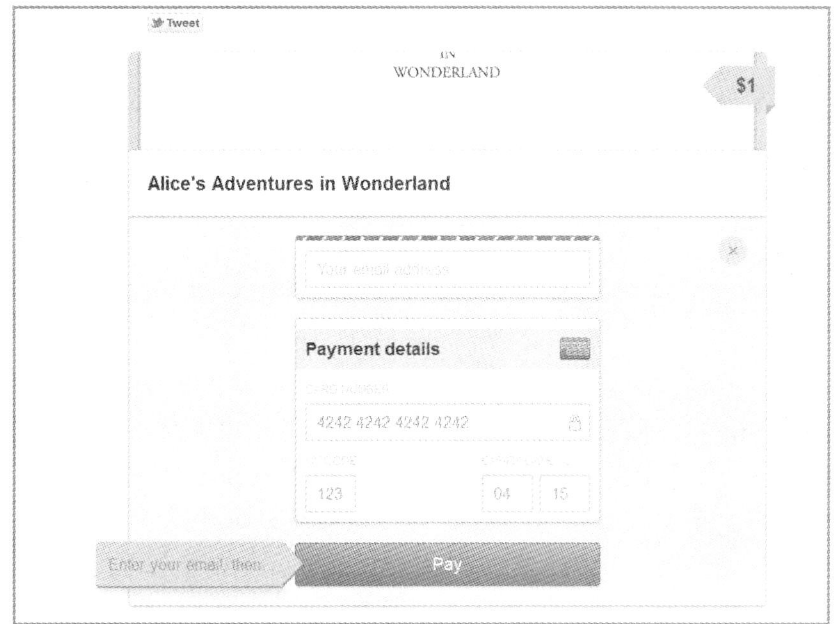

点评

相比淘链接，Gumroad显然希望能做得更“高级”，它的目的是的让人们在网上卖东西就像分享链接一样简单，可以自己上传文件生成链接进行销售，而不仅仅是做一个传播网点链接的淘宝客。

098 Curebit：网购推介平台

提要 SpaceOut集合办公、存储、停车等各类空间信息，进行出租和交易。

网站名称：Curebit（http://www.curebit.com/）
上线时间：2011年
所在地点：美国旧金山

Curebit利用社交媒体来实现口碑营销的广告效应，致力于为电子商务平台和软件即服务（SaaS）公司优化推介系统。该初创公司为企业提供一些不同的方式来利用它的工具，使得企业在顾客购物完成时，让顾客将其交易细节分享到Facebook或者Twitter，或者通过电子邮件来分享。

企业也能够使用Curebit的技术来建立独立的、任何时候都能访问的推介页面，或者进行旨在扩大现有推介覆盖范围的一次性营销。

该初创公司称其目前拥有大约1000个客户，客户覆盖规模较小的电子商务商店、规模较大的Giggle.com等客户、新签的20强零售商以及食品公司。该公司的技术还以插件形式提供给14家平台，包括Shopify和Magento。

Curebit的客户通过利用社交媒体来获得口碑推介，从而得到比传统营销更高的点击率和转化率。通过传统营销，顾客可能只是通过单击广告链接进来，而推介方式则像是从朋友那里获得推荐，新顾客及其进行推介的朋友还能常常够获得优惠。

顾客或者其朋友中的一方通过推介获得优惠时，进行购物分享的比例为15%～25%。而当双方都获得优惠时，分享比例则达45%～65%。Curebit还发现每次分享被单击1～5次，要视具体产品而定。

格兰特（Curebit的首席执行官）指出，较为独特的产品似乎比日用品更能吸引顾客。Curebit的转化率有时高达30%，通常比传统方式高出1～2倍。另外，Curebit的推介系统也有助于提高订单的交易额。

格兰特称，“一直以来，我们在所有的网站上还发现一个现象，那就是人们在上面花更多的钱，每张订单的平均交易金额则更高，不管顾客所购买的商品有没有提供折扣。”

点评

Curebit或许是bShare和jiaThis等社会化分享服务发展的主要方向。

099 CrowdMob：Tapjoy混搭Groupon

提要 商家可以在手机应用中推广自己的品牌，也可以直接销售。消费者看到优惠活动，能即时进行交易而不需要离开该应用。

网站名称：CrowdMob（http://www.crowdmob.com/）
上线时间：2010年
所在地点：美国旧金山

CrowdMob是致力于移动设备应用的一家创业公司，该公司上线了基于地理位置的社交游戏Mob Empire，还拥有一款社会化购物应用Deals With Friends，可以对用户的消费决策作出建议，并且方便其将交易分享给好友。

现在CrowdMob想做的是将这两款应用的特征——应用推广和商品折扣结合起来，打造下一代交易网络，用户可以一边玩游戏一边享受购物优惠，按评论人士的观点就是“Tapjoy混搭Groupon模式”。

Tapjoy元素

Tapjoy由前谷歌员工与其他创业者共同创立，现有75名雇员，从2007年到现在已融资7050万美元（包括与Offerpal合并）。其中，在苹果调整对应用内营销推广的态度之后，Tapjoy仍然受到投资者亲睐，获得摩根大通牵头的3000万美元。Tapjoy的竞争对手包括Flurry和AdColony等。

Tapjoy的主要模式为：用户通过完成Tapjoy提供的任务来获得游戏虚拟币等特殊优惠，比如收看视频广告或下载某应用包括游戏中的虚拟物品等。

Tapjoy将这种方式称之为“移动价值交换”，广告商与消费者各取所需。这样一来，用户不需要花费就可以得到物品，而且可以选择完成自己喜欢的任务，比如制作更为精良的视频广告。应用开发者在获得分成的同时（按Tapjoy的说法，它的用户的注意力并没有被大幅转移）品牌营销方也能收获一定价值。

Tapjoy + Groupon

CrowdMob 在Tapjoy的形式上更进一步，它与零售商合作，将其优惠活动“分发”到签署协议的众多手机应用中。

在CrowdMob中，商家可以对自己的品牌进行宣传推广，也可以直接在多个手机应用中获取消费用户。消费者在手机应用中看到CrowdMob投放的链接，可以即时交易而不需要离开该应用（支付方式包括信用卡、PayPal与亚马逊）。另外，如同很多服务，CrowdMob也鼓励用户分享交易。

对于本地商户，CrowdMob用户则可在支付之后前往店铺消费。确认形式包括条码扫描、SMS短信通知、确认代码、HTML 5应用等。

对所有商家客户，CrowdMob也根据它掌握的数据提供交易购买情况、转化率、共享与回头客等分析服务。

营利方式

目前CrowdMob采用分成的形式，应用开发者得到35%的交易费用，15%归CrowdMob自己。

在CrowdMob面前，仍然有诸多问题。

- 首先是概念是否现实可行。这个点子或许新颖，让客户接受却要一段时间。许多商家想要的就是推销服务，能够以更低成本获得更大销量，而CrowMob似乎未能体现出优越之处。
- 其次是工具的难度。CrowdMob提供自助式服务，让客户们熟练操作也有一段路要走。
- 再次是移动广告领域已经存在众多竞争对手，显然AdMob、iAD吸引了更多客户，而CrowdMob目前仍在开拓美国加州旧金山的市场。

点评

CrowdMob的长期目标仍是手机支付市场，它在2012年5月与Facebook联合创始人达成投资协议。

100 Webkinz：你的跑腿“差使”

提要 Webkinz将现实中的玩具和在线互动联系起来，孩子们可以购买Ganz出售的带有密码的毛绒玩具，然后凭密码在Webkinz领养到自己的宠物。

网站名称：Webkinz.com
上线时间：2005年
所在地点：加拿大

加拿大玩具公司Ganz非常了解如何为儿童打造在线社区。这家公司于2005年推出在线游戏社区网站Webkinz（中文名为“秀娃世界”）。借助在线社区，Ganz刚开始有12款毛绒玩具，目前毛绒玩具已增至200款。

到2007年，Webkinz在北美地区大受欢迎，家长们甚至逐家店去找Ganz的玩具产品，以求找到一家尚未售罄的商店。Ganz的签名玩具已经在奥斯卡上亮相了。

Webkinz将现实中的玩具和在线互动联系起来，孩子们可以购买Ganz出售的带有密码的毛绒玩具，然后凭密码在Webkinz领养到自己的宠物。在这个虚拟社区里，孩子们能干的事有饲养宠物、为宠物穿衣服以及为宠物设计房间等。

玩家还可以在Webkinz回答“益智问答”，享受游乐场般的游戏，参加网上比赛，甚至可以与其他孩子聊天，但个人信息不会被泄露。

尽管只需要购买一款毛绒玩具就可以进入游戏世界，但一旦孩子们到了那里，游戏本身其实也充当了一种营销工具，因为孩子能碰到所有他们并不具有的角色。限量版的宠物Month以及即将退出的角色也会帮助推动玩具销量，Ganz的在线商店eStore既销售毛绒玩具，也销售在线产品。

不出意外，Webkinz的许多营销活动主要专注于数字领域，如推出推广新游戏、产品和有奖活动的Webkinz Newz网站以及在Twitter上设立账户。

Ganz还创建了一个游乐场式的游戏应用Goober's Lab，将Webkinz推向移动时代。该游戏面向iPhone、iPod touch以及iPad平台，其销量在App Store应用商店的儿童游戏类应用中已成为第一名，在益智类游戏中排名第六，后来Ganz推出了第二款应用Polar Plunge。2012年Ganz又推出了另外两款应用，并且未来将会推出更多应用。

Ganz的各款应用能够增加Webkinz的品牌认知度，它们也允许游戏玩家创造Webkinz的虚拟货币KinzCash。KinzCash可以通过玩游戏、回答问题、领养新宠物获得，也可以转至玩家的在线账户。

Ganz互动营销副总裁塔玛拉•霍拉维茨（Tamara Horowitz）表示，KinzCash是Webkinz游戏体验的重要组成部分，它能够提供机会让孩子们参与到Webkinz经济当中。玩家使用其KinzCash给宠物购买食物、衣服以及屋子装饰品。

尽管Webkinz是针对5～13岁的孩子，但Ganz发现也有成年人参与其中。

鉴于Second Life、Farmville等在线社交游戏相当流行，人们不难明白为什么Ganz也将目光瞄准一个全新的用户群。于2012年春天推出的Tail Towns是一款针对女性打造的多人在线游戏。霍拉维茨表示，“我们之所以决定推出Tail Towns，是因为那个市场拥有很大的潜力。”据专家预计，40%～60%的在线游戏玩家是女性。她表示，Webkinz是一个很出色的针对儿童的网站，我们期待能够为女性玩家提供同样出色的游戏体验，有很多女性已经是Webkinz的狂热粉丝。

Tail Towns玩家将可以通过在礼品店或者专卖店购买代表其在线角色的小雕像进入游戏。与Webkinz不同的是，Tail Towns的成年玩家将能够一边探索虚拟环境闯关，一边相互聊天。玩家会发现并体验到各种各样的故事。

Tail Towns的表现还得拭目以待，而此时Ganz已经着手为6岁以上的孩子打造一款新的多人在线游戏Amazing World。

霍拉维茨表示，Amazing World将基于游戏探索模式。通过一连串的探索，儿童将能够闯过Amazing World中设置的各个不同等级的关。该游戏定于2012年夏天推出，同时可以通过出售玩具来提供游戏登录密码。

Ganz并没有将Webkinz放到一边，2012年它在部分选定的美国市场为该品牌推出首个电视广告。

点评

经过七年的积累，并且将平台扩展到Facebook上，Webkinz已经开创了毛绒玩具最好的销售模式之一。中国国内还没有发展良好的模仿者。

101 Stylitics：用户衣橱分析服务

提要 用户输入穿戴过的衣物配饰的基本信息，Stylitics输出分析与图表。它记录用户的穿着偏好，并作出相应的推荐和优惠。

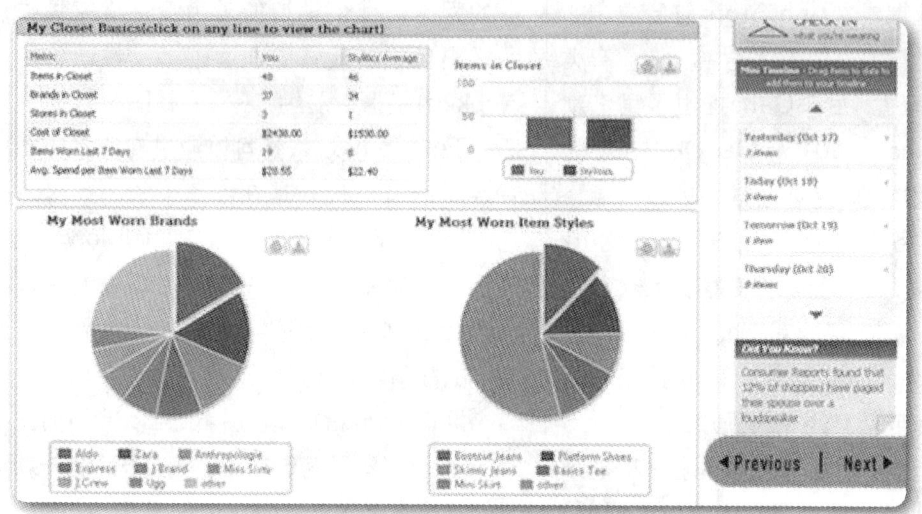

网站名称：Stylitics（www.stylitics.com）
上线时间：2011年11月
网站地点：美国纽约

正如它的名字所示，Stylitics融合着Style与Analytics，它希望打造一款类似Mint的用户衣橱管理工具，在时尚产业开拓出一片空间。

简单说来，Stylitics是在用户输入自己的各种衣物配饰的基本信息之后，输出分析与图表。它记录用户的穿着偏好，并作出相应的推荐，甚至还会有用户钟爱的品牌的优惠券。

Stylitics的创始人为29岁的Rohan Deuskar和30岁的Zach Davis，他们于2004年在一家移动营销公司共事，都有用技术帮助品牌联系其消费者的经验。于是，在某一次搜寻衣橱之后，Deuskar有了做Stylitics的创意，他们相信用户可以决定什么最适合自己，或者弄明白怎样让花在着装上的金钱发挥最大价值。

一些天使投资人也认可Stylitics这个创意和团队的实力，投入了85万美元。Stylitics现在已拥有9名雇员，和一些品牌与营销公司达成合作，比如Gilt Groupe与Lucky Brand Jeans。他们希望今后通过与品牌合作的方式获利。

尽管如此，时尚，不管是用英文Fashion还是中文山寨“欢型”，消费者喜欢就是喜欢，最重要的还是品牌营销与推广，营造出一堆被称之为“范”的物质概念与精神符号。如果用户愿意买Chanel，基本上不是因为她过去买过，反而很可能是由于Chanel肯砸重金让这些款式出现在巴黎时装周身材最好的模特身上——光晕效应也只是那些名校商科毕业生们众多提案中的入门版本。

那么，还有那些烧不起巨额广告费的小品牌甚至集贸市场地摊货呢？如果它们连品牌都没有，Stylitics这种工具自然是无法分析。Stylitics的价值或许会在于中等品牌。

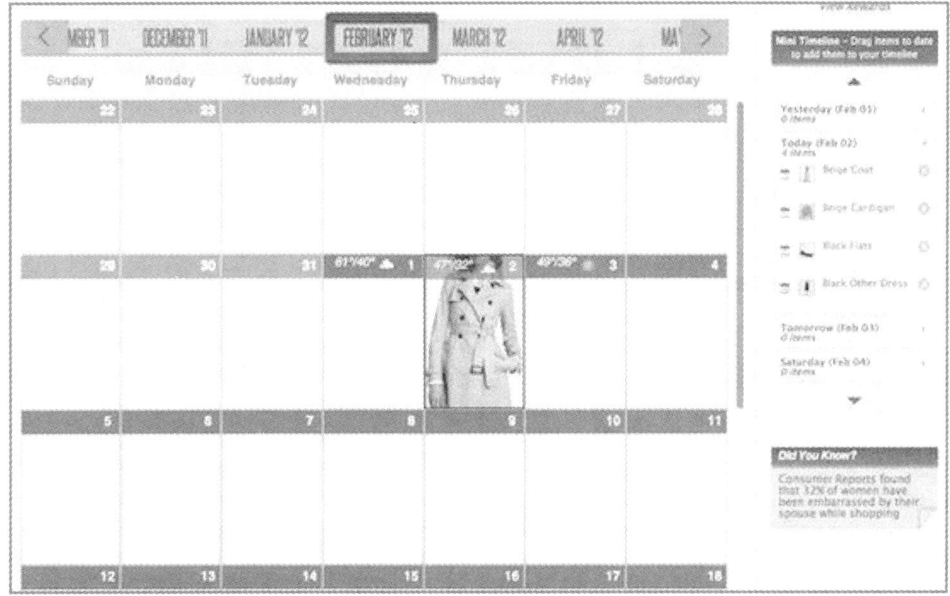

用户从来都是“懒惰”的，能抓住机会做懒人经济，也很可能打造出又一款成功产品。

102 TrustYou：为客户做语义分析

提要 通过对用户在Facebook等社交媒体与Yelp等点评网站中的评论，来分析消费者对客户是消极态度还是积极态度。

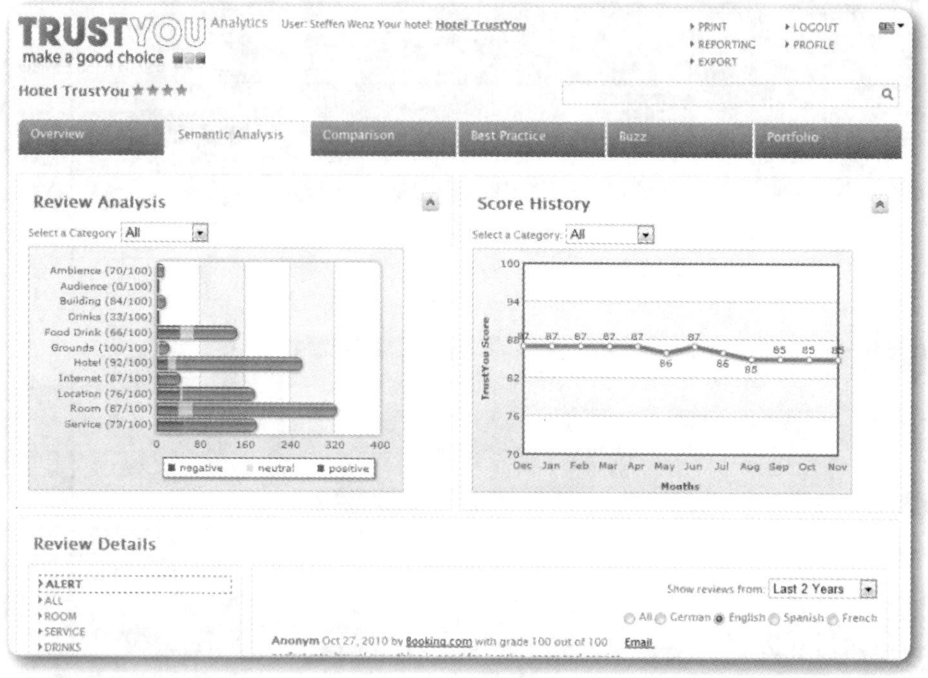

网站名称：TrustYou（http://www.trustyou.com/）
上线时间：2011年
所在地点：德国

对10种语言进行分析的TrustYou，主要实时关注包括Facebook，Foursquare，Google Places，TripAdvisor，Twitter和Yelp在内的社交媒体，同时还监视全球最主要的几家旅行业点评网站。另外TrustYou还对涉及到其特别客户的博客展开实时监视。

TrustYou将把获取的分析数据制作成分数，这种评级系统已经应用于欧洲的16个国家。除了TrustYou平台，通过一些应用程序接口（API），旅行公司和相关点评网站都可以连接这一评级系统。

TrustYou的“舆情搜索平台”主要服务于欧洲和美国的酒店、餐馆等旅行行业的客户。

收购位于美国达拉斯的竞争对手ReviewAnalyst之后，TrustYou的客户增至6000家，包括Hard Rock Cafes，最佳西方酒店管理集团（Best Western Hotels），欧姆尼酒店集团（Omni Hotels & Resorts）和喜达屋国际酒店集团（Starwood Hotels）。

点评

从梅花网到CIC，国内多家营销与咨询机构都有自己主导开发的舆情监控系统，或者向客户销售，或者用于挖掘数据分析趋势。

103 500Friends：电商社交营销平台

提要 零售商可对所购商品发布Twitter或者Facebook消息、向朋友推荐和点评的顾客提供奖励。

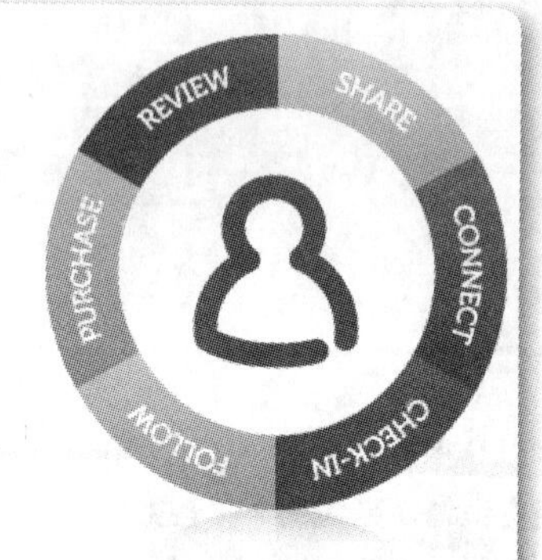

网站名称：500Friends（http://www.500friends.com/）
上线时间：2011年
所在地点：美国

500Friends致力于为电子商务零售商提供社交忠诚解决方案。它成立于2010年，后于2011年夏天开始运营。通过整合该公司的LoyaltyPlus服务到自己的网站中，零售商可对所购商品发布Twitter或者Facebook消息、向朋友推荐和点评的顾客提供奖励。

作为该轮融资的一部分，Crosslink Capital的普通合伙人埃里克•奇恩（Eric Chin）将加入500Friends的董事会。

吉村是一名高中肄业生，他是Crosslink和英特尔投资过的最年轻的创始人。作为一名知名企业家，他曾先后创建并出售两家其他的公司，即被称为手机领域的eBay的CellsWholesale.com，以及被称为问诊领域的雅虎问答的AskMedicalDoctor。

创业初衷

吉村解释道，“现在有一些公司会帮助你管理粉丝页面，如Buddy Media。但如果你是一家电子商务零售商，你会怎么看待忠诚度的投资回报呢？要怎样将社交问题考虑其中呢？”他说，此前市场上没有一家社交忠诚平台，因此他创建了500Friends。

吉村在介绍该服务时表示，“你可以把它看作是人们所有数字活动的忠诚计划。美国航空公司为人们提供飞行里程奖励，这个典型的忠诚计划显然能够有效吸引最大的顾客群。但在如今的社交时代，人们有各种各样的表现忠诚度的方式。”

“那意味着一个人可以为商家带来三次交易，相比他当初的购买行为，他写的评论、向朋友推荐等活动具有同样的、甚至更大的价值。零售商不能够对此置之不顾。”

平台效果显著

500Friends的系统让零售商可以追踪、奖励并识别顾客在网上的各种社交活动，如发布状态更新、点评、签到、向朋友推荐商品等。向顾客提供的奖励由商家自己决定。

目前使用500Friends服务的客户包括欧莱雅、Hotels.com、US AutoParts、Shoebuy.com、Armani、Scentiments、PetfoodDirect.com等。自去年夏天开始运营以来，500Friends已经获得了50家客户。吉村指出，采用500Friends平台后，那些商家都取得了很不错的顾客参与度和投资回报。目前，零售商的顾客参与度达26%～40%，投资回报率为第一年使用500Friends时的10～20倍。

吉村还是一名天使投资人，投资过的初创公司包括Hipmunk、Zencoder和Torbit。

尽管500Friends称现在谈论营收问题还为时过早，但据该公司透露，它每个月都在快速增长，每个季度都能实现营收翻番的成绩。

吉村称，新融资的一半将用于销售、营销与客户服务，另一半则用于研发。500Friends表示，未来将继续扩张其社交功能，改善其它激励举措之间的联系。简单来说，它将提供更多粉丝主页工具和更好的分析功能，并与Pinterest和其它的社交网站整合。该公司还计划未来推出内容发布商平台以及面向金融机构的平台。

点评

如果社交网络的用户知道好友在发布某项推荐之后获得了收益，他们还会相信这位好友么？

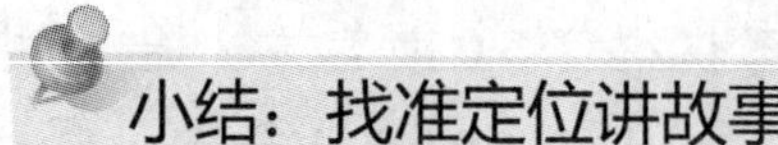

小结：找准定位讲故事

营销是什么？这是个非常复杂的问题，多少学者终其一生致力于研究个中奥秘，多少青年又燃烧青春于其中打拼。

美国营销专家科特勒对营销的定义是：个人或群体通过创造，提供并同他人交换有价值的产品，以满足各自的需要和欲望的一种社会活动和管理过程。他认为营销、市场营销包含了需要、欲望和需求、产品或提供物、价值和满意、交换和交易、关系和网络、市场、营销和营销者等一系列的概念。

另一种较为简洁的说法则是，在保证质量的同时，营销就是找准定位讲故事。产品不过硬、光顾着炒概念固然不行，但有了好产品更需要好的营销手段。具体又可分为三个环节：在哪里讲、怎么讲、讲给谁听。

Nabfly和ShareSquare，在海报上与手机用互动方式讲；LocalResponse，在Twitter和Foursquare上讲；Sageby，在用户排队的时候讲；StartApp，在用户的手机桌面上讲；DoubleRecall，在用户输入验证码的时候讲；Zoove，在用户打电话的时候讲；Adaptly，帮企业将制作的广告瞬时投放到各个社交网络平台上；ClrTouch，使得客户能够创建、出售、服务与追踪平板电脑上大量的触摸式媒体广告。

Razzi.me，让用户主动的分享图片，他们想要赚钱的同时也听了这个故事；Ifeelgoods，用虚拟货币Facebook Credits作为刺激；Gumroad，让用户在Facebook及Twitter上分享付款链接；Curebit，让顾客购物完成时将其交易细节分享到社交网络或邮件；Facebook和Twitter，或者通过电子邮件来分享；CrowdMob，在手机应用中插入优惠信息。

另外，还有帮助客户监测口碑或做语义分析的NextBigSound和TrustYou，帮零售商激励推荐或点评其商品的用户的服务500Friends等。

第8章 多媒体服务

104 Publification：用浏览器读书

提要 做一个跨平台的电子图书阅读器，它的营利方式就是通过向出版商收取费用。

网站名称：Publification（http://publification.com/）
上线时间：2011年
所在地点：英国

目前的电子书很多都面临一个问题：打包制作成PDF、CHM或EXE格式对操作系统有要求，或者是需要另外安装阅读器软件。亚马逊Kindle与苹果iBooks等新兴的电子书平台情况也比较类似。这增添了出版商与读者的痛苦，Publification就想减轻这个环节中的不便。

首先，它利用HTML 5技术实现跨平台，能够自动适配设备屏幕、处理富媒体、嵌入社交媒体元素，还支持脱机浏览。出版商也可以控制图书内部阅读权限，比如让其中一部分免费开放给读者，特殊部分需要付费。

读者不需要单独下载存储电子书文件或浏览器软件，就可以得到比较好的阅读体验。所需要做的只是单击一本书的URL链接就能即可阅读。

它为出版商提供了一些安全特性来防止盗版，读者看到的只是书的文本，而不能查看源码。比苹果、亚马逊的发布平台表现出色的另一方面是，Publification的出版商可以获取读者的相关运营数据，类似网站分析的工具，以更好地利用营销预算。

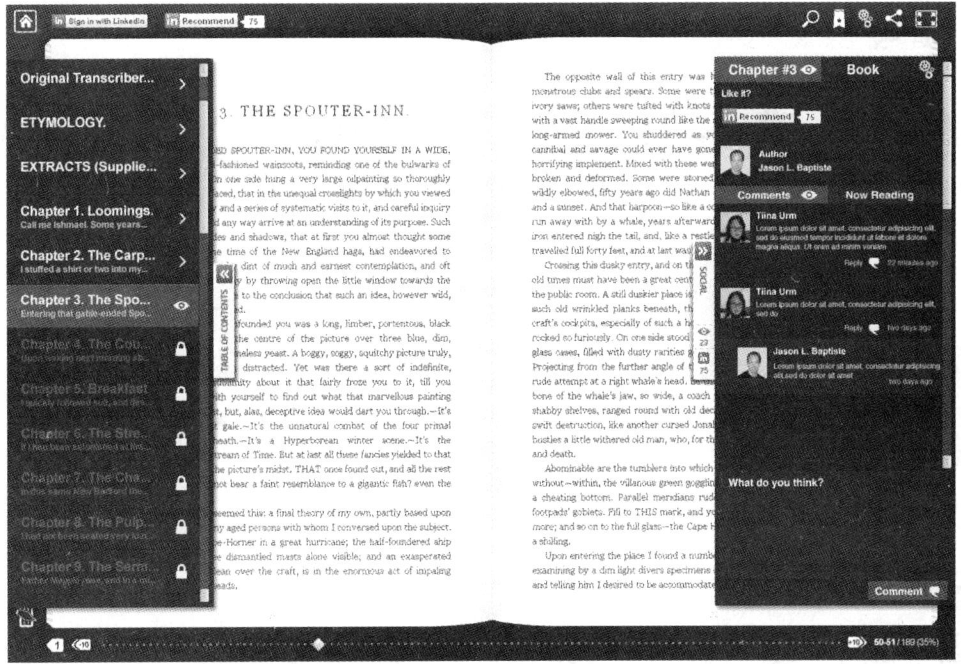

点评

出版方的格式问题是解决了，但作者关心收入，读者关心书籍种类、有没有他们需要的书，还有收费的水准。

105 24symbols：免费增值在线读书服务

提要 24symbols用户可以选择免费的网上阅读，也可以选择无广告、功能更多的增值服务。

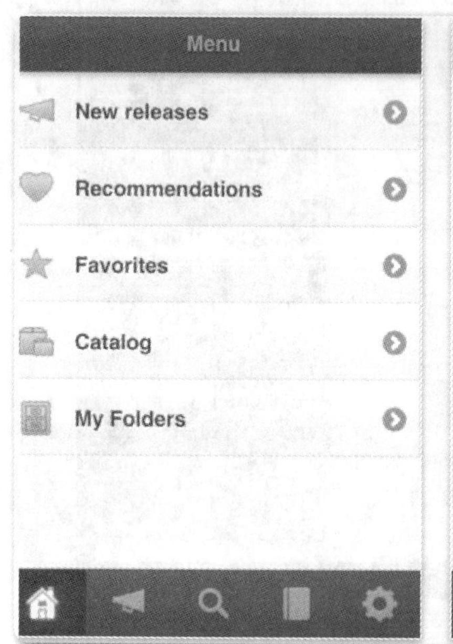

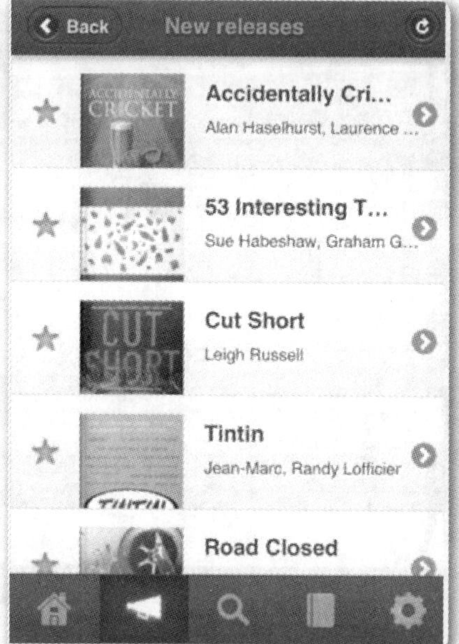

网站名称：24symbols（http://www.24symbols.com/）
上线时间：2011年
所在地点：西班牙

Spotify是如何在众多音乐服务中脱颖而出并获得风投青睐的呢？有几点：跨平台、云同步；海量曲库，而且曲库与歌手专辑信息非常全面且简洁清晰；普通用户在免费听音乐的同时，也会随机性的听到插播广告，比传统的展示广告效果更好；付费用户得到的不仅是能听更多音乐，而且在音质、功能等元素上也有“特权”；社会化功能等。

作为一项新的免费增值服务，图书网站24symbols的模式有些类似Spotify。

- 跨平台。目前用户只要有网络浏览器就可以阅读，iPad应用即将发布，iPhone和Android应用也在开发当中。
- 书籍的信息完备且清晰。从简介、书籍目录到用户评论、新增书签、收藏，用户体验做得比较好。还可以根据关键词搜索。
- 提供两种书籍服务。一种是植入广告的免费网上阅读，另一种是无广告的付费服务。（当然，它目前主要是页面展示广告）。免费版只能在线阅读，每次都需要重新加载，付费订阅则可以看到更多书，并能够脱机阅读。

- 社交应用。用户使用社交网络的账户登录，然后可以与Facebook等网站的朋友就图书内容交流。
- 推荐服务。网站会根据用户提供的信息推荐图书。

24symbols的问题是刚刚起步，规模尚小，目前只跟数十家出版商合作推出了1000余本图书在线阅读。他们希望能有更多的合作伙伴，特别是一些顶级的出版商。

点评

24symbols也是Gutenberg项目的一个延伸品，后者是一个以自由的、电子化的形式基于互联网，大量提供版权过期而进入公有领域书籍的一项协作计划。

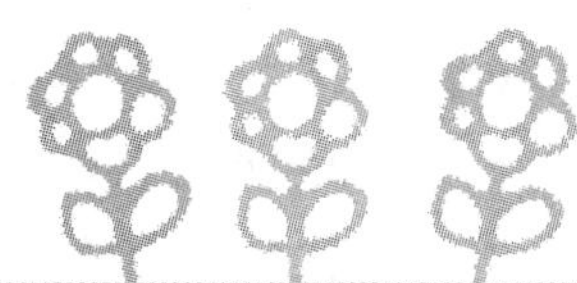

106 鹿客网：电子杂志2.0

提要 鹿客网它提供云端服务，用户可以随时保存制作中的电子书，它还主打一个互动社区。

网站名称：鹿客网（http://www.vslook.com/）
上线时间：2011年
所在地点：广东深圳

其实电子杂志2003年就开始兴起，在2006年达到高峰，资料显示全行业吸收了1亿美元的风险投资，但在最近两年，Zcom、Xplus、Zbox等主要公司都纷纷倒闭或者走到破产边缘。

究其原因，不是公司的管理层无能，而主要是找错了方向：Zcom更多的是想做一个杂志的分发渠道，评论认为它们与互联网强调的信息碎片化、个性化与互动背道而驰。这样用户对端坐在浏览器前阅读免费杂志都不能长久保持兴致，对需要掏钱购买的更不会买账。而流量的下滑则使得这些电子杂志公司很难通过广告获益，最终整个行业在持续亏损下全军覆没。

鹿客网看上去和传统的电子杂志网站有很大不同。它的自我介绍是丰富的原创内容、用图书的形式记录生活、寻找有共同喜好的朋友和与朋友分享所见所闻。

首先，它提供的是云端服务，它提供编辑功能与滤镜特效制作自己的个性化电子杂志，比如使用书册模板、调整背景图片、美白皮肤、老照片效果等，用户还可以随时保存正在制作中的电子书，急性子的人还可以使用“自动填图”的功能。

鹿客网与传统电子杂志网站最大的不同应该是它想做的是一个社区，而不仅仅是分发渠道，或者说读者与杂志社之间的中介。

在网站上，你找不到纸质杂志的电子版身影（模板中有很多类似时尚杂志的版式），主要是旅行留念、歌舞剧剧照、模特写真、亲子互动、花鸟虫鱼之类。

鹿客书库是它的“达人库”，向用户推荐制作精良或新完成的杂志。分为鹿客典藏、鹿客精选与鹿客新书三部分，同时还按照旅游、写真、亲子、生活这样的类目划分。

每一本电子杂志都对应一个独立的页面，有制作人的信息，包括他/她的读者（follower）、订阅（following）、原创图书（对应于tweet），还有勋章。勋章是通过制作杂志和评论、收藏等活跃度来获得。

页面还会显示其他“鹿友”的评级和评论，该杂志已经被印刷成册。鹿客网提供数个杂志印刷，喜欢某本电子杂志的用户除了收藏、给出较高评级、关注作者、分享到微博、豆瓣或人人网等，还可以选择付款印刷。

点评

鹿客网在争取两大类的用户，希望用杂志形式记录子女成长印记的父母和用杂志保存旅行点滴的年轻人。

107 Subtext：社交电子书

提要 通过社交网络和网络相关内容收集的方式给电子书阅读体验增加了新的内容。

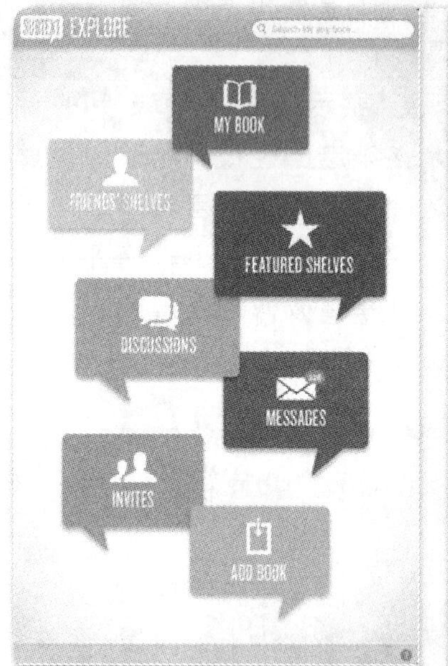

网站名称：Subtext（http://subtext.com/）
上线时间：2011年
所在地点：美国加州

如果你为体验聆听一场完整的音乐而额外加付了成本，一位幕后人看到乐队、DVD高清影像等，这样你就能感知到Subtext所提供的社交阅读体验服务。

除此之外，这家新创企业还希望向用户提供优化升级的阅读体验，增加详细清晰地注解、作者评论和供用户免费享用的网络相关内容的互通性，这些不会分散用户阅读体验的注意力。

实际上，Subtext是提供一种在iPad上的阅读体验，用户可以与朋友、网络社区成员、作者和专家进行畅通无阻的沟通交流，即使他们阅读的不是同一页，阅读速度也不一样。读者可以从作者、专家和网络社区获得信息，提供他们自己的观点和想法以供分享，并且增添挖掘相关文章、图片和网络多媒体内容的链接。

总而言之，Subtext是通过社交网络和网络相关内容收集的方式给电子书阅读体验增加了新的内容。Subtext以自动增添信息、提供反映回馈、评论等方式为电子书阅读体验增加相关内容，同时不会影响到实际阅读的过程。

作为这项新服务的一部分，Subtext还宣布公司正在与一系列著名出版商力挺的畅销书作者合作，从而更有效地实现读者和知名作者之间的互动，这些图书出版商包括哈珀柯林斯公司（HarperCollins）、法国著名图书出版商Hachette、企鹅出版集团（Penguin）、全球最大图书出版商Random House、西蒙舒斯特出版集团（Simon & Schuster）等。

尽管Subtext书架上的第一批书单至今为止仅有18本，但并不包括Nathaniel West、Amy Stewart和 Max Barry所提供的知名插画作品。

Subtext 2011年10月从谷歌风险投资基金融资300万美元，将新的社交电子书阅读体验融入iPad中。一些硅谷著名的风险投资机构有意愿参与投资，支持这家新创企业所做的努力。

点评

社交网络账号的内容不仅可以变成Timeline，还能用书籍的形式共享。

108 XYDO：社会化新闻网络

提要 收集新闻网站与博客输出并且追踪用户在Facebook与Twitter上好友分享的文章，用户可以通过四种方式浏览新闻。

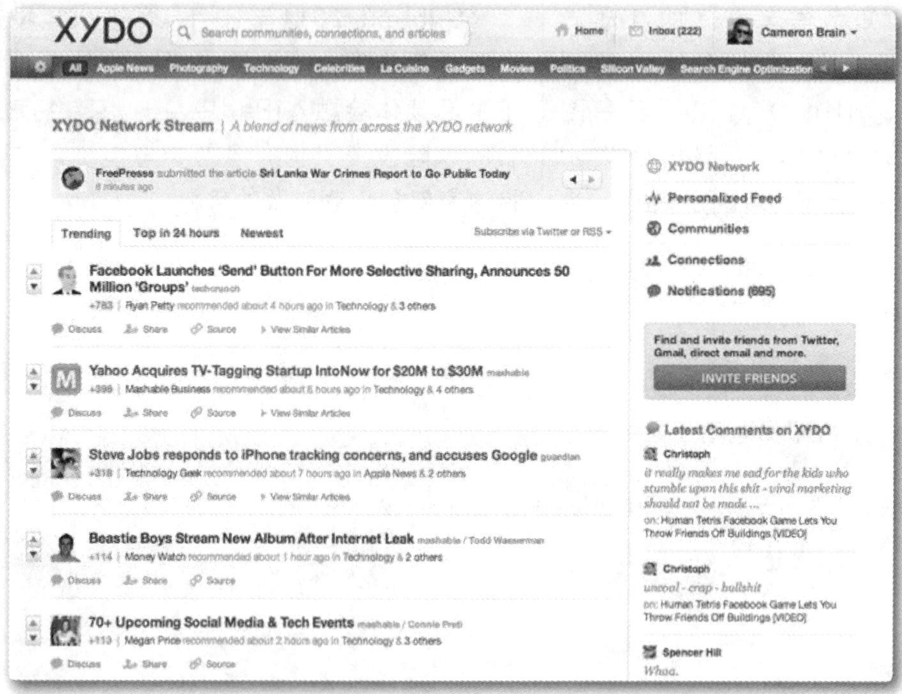

网站名称：XYDO（http://www.xydo.com/）
上线时间：2011年5月
所在地点：美国

有了Digg、Reddit这些前辈，资讯推荐还能做出什么新意来吗？

XYDO就综合了多种筛选与聚合信息的方式，它收集新闻网站与博客输出，还追踪用户在Facebook与Twitter上好友分享的文章。目前已经处理超过110万个新闻源。近日还获得了125万美元投资。

XYDO用户可以通过以下四种方式浏览新闻。

- 联系人新闻（Connections）。导入了用户在其他社交网络的关注关系，显示Twitter和Facebook联系人发布的文章。还可以查看朋友当中哪些新闻比较受欢迎。
- 社区新闻（Communities）。比较独特，它由一个个社区组成，每一个社区对应XYDO导航条上的一个“话题”（subject），比如Android、Fashion之类。用户可查看社区内分享的新闻，单击Connections栏目用户都可选择热门新闻、24小时最热新闻、以及最新新闻。

用户可以加入或创建社区，用于专门分享某一领域的新闻。可以为社区添加新闻源，比如输入网站名称、RSS地址或网站url。

XYDO增强用户黏性，打造与众不同体验的关键就在于此。通过社交关系扩展用户量，依靠兴趣话题构建垂直细分，还给用户通过添加新闻源来推广自己网站的权力，以此聚集活跃用户。

- 个人新闻（Your News）是融合了社会关系与上述的社区两种方式。
- 所有新闻（All XYDO）是一个综合方式，有基于单击、评价（类似Quora的顶踩）等算法推荐的热门文章、24小时内热门文章、最新文章、评论最多文章，也有根据不同话题组织的新闻和好友推荐的文章。

对于具体的新闻，用户可以顶或者踩，可以评论、收藏或发出问题，还能分享到Facebook、Twitter或者用邮件。

另外，通知功能（Notifications）还提供联系人的活动状况通知。

点评

XYDO已经在2012年2月转型，成为一个基于内容的营销公司，提供B2B业务。这说明它以前的“创新模式”并未带来可长久发展的动力。

109 Readings：社会化阅读器

提要 | 可以分别关注作者与媒体。

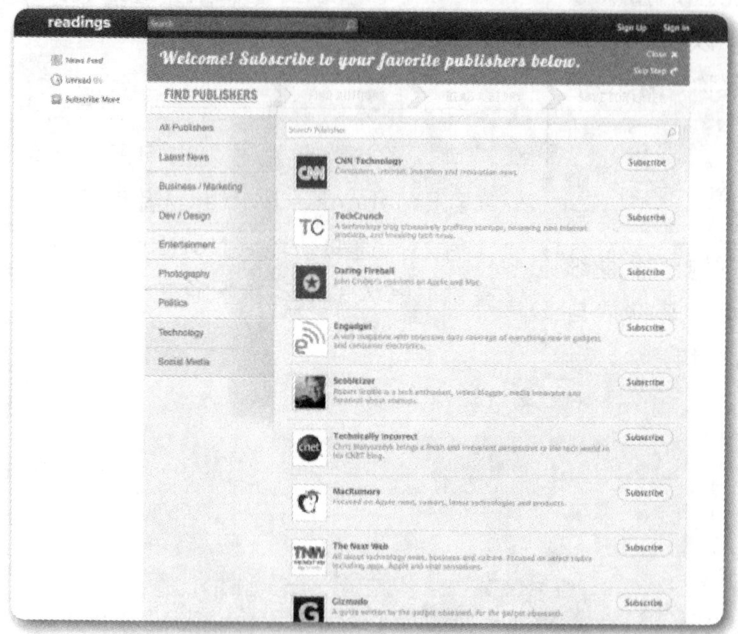

网站名称：Readings（http://www.readingshq.com）
上线时间：2011年
所在地点：美国

之前每日一站介绍过社会化新闻网络XYDO，它的做法是收集新闻网站与博客输出并且追踪用户在Facebook与Twitter上好友分享的文章。

如果说XYDO是从已有的社交网络出发，依托于它们打造一个新闻网络，Readings在产品逻辑上就是走了另一条路，从新闻网络出发，打造一个围绕阅读展开的“社交网络”。

在Readings上面，可以分别关注作者与媒体。比如关注科技博客TechCrunch或VentureBeat，关注作者Alexia Tsotsis 或 Anthony Ha 。如果是关注媒体，就可以订阅到他家的所有文章；如果是关注作者则是看他/她写的作品，不论是发布在哪家媒体。Readings还连接了Twitter，用户可以通过Twitter来与这些作者互动。

Readings在排版设计上比较简洁清晰，它会读取媒体的排版，比如头条、图片等，然后重新设计展示，而不是Google Reader那样的罗列链接。读者也可以按照时间给文章排序，或者浏览每日、每周、每月热门，或者按照科技、经营管理等分类查看内容，还可以给自己设置一个备忘（单击文章标题下的Read Later按钮）。

Readings提供的搜索功能也比较强大，可以搜索文章标题、作者、发布媒体等。

营利上，由于网站目前在测试中，仍在调整，但已经在一些页面中可以看到有“赞助商”（sponsor）字样的区块，很可能是以后的广告位。而相当于SNS中企业级账户的媒体ID也给了Readings提供增值服务的可能。

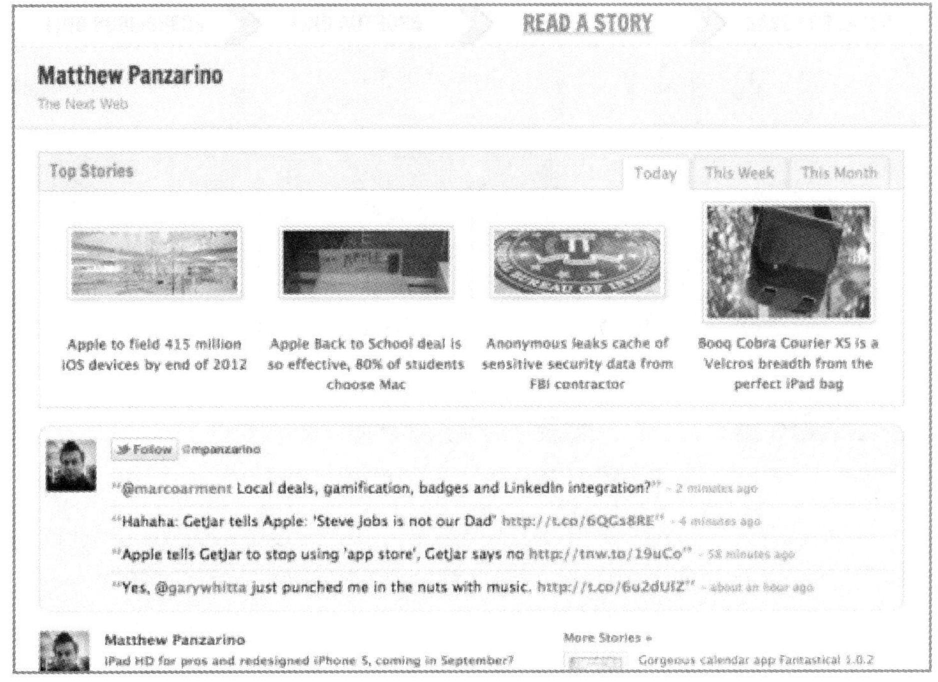

点评

Readings概念虽新，但用户并不买账，在媒体报道的那段时间，流量暴涨，之后归于沉寂，并最终关闭了服务。或许，关注某个媒体，还是用Google Reader类服务更加方便。

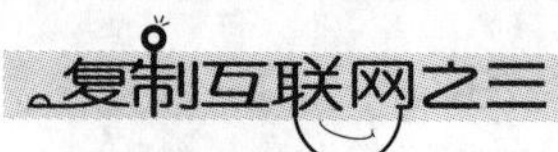

110 Socialcam：用移动社交挑战YouTube

提要 | Socialcam是主打社交元素的移动视频网站，使用Facebook Connect登录。

网站名称：Socialcam（http://socialcam.com/）
上线时间：2011年
所在地点：美国

视频网站是一个烧钱的行当，中国的视频行业在2006年有数百家网站，现在只剩下融资或输血能力强的几家大公司。美国情况类似，用户主要在谷歌、微软、雅虎、Facebook和一些电视行业公司的网站（比如Hulu）浏览视频。小公司就没有机会了吗？

Justin.tv和Socialcam的创始人简谚濠（Justin Kan）显然有不同的想法。他的第一个创业项目是在线日历Kiko，在谷歌推出Google Calendar之后就拿到eBay上卖掉了。后来找到孵化机构Y Combinator的格拉汉姆（Paul Graham），开始了新的创业项目Justin.tv，目前已成为美国排名前列的视频直播网站（国内有围观网等类似网站）。

Socialcam是简谚濠Justin.tv团队主打社交元素的移动视频网站，其宣传口号是“与朋友即时分享视频”（share videos with your friends, instantly”）。App在今年的德州西南偏南音乐节（SXSW）上推出以来，第一个月的下载量就超过了25万（下载总量会远远超出这一数字，不过他们选择达到下一里程碑才公布）。

Socialcam正在快速地推出更新版本。之前它只是一个移动应用，可以关注、评论、添加标签，看起来比较像“视频版Instagram”。Socialcam发布了2.0版本，优化了视频上传流程和本地保存过程，增加了分享选择（Posterous、Tumblr、 Dropbox、Twitter、Facebook、邮件和彩信）。

新版本的Socialcam则增加了另一项重要功能：Web端个人资料页（profile），它展示了用户所有的Socialcam视频、被其他用户打过标签的视频、关注者（follower），关注的人（following）。这些功能在之前推出的iPhone和Android应用上已经可以使用，但还是第一次能够在网络上被非Socialcam应用用户看到。

Socialcam加强了YouTube上相对薄弱的分享机制，登录系统使用的是Facebook Connect，能够导入Facebook的用户关系网络，这样它不仅仅是一个手机应用，也成为Facebook社交功能的一部分。它的一个非常重要的功能是“标签”（tag），类似SNS网站给照片“圈人”的功能，被tag的用户将在登录的时候收到查看视频的提醒，如果他没使用Socialcam，视频提醒就会出现他的Facebook墙上。

Socialcam的市场营销副总裁马修•迪佩特罗（Matthew DiPietro）说到：Facebook之所以会如此“黏人”，就是因为当你一登入，就可以看到自己出现在没看过的照片上，你自己都不知道有兴趣的内容都在这里，而这也是Socialcam希望做到，并让移动视频真正酷起来的地方。

有一个问题随之而来：Socialcam几乎没有隐私保护，你的所有分享都是公开的，这样很容易就会干扰到用户。但根据其CEO 迈克尔•西贝尔（Michael Seibel）的说法：他们在隐私设置上打算做的非常少。听起来似乎他们固守“任何事都是公开的”模式（everything is public），不准备添加“私密视频”的功能。这或许也就是人们所追寻的，完全公开的Color就是一个偏执的例子。

点评

虽然有着光辉岁月，其App推出第一个月的下载量就超过25万，并长期占据视频分享应用的榜首，但Socialcam也面临着危机，活跃用户大幅下滑。原因是它被人发现在YouTube上截取流行视频并伪装成用户上传的内容，另外还让采用默认设置的用户将视频自动分享到Facebook上。

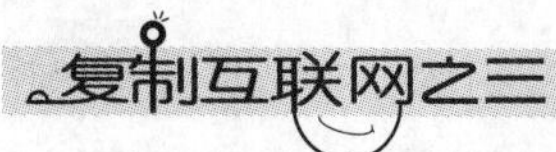

111 Chill：与朋友一起看视频

提要 让用户基于视频建立虚拟聊天室，并且在其中进行实时地互动，还可以拥有虚拟形象。

网站名称：Chill（http://chill.com/）
上线时间：2011年8月
所在地点：美国洛杉矶

社会化视频应用并不是一个全新的点子，目前已经出现的产品主要有两种方向：以内容为主导或者侧重观众之间的互动。比如刚刚开始对外邀请测试的新浪看点，它是为用户打造一个个性化视频频道列表，用户可以订制或取消设置节目观看、创建合辑、收藏节目、推荐给微博或看点站内的好友。

Chill是另一种方向，它被称为“视频版的Turntable.fm”，它让用户可以基于视频建立自己的虚拟聊天室，并且在其中进行实时地互动，还可以拥有虚拟形象。

用户注册Chill或者使用Facebook账号连接登录之后，可以选择自己建立一个聊天室还是加入已经存在的房间。

建立聊天室的过程像Turntable.fm的DJ，用户进入房间后选择视频列表，或者在YouTube与Vimeo之类视频网站上搜索，或者直接在列表中加上视频链接。之后就进入了房间主持人（类似酒吧DJ）的状态，开始播放视频。如果其他用户投票选择喜欢这些视频，该用户就可以增加积分成就。

Chill聊天室中，有公共的聊天窗口，与传统的网络聊天室类似。用户还可以拥有自己的虚拟形象，鼠标悬停在其他用户形象之上时，就可以看到他们在Chill网站上的档案页，包括积分成就和粉丝数，还可以选择关注、回复、私信或者取消关注（unfan）。

Chill的营利模式或许会采用虚拟物品的形式，用户获得的成就积分可以用于购买下图所示的各种虚拟形象或商品，有了这种荣誉感上的差异化，Chill就有可能像QQ那样从Avatar模式中获利。它的方向也可能是类似于拿到1500万美元融资的Shaker（建立3D虚拟聊天室，用户在其中聊天互动）。

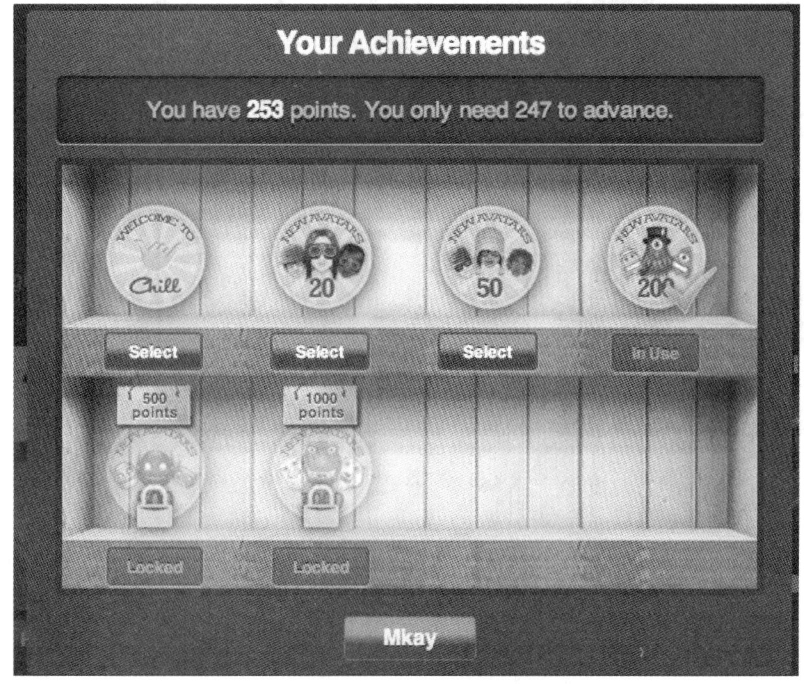

点评

对于部分用户，Chill可能在一开始会比较有趣，但过了一段时间之后，仍然只是几个虚拟人物在晃动就有些单调了。

112 Miso：在电视上签到

提要 用户被鼓励基于3个维度对照片进行标注：“是谁”、“是什么”、“在哪里”。

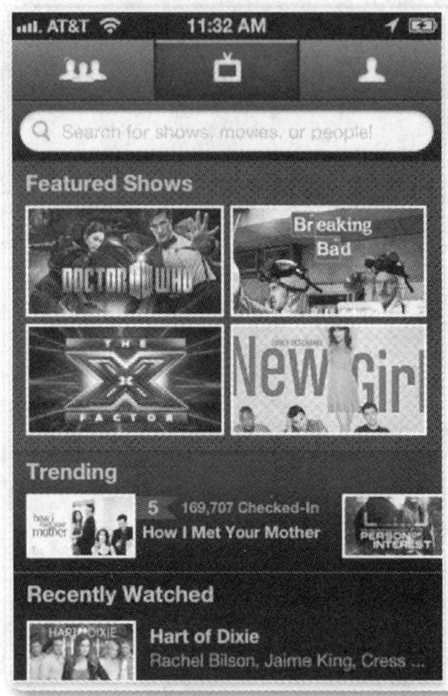

网站名称：Miso（Gomiso.com）
上线时间：2010年3月份
所在地点：美国加州

签到（Check-in）的玩法，目前为止大多数还是通过地理位置来进行。但有越来越多的创业团队想到：可以将“签到”移植到其他事物上，比如当你在看电视节目或电影的时候签到，让别人知道。而这就是Miso正在做的事情。

基于电视节目的签到应用Miso宣布获得了谷歌等机构的150万美元风险投资，这家公司曾经获得过谷歌风险投资的种子基金。

Miso将类似Fousquare的“签到”模式玩到了电视内容上。它的运作方式是：当你正在看电视节目或电影的时候，你可以用它提供的应用，在这些节目内容上签到，关注特别的节目并获得积分和徽章，争夺“最铁杆”粉丝的荣誉。同样，它还能与Facebook和Twitter进行连接，让你与朋友分享你正在看的内容，看看别人正在看什么，以及浏览最热门的节目榜单。Miso目前提供了iPhone、iPad以及Android的应用程序，还有一个同样功能的网页应用。

目前这个创业项目已经有了10万个注册用户，并推出了开放给合作伙伴的API。

Miso自己的定位是提供给用户“第二块屏幕”上的体验，并让“看电视”更加有趣和更加社会化。Miso的创始人Somrat Niyogi认为徽章奖励的形式并不真正具有长远的价值，他说电视节目的“第二块屏幕”市场仍然非常年轻，在这个新领域中有巨大的潜在广告价值。

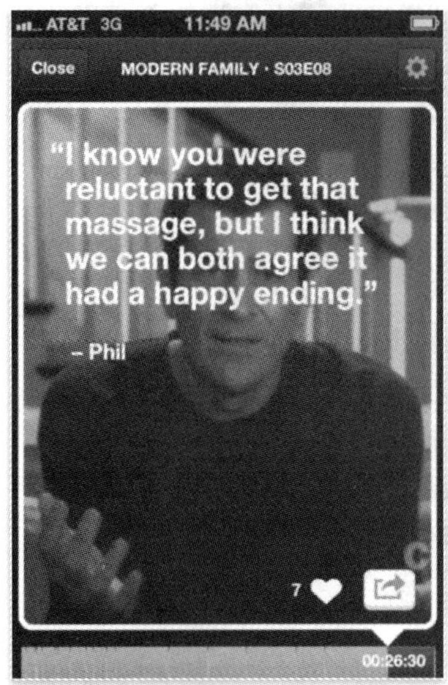

点评

Miso等类似产品，更多的还是从互联网角度着重于电视节目的评论与互动，离整合产业链的阶段还很远。

113 Groovebug：音乐版Flipboard

提要 Groovebug旨在通过用户收藏的iTunes音乐和YouTube视频等内容来组织一本“能够彰显音乐品位”的iPad杂志。

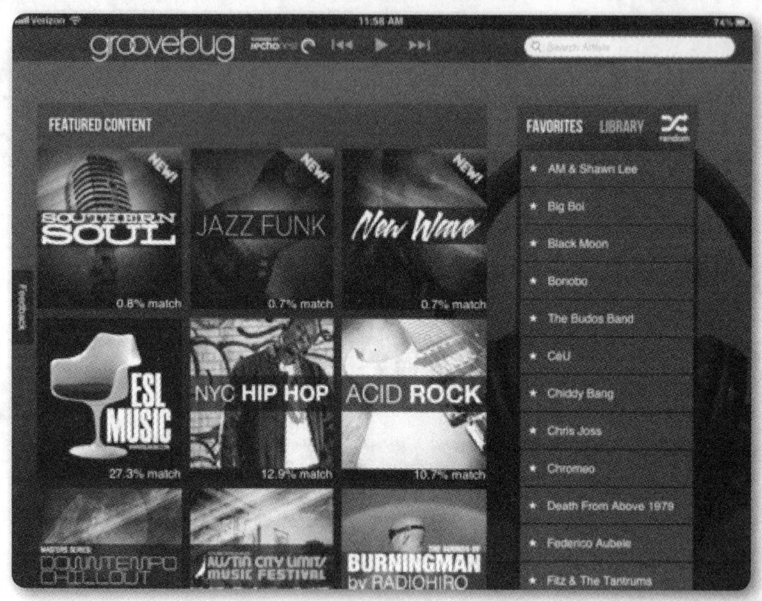

网站名称：Groovebug（http://groovebug.com/）
上线时间：2011年
所在地点：美国

尽管社交媒体阅读应用Flipboard曾被指为“华而不实的内容小偷”，它以杂志形式排版输出Twitter消息和网站内容的做法还是让人们看到了在个性化增值服务与广告上的商机，它曾获得了5000万美元融资，并且引来众多效仿者与变体，比如被称为“视频版Flipboard”的Showyou、主打商务社交新闻聚合的产品SkyGrid。

创业者们也在思考在模仿借鉴之外，能否走出一条与Flipboard不同的道路。Groovebug就是其中之一。

Groovebug是一个iPad应用，它使用用户收藏的iTunes音乐和YouTube视频等内容来组织一本“能够彰显音乐品位”的iPad杂志。

在体验上，Groovebug在排版呈现和翻动网页操作等方面比较像一本杂志，与Flipboard有许多相似之处，它也被评论人士称为“音乐版Flipboard”。

然而，正如它对自己的描述，Groovebug更侧重于打造“彰显音乐品味”，而不是简单地做一个Flipboard变体。

Groovebug引入了Echo Nest的智

能服务（Spotify和Rdio也都在用），还有YouTube与一个自定义的聚合引擎。它计划不仅推出用户定制的聚合服务，还让用户能够进行关于音乐与媒体内容的个性化搜索。它的目标是提供一种“以用户为中心”的解决方案，而不是以艺人为中心。

点评

Flipboard不仅开启了个性化阅读的时代，还带动了一大批应用，将基于数据库的个性服务应用于个人用户身上。

114 Loudlee：联手YouTube创建个性化音乐库

提要 Loudlee打造在线音乐图书馆，为用户提供一种直观的在线收听新方式，被称为音乐版Pinterest。

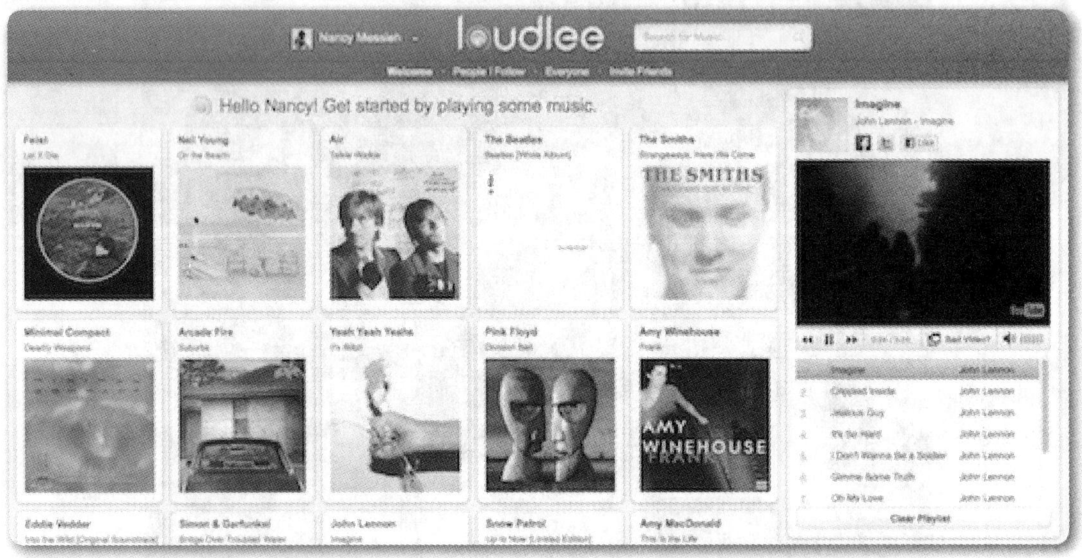

网站名称：Loudlee（http://www.loudlee.com/）
上线时间：2011年
所在地点：以色列

以色列音乐分享网站Loudlee联手YouTube打造在线音乐图书馆，为用户提供一种直观的在线收听音乐新方式。

Loudlee公司由Yaron Revah和Guy Elharar共同创建。其联合创始人之一Yaron现任公司CEO。Yaron也是企业高端存储系统XIV的创始人。2007年，IBM出价3亿美元收购XIV。

用户在Loudlee注册账户后，登录Facebook就会看到一个页面，当中包含其他Loudlee用户近期收听过的歌曲。网站右侧有一个静态音乐播放器，播放当前歌曲的视频。用户浏览Loudlee时切换页面不会影响音乐的播放。

用户可以搜索自己感兴趣的歌手，一次性播放整张专辑或特定歌曲，甚至可以一次性将特定歌手的最热歌曲全部添加进播放列表，但目前还不能保存播放列表。不过，Loudlee近期会开发这项功能。

用户的个人主页上有4个标签：Plays（历史播放）、Library（音乐库）、Following（音乐列表）以及Followers（粉丝）。Plays显示用户收听过的所有专辑，而Library显示的是所有歌手。如果用户想快速创建一个合集，也可以在Library中添加自己没有点播过的歌手。这使得用户可以通过Loudlee建立一个个性化的网络音乐电台。用户听过的所有歌曲都会显示在个人主页上，如想删除，只须单击一下按钮。

每个歌手（或乐队）的页面都包含其专辑列表，当中也会显示与之相似的歌手。这给用户带来极大的方便。

Loudlee本身是一个社交性很强的音乐分享平台，其用户可以互相关注、分享音乐。除此之外，Loudlee还允许其用户通过Twitter或Facebook分享收听的音乐。

目前，网站收录了50000位歌手的340多万首歌曲。Loudlee除了可为用户提供搜索音乐的新途径外，在Facebook的支持下，Loudlee也极有潜力为用户打造一个庞大的私人在线音乐库。

在音频市场，Loudlee还有Soundcloud等强劲对手，它的形态并不一定是最佳。

115 Onesheet：音乐人档案网站

提要 音乐人与歌迷即时互动。Onesheet 曾被誉为“音乐人版About.me”。

网站名称：Onesheet（http://onesheet.com/）
上线时间：2011年
所在地点：美国

音乐人档案网站Onesheet推出移动版，以便音乐人即时与歌迷互动。

Onesheet 曾被誉为“音乐人版About.me”，但目前看来，这个描述已不够全面。最初，Onesheet向音乐人提供的服务是帮助其创建整合而成的个性化档案，通过Facebook或Twitter验证身份，并连接到第三方服务（比如Soundcloud、Bandcamp和ReverbNation）及社会化媒体服务（比如Posterous、Tumblr和YouTube）。2012年1月，Onesheet创始人布兰登•穆利根（Brenden Mulligan）将服务范围扩大至整个娱乐文化产业，除了音乐人外，电影制作人、演员、电视节目、电影、喜剧演员等也均可使用Onesheet服务。

同时，穆利根还加强了内部管理，招募Digg、哥伦比亚唱片、MySpace等公司的员工。此外，他还在页面上增加了iTunes、App Store、iBookstore插件，以便用户直接在Onesheet出售音乐、视频、应用或图书。目前，几乎Onesheet的所有用户都曾经或正在通过上述商店出售数字产品，如此看来，上述举措十分成功。

Onesheet曾成功入围有技术奥斯卡美誉的Crunchie Award。上线不到8个月就吸引了2.5万娱乐界人士，而且还加入的一位“巨星”是蜜雪儿•布兰奇（Michelle Branch）。目前，Onesheet用户在Facebook及Twitter上的粉丝总数已过2亿。这些都足以说明Onesheet的成功。

但撇开上述数据，Onesheet在移动设备领域的表现还不够抢眼。考虑到这点，该公司推出“移动版Onesheet”实行计划，这表示Onesheet团队已针对移动设备优化了网页体验。用户注册Onesheet Mobile之后，服务即自动生成一个移动版应用。但用户无法下载这个应用，访客通过移动该设备访问其主页才可看到这个应用。此外，如果访客在屏幕上保存了Onesheet用户的主页，系统会生成一个图标。应用发布后，粉丝登录应用时，屏幕上就会呈现所关注的明星的背景图片。

Onesheet移动版目前存在一个问题：由于插件大小或插件包含Flash，Onesheet的部分插件无法在移动设备上使用。

点评

Onesheet所做的事情，跟国内的豆瓣音乐人差不多，它的竞争对手还有SixtyOne（http://www.thesixtyone.com/）等。

116 Stageit：在线举办音乐会

提要 StageIt平台帮助歌手们举办在线音乐会，并销售音乐作品和音乐会门票。

网站名称：Stageit（http://www.stageit.com/）
上线时间：2009年
网站地点：美国旧金山

StageIt在音乐产业中占据着比较特殊的一环：它帮助歌手们举办在线的音乐会，并提供售卖门票的工具。StageIt以此获得了致力于改变音乐行业的年轻亿万富翁、Napster创始人Sean Parker的投资。

在StageIt网站上，歌手们可以创建个人页面、发布活动通知、销售自己的作品和音乐会门票，还可以与自己的粉丝远程聊天交流。

歌手们也可以用Facebook上的StageIt应用，这样就不需要另外注册就能提供流媒体演出，也能更方便地与粉丝社交互动。

粉丝们除了购买音乐作品或门票，还能“打赏”音乐人一定数额的小费，或者用Facebook、Twitter分享传播音乐会信息。观看音乐会次数多的粉丝可以出现在歌手页面的“活跃观众”（Most Shows Attended）位置，打赏小费多的也会显示出头像，粉丝们也因此可以结识与自己音乐品味相近的朋友。显然

StageIt是借此激励手段促使粉丝们多多互动与消费。

StageIt甚至还与线下的咖啡馆进行合作，比如在美国洛杉矶的连锁咖啡屋Coffee Bean & Tea Leaf就成了当地一个StageIt用户的据点，粉丝们在这里观看视频，但场地的布置营造了接近演唱会的体验。

StageIt的创始人伊万•罗文斯坦（Evan Lowenstein）自己就曾经是一名歌手，因而在产品细节上更能获得业界认同。不少乐队与歌手已经在使用StageIt的服务，一名叫做杰克•欧文（Jake Owen）的歌手就表示，他只是在Twitter上提了一下时间，然后就在自己的Mac电脑摄像头前面开唱了，StageIt在35分钟内帮他募集了3000美元。

其实StageIt这种产品在形式上被复制的门槛非常低，它聚拢的艺人都在视频网站YouTube上发布短片、在Facebook上开通专页、在Twitter更新状态，但罗文斯坦坚信他的产品营造的亲密感与独特体验是很难被山寨的，他认为StageIt通过体验赢得了用户。

点评

StageIt的这种情况在中国或许很难实现，“音乐会”这个词对于普通网民来说过于遥远，歌手们热衷于在宏大场所举办万人级别的演唱会，普通粉丝可以下载现场版录音，铁杆粉丝更习惯购买门票。于是劣币驱逐良币，在类似的社区中存活并发展得不错的只剩下一个个打着“真人互动视频直播社区”名号的“美女视频”。

117 LetsListen：和朋友一起听音乐

提要 用户可以作为DJ建立虚拟聊天室，创建列表播放音乐。其他用户前来收听音乐或互相交流并投票，得到反对票过多的DJ就会被赶下台

网站名称：LetsListen（http://letslisten.com/）
上线时间：2011年
所在地点：美国

自从TurnTable（http://turntable.fm/）现身，并且上线一个月就积累14万用户之后，山寨货就层出不穷。比如号称将达到TurnTable下一阶段的Rolling.fm、手机电子音乐并按不同曲风分门别类的Console.fm等。

这一类音乐网站与Pandora之类网络电台和Like.fm之类社会化音乐分享平台的不同之处在于打造了更为互动的“DJ模式”：用Facebook或Twitter等账号结合邀请码注册，注册成功的用户可以作为DJ建立虚拟聊天室，创建列表播放音乐。

其他用户前来聊天室收听音乐，加入DJ队伍，或者给出赞成票与反对票，得到反对票过多的DJ就会被赶下台，房间归属于下一个DJ。用户还可以在这个聊天室与其他音乐爱好者交流。

这些网站的音乐都是提供的流媒体资源，比如Console.fm的音乐文件来自在线音乐共享平台SoundCloud。面向用户，它们提供的下载链接往往是前往iTunes购买。

Letslisten是另一个测试中的此类音乐应用，号称“Turntable+iCloud”。它可以让用户在线储存音乐，这样就能与网友交流更为个性化的音乐话题；可以邀请Facebook好友加入自己创建的聊天室；向播放列表推荐音乐。

Turntable、Letslisten这一类DJ应用在结构上有些像是一对多的Twitter架构：某些人为了DJ的荣誉而努力推荐风格强烈的好音乐，慕名而来的普通用户愉快地消磨了时光。从这一点出发，它未来的大致方向也可以想象了。

- 推荐。有了大量用户数据的积累，这类应用就能够判断什么类型的用户更喜欢听哪些音乐。
- 企业账号、定制化与品牌聊天室。目前每一个聊天室看上去都一样，未来唱片厂牌可以选择付一笔增值费用做一些定制，就像微博的企业账号那样。
- 名人账号。吸引名人前来开设房间播放音乐。
- 广告。可以参考Pandora、豆瓣电台的做法，插播音频广告，或者在聊天室页面添加展示广告。

个人增值服务。可以考虑对活跃用户提供一些特权，比如更低的购买音乐折扣或更大的储存空间。

点评

为了在与Turntable.fm等产品的竞争中抢得先机，LetsListen于2012年3月在原有音乐播放应用基础上添加了视频聊天功能，这样用户就可以一边听歌一边与朋友视频或音频聊天。

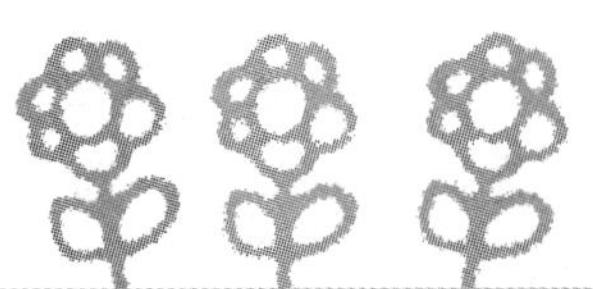

118 exfm：社交音乐发现引擎

提要 exfm是一个音乐发现平台，由ex.fm网站、Chrome浏览器插件和iOS应用三部分组成。

网站名称：exfm（http://ex.fm）
上线时间：2010年3月
所在地点：美国纽约

exfm是一个音乐发现平台，由ex.fm网站、Chrome浏览器插件和iOS应用三部分组成。该网站有queue（播放列表）、library（音乐库）和noted（收藏）三种类型的音乐。

当用户把Tumblr、last.fm、Facebook等网站的账户与ex.fm连接在一起，它就会搜寻用户的朋友，把他们分享的所有歌曲都添加到音乐库中，并且实时显示这些曲目的来源。用户也可以选择用邮件的形式分享。播放列表是当前播放的歌曲列表，可以很方便地找到最近听过什么。

收藏功能则用来记录用户比较喜欢的歌曲，还建立了关注体系和推荐引擎，用户可以看到关注的人喜欢什么，或者让ex.fm推荐一些音乐。

ex.fm的浏览器插件可以从用户访问的网站抓取嵌入或链接的MP3文件，在独立的小导航条中播放，或者添加到用户的音乐库中，还可以实时地分享到社交网络。目前这个插件支持抓取Tumblr等网站的音乐。

ex.fm的iOS应用更加突出的是社交元素，可以听关注的人推荐的音乐，或者使用应用的tastemaker推荐功能，还可以用来播放本地文件。另一大功能就是购买音乐，用户正在听的音乐界面触摸按钮，ex.fm就会跳转到iTunes的搜索结果页面（当然，不是所有的音乐都在iTunes中有得卖）。

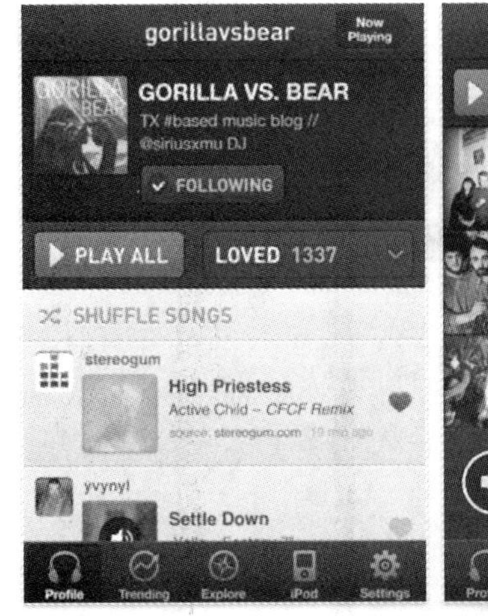

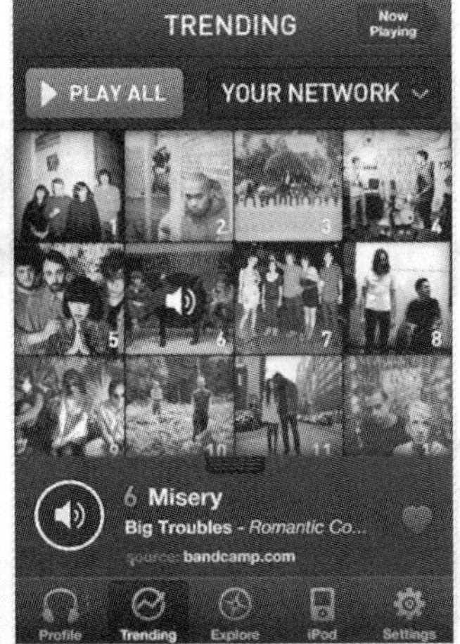

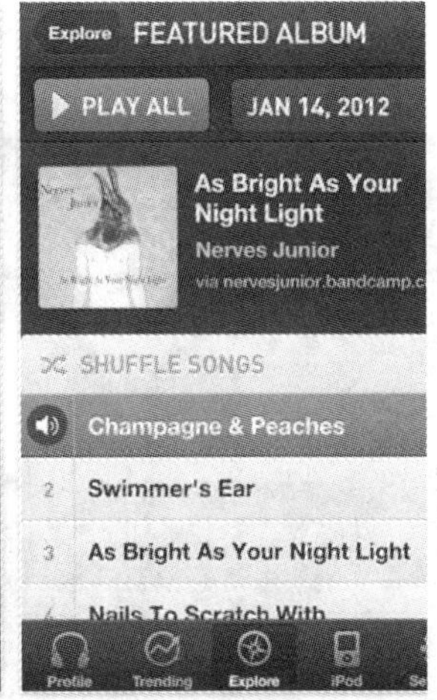

点评

音乐推荐是Facebook等社交网络的主要功能之一，但没有像ex.fm这样独立出来做得更贴心便利。

119 Turntable.fm：社交音乐网站

提要 建立虚拟房间，用户听歌或者自己当DJ播放音乐。

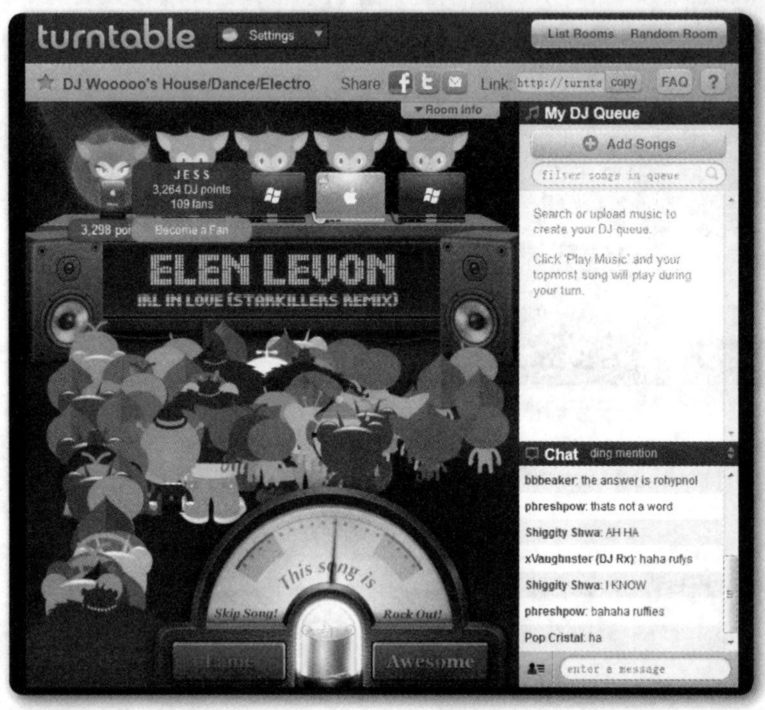

网站名称：Turntable（http://turntable.fm/）
上线时间：2011年5月
所在地点：美国

Turntable是一个社交音乐网站，目前只对美国用户开放，用户需要用Facebook或Twitter账户登录，然后进入虚拟房间听歌；也可以自己当DJ，在虚拟房间播放音乐，并允许其他人来听音乐。每位听众能选择一个代表自己的虚拟人物图像，并和其他音乐发烧友进行实时聊天。

Turntable的模式介于Spotify的点播和Pandora的电台这两种形式之间，而Spotify在美国的发布成功，导致了Turntable的热度下降。但它与环球唱片、华纳音乐、百代唱片及索尼四大唱片公司达成协议，这似乎又带来转机。

在遭到中国音乐网站（比如虾米、多米）模仿的同时，Turntable也在加速自身的创新，并且挖掘卖点。它今年新增加的一个功能是：在虚拟房间吧台的笔记本电脑后显示贴纸。除了苹果和视窗系统的Logo，用户还可以进行设置，从20款代表11家创业公司的Logo中选择。

Turntable还推出了手机版，相对于Web版，进行了很多简化与适配。

在2011年9月，Turntable网站上已创建30多万间虚拟房间，注册用户达到65万户，其中约三分之一是活跃用户。Turntable网站上每天下载的歌曲超过100万首，这是好莱坞和硅谷对其备加关注和踊跃投资的原因。当月Turntable宣布完成700万美元的融资。

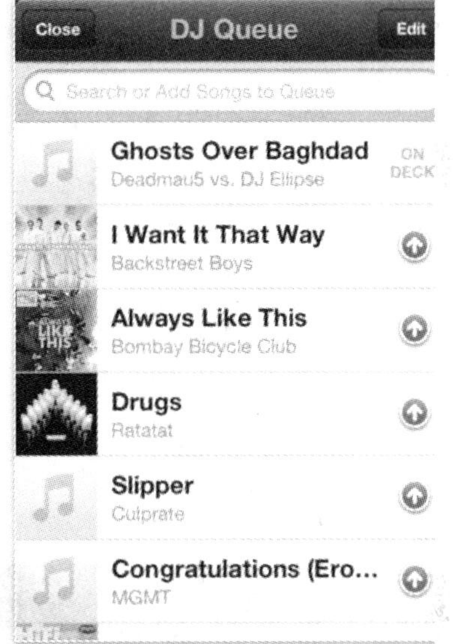

点评

相比Turntable，国内的YY等产品更为成熟。它们也是一个一个房间/频道组成，有才艺的人为了抢得麦克风而努力。

120 网络电台的前景（盘点几种模式）

利用Last.fm API打造的几款应用：比如基于音乐口味的约会网站Tastebuds和Spotibot。

已上市并融资2亿多美元的Pandora代表着网络电台中出现得比较早的一种模式：通过分析用户对所播放歌曲的反馈行为（选择红心或垃圾桶）以及歌曲本身，随机推送基于用户习惯的音乐，用户不能自己设置播放列表。

被CBS以2.8亿美元收购的Last.fm（http://www.last.fm/）则增加了更多的社区交友成分，在具有相近口味的用户之间建立联系。

还有融合了Last.fm与iTunes的Spotify，追踪与记录用户在其他音乐网站听歌的Like.fm，建立用户自己个性化电台的1q84.fm等模式。

鉴于知识产权问题与国内的巨鲸、新浪乐库、QQ音乐等大公司的存在，本例主要介绍基于Last.fm服务API的几款应用，希望能对普通创业者有所启发。

Tastebuds (http://tastebuds.fm/)

利用Last.fm创造一个基于音乐口味的约会网站。拥有共同的听歌品味确实能够拉近与对方的距离。

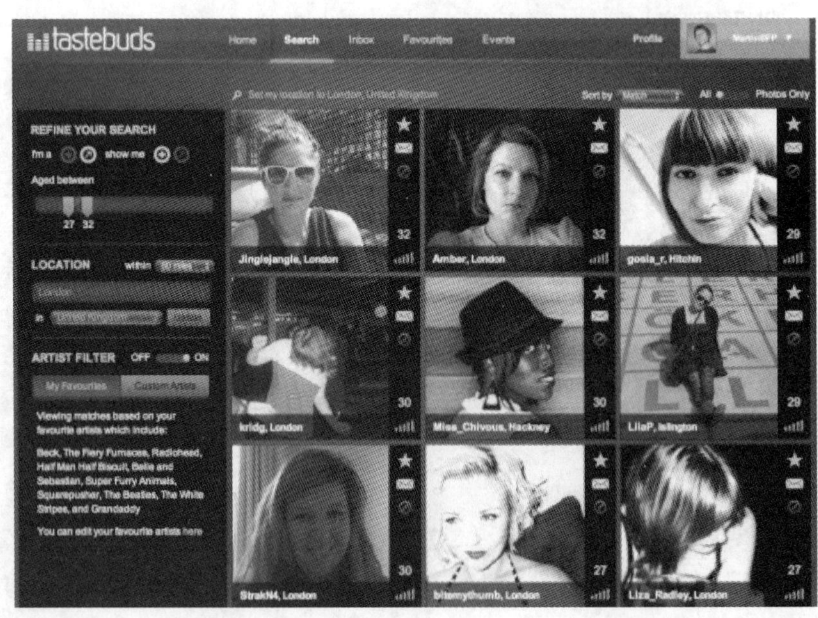

Spotibot（http://spotibot.com/）

一个有点不遵常规的搜索功能，帮用户找到喜欢但是在美国尚未开通流媒体服务的音乐。如果输入Last.fm用户名，它还可以生成一个基于该用户听歌历史的列表或者将在Last.fm收藏过的音乐记录导入到Spotify中。

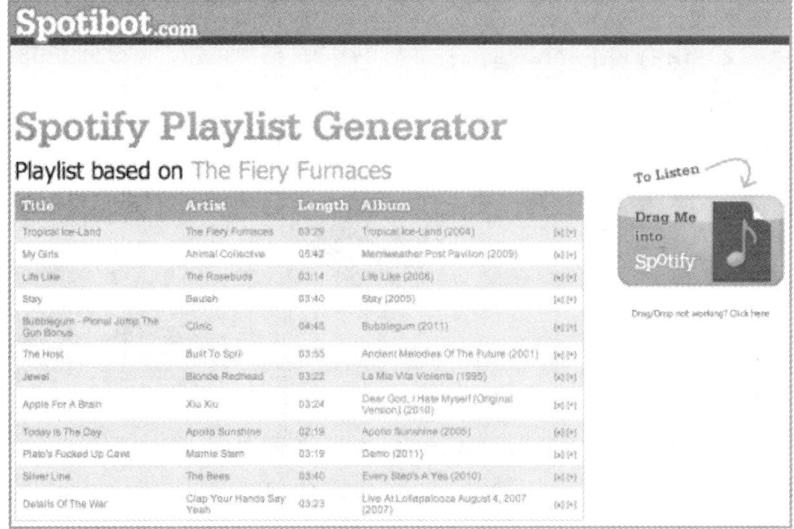

Last.fm Extra Stats

调用用户的听歌数据，用图表、标签、图形的方式可视化显示出来。

Last.fm Social（http://www.lastfmsocial.com/）

与尚未开通Last.fm服务的朋友分享听歌品味，比如在收藏一首歌曲之后就给Facebook好友发送一条消息。

Gijsco’s Desktop Generator（http://social.wakoopa.com/software/gijscos-last-fm-desktop-generator）和Music Quilt Screensaver（http://build.last.fm/item/455）

这两款壁纸与屏保程序能反映用户的听歌品味，方式包括将用户听过的歌曲专辑封面声称壁纸。

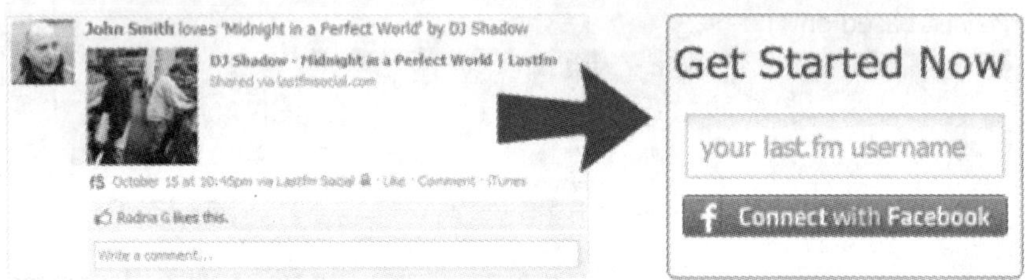

My Music Habits（http://www.mymusichabits.com/）

分析用户的听歌习惯，生成直观的柱形图或饼图，显示用户兴趣的多元化：经常听相同的的几张专辑还是广为涉猎。

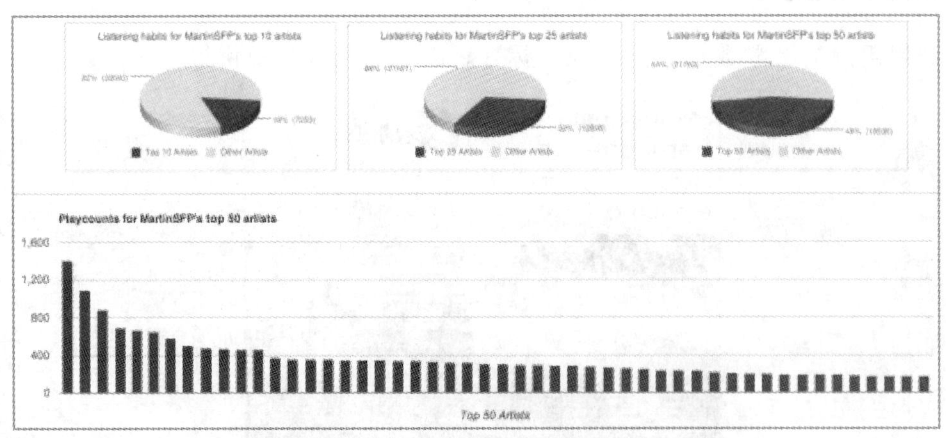

Last.fm for Skype（https://extras.skype.com/512/view）

将Last.fm上的听歌状态分享到Skype

Last.fm自己也开发了几款应用，PlayGround（http://playground.last.fm/）就图形化显示用户的听歌趋势（比如听哪个歌手比较多）；

Event Map（http://playground.last.fm/eventmap）则用谷歌地图显示与用户喜欢的音乐或歌手相关的时间；Most Unwanted Scrobbles（http://playground.last.fm/unwanted）统计的是被用户移出收藏次数最多的歌曲，最近Lady Gaga的Poker Face等就“光荣”上榜。

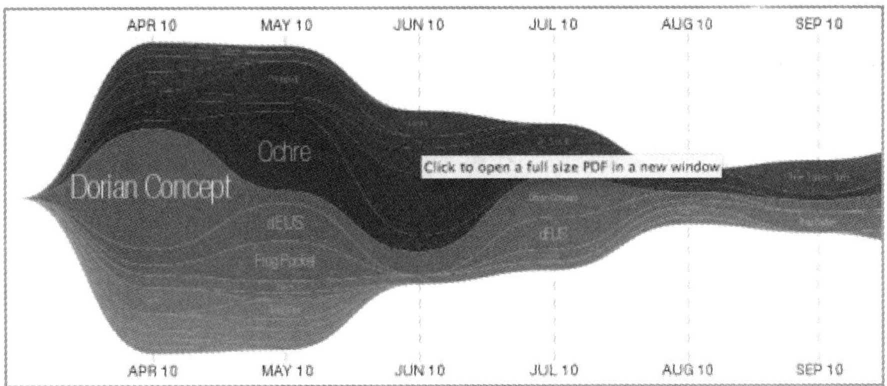

点评

这些网络电台应用分别从多个角度延伸，不仅仅可以为其他网络电台所借鉴。

小结：书影音的想象

在SoLoMo概念大热的时代，书影音服务也发生着改变，后起之秀纷纷与移动、社交相结合。

将平面媒体内容转化为视频的Sha.kr、互动电子书制作与出版Moglue、电子杂志鹿客网……这些应用看似原始，主要模式就是把用户手机中的照片和文本做成更容易传播或收藏的内容。它们却都采纳了网站当中的主流做法，拥抱社交平台，积极提供用户将内容分享至社交网络的入口。

Publification、24Symbols等走跨平台之路，而其他读书服务都用各种设备上的各种格式将自己“保护”起来。尽管苹果用iBooks在反驳，移动阅读还会回到浏览器中去吗？

社会化新闻网络XYDO、社会化阅读器Readings……社交关系的推荐，在对优化个性化阅读做着贡献。

移动的Socialcam，与朋友一起看视频的Chill，给电视节目“签到”的Miso……视频服务也是朝着移动与社交的方向发展。

有卖演唱会门票的，也有在线举办音乐会的；有帮艺人建立个性化页面的，也有让他们与粉丝互动的；有能够与朋友一起听，也有与网友争夺DJ位置来决定大家听什么的……数字音乐有着更多的产品分化，毕竟它的产业链更多元。

协作与效率工具

121 Bloodhound：社会化会议指南

提要 与会者若发现有感兴趣的人可通过该应用在LinkedIn或Facebook上关注他/她。系统还会根据用户记录推荐大型会议中的相应部分。

网站名称：Bloodhound（http://getbloodhound.com/）
上线时间：2011年
所在地点：美国

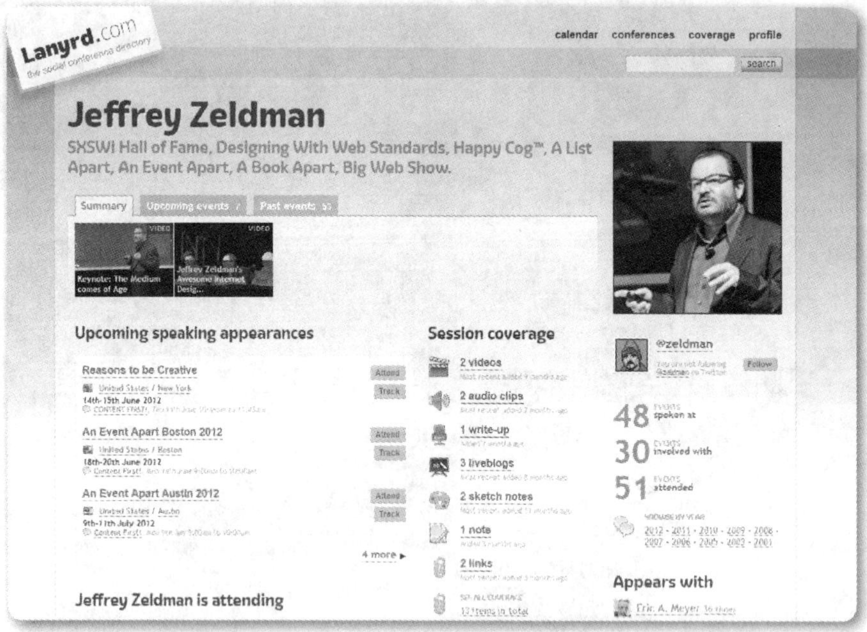

传统的会议中，日程提醒、了解都有谁要参加、交换名片与之后的录入保存等环节都是让与会者和会议主办方比较痛苦的事情。

不少创业公司也瞄准了这一方向。比如人脉管理工具幸会（http://xinghui.me），在通过检索手机通讯录来推荐好友之外，还主要有三大功能：为活动或聚会创建专属的话题标签聚拢人群；初次相识者通过共同朋友发起引荐与介绍；交换电子名片建立联系。

还有拿到Y Combinator投资的Lanyrd（http://lanyrd.com），它利用Twitter账号登录，但也建立了个人档案页面，专门展示会议相关信息。它帮助用户查看朋友们即将参加的会议、即将召开的会议会发生哪些事情、有哪些人出席、相关书籍等。主办方则可以用它来帮助组织会议，添加PPT、音频视频、手写笔记、博客等内容作为会议回顾，还能够获取反馈信息，比如统计分析会议的参加者。

Bloodhound是一个刚刚上线的手机应用，此前已经测试6个月。它自称专注于大型的会议，旨在减轻会议参加者与组织者的痛苦。会议信息在网上抓取并公开资料，或者由主办方开设账号输入；与会者若发现有感兴趣的人可通过该应用在LinkedIn或Facebook上关注他/她（与Lanyrd相反），或者给对方发送邮件。

由于大型会议一般分成多个分论坛或具备特殊场次，Bloodhound为此设计了实时推荐引擎：如果用户的资料显示此前参加过某会议，系统会进行分析，然后推荐相应的主题性会议部分或用户可能喜欢的主讲人的场次。它的营利模式也可能将从这一推荐功能中发掘。

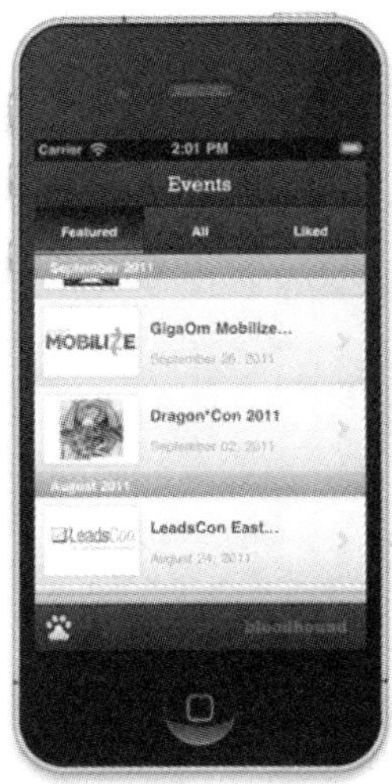

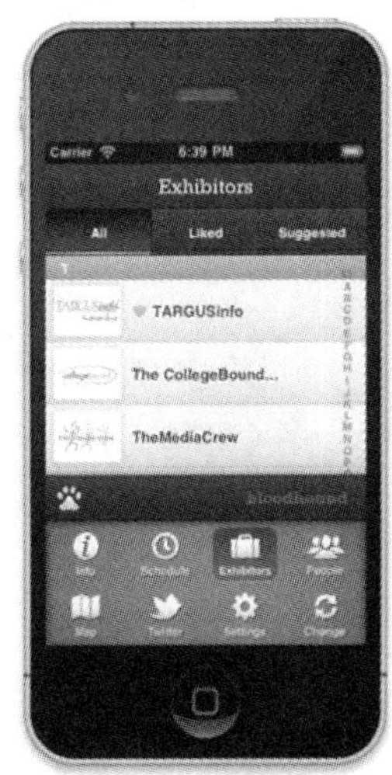

点评

如果Bloodhound只是做一个会议提醒应用，不保存有价值的会议信息的话，那它就失却了长久使用的价值，很可能像Plancast等应用那样湮没无闻。

122 Conyac.cc：日本社交化翻译网站

提要 将人工翻译为主的网站通过社交化的手段再加工。

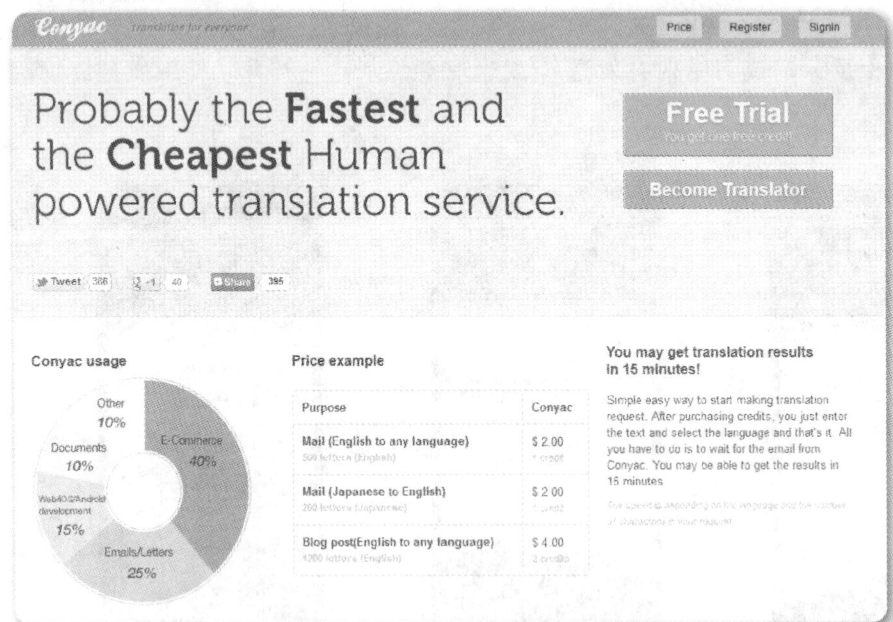

网站名称：Conyac.cc（http://www.conyac.cc/）
上线时间：2009年5月
所在地点：日本东京

Conyac网站由日本创业公司CanydooR Inc所创办，2009年5月正式推出，定位于社交化的翻译服务平台。

虽然目前的翻译工具很多，免费的在线工具诸如Google翻译使用起来也很方便，但质量确实不敢恭维，专业的人工在线翻译服务一直是很多网站努力的方向，但看着目前的一些网站，总感觉缺少了什么，译言曾经是我很看好的此类服务，但目前的现状也不太乐观。所以希望通过日本Conyac网站的模式，给国内网站或用户一些借鉴。

在Conyac网站上，有两类用户群体：翻译请求者或发起者（Requester）、翻译人员（Translator），虽说用户注册的时候需要选择身份类型，但其实二者是一样的，都可以发起请求、承担翻译。我们分别从这两类用户出发，介绍Conyac网站是如何运营的。

对于翻译请求者而言

目前Conyac网站提供两类翻译请求——免费的和付费的。

- 对于免费翻译而言，Conyac网站与Twitter结合，充分发挥SNS的力量，开发了“140trans”工具，也就是说用户可以在Twitter上 @140trans 提出免费翻译请求，包括输入原文、确定翻译语言种类等，然后等待其他用户在Twitter上的回复。
- 对于付费请求而言，则是Conyac网站的主打业务。在Conyac网站上用于交易的是虚拟货币Conyac points（Conyac点数），当然它可以和现金兑换，100个点数兑换1美元。用户发起每个翻译的时候至少需要30个点数；在提出翻译需求的时候，需要选择语言种类、原文、价格、增加描述（比如文章的背景、翻译要求）、时间、翻译结果公开或私有（私有的话意味着需要多付出20%的点数），然后就可以发布了。

一般而言，Conyac网站要求需求方请求3个不同翻译人员的结果（为了确保翻译质量），其所愿意支付的点数也会被三个人平分。由需求方自行决定是否接受翻译结果及翻译质量（5分制打分），当然不接受的话可以拒绝支付点数，但是Conyac网站会据此确定一个“接受率”，接受率低的用户自然很少有翻译人员愿意为此服务的。

对于翻译人员而言

在Conyac网站注册的时候，可以登记自己所愿意承担的任务，比如日英互译、中日互译等，这样当Conyac网站有了相应的需求时，你可以收到邮件提醒。

当用户接单的时候，会看到每个翻译需求的状态，包括奖励点数、剩余时间、接受翻译的分数等。在Conyac网站上是先到先得原则，当翻译的分数达到用户的需求或者剩余时间结束的话，这个翻译需求就算作废。

在Conyac网站上一般翻译结果都会被接受的，然后翻译人员会获得相应的奖励或积分。目前Conyac网站包括两种积分：一种是Conyac points（Conyac点数），当你完成某个翻译时会获得，可以兑换现金，也可以在Conyac上发出需求请人帮助翻译；另一种则是Conyac Score（分数），它主要是用于表示翻译人员的资历，不用于兑换现金。比如用户完成某个任务可以获得分数，如完成1个翻译可以获得30分数、1个评论可以获得10分等。显然对翻译人员更为重要的是Conyac点数，但是分数会决定需求者是否接受你来完成任务。

Conyac网站支持用户通过Paypal或信用卡交易，购买点数的时候不需要支付手续费，但兑换的时候则需要扣除20%的费用作为Conyac网站的提成。目前Conyac 支付点数的最低额度是500 点。

此外，Conyac网站还提供包月服务，主要是面向有长期翻译任务的企业或机构的，价格从每月9.99美元到99.99美元不等，包月之后用户每周都可以发出7～35个翻译请求。

目前，Conyac网站大多数翻译都是日英互译，也有部分中文和法语翻译，当然还有不少非日语之间的互译。在日本比较受欢迎，虽然目前还谈不上赚钱，但这种网站的运营方式很值得我们学习和借鉴。

点评

相比于更理想化的译言，Conyac多了几分金钱的味道，但它的积分点数兑换美元的方式，并不一定是翻译网站们唯一的货币化道路。译言网、东西网正在数字阅读方面进行尝试。

123 Memrise：社交学习平台

提要 选取外语词汇，为用户提供一种视觉化的途径来记忆。之后，Memrise会系统化提醒用户，并安排测试。

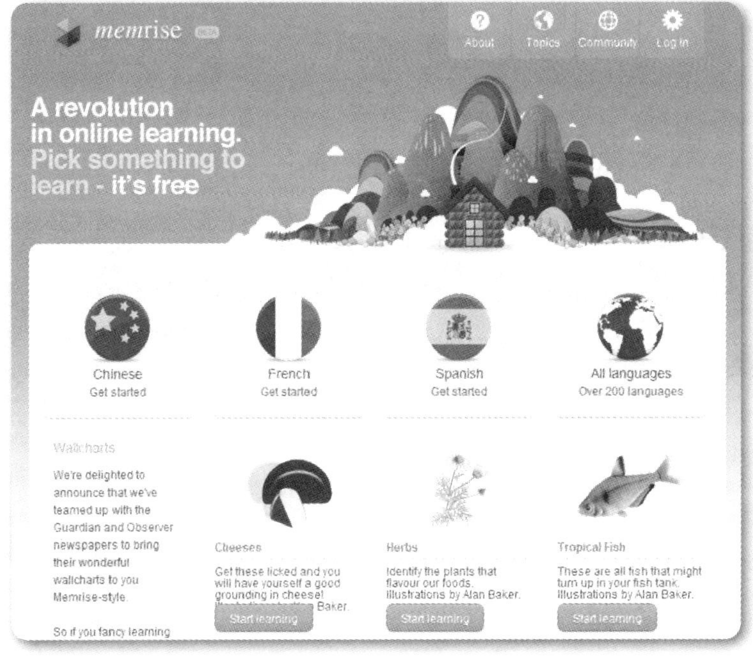

网站名称：Memrise（http://www.memrise.com/）
上线时间：2011年
所在地点：英国伦敦

Memrise总部设于伦敦。该公司致力于帮助用户学习和记忆语言，将诸如视觉化工具及记忆设备等生动的编码技术与一种游戏机制相结合。Memrise会选取一个外语词汇，围绕其创作动画片或建立“存储器”，为用户提供一种视觉化的途径来记忆特定词汇。之后，Memrise会系统化提醒用户，并安排记忆测试，来确保这些词汇进入用户的长期记忆。

该平台旨在将新词汇由短期记忆转为长期记忆。Memrise会将特定单词的难度考虑在内，为用户量身定做测试，来确保用户不会遗忘该单词。Memrise的最终目标是使学习变得像娱乐活动一样有趣。

Memrise未来可以支持六种语言：法语、西班牙语、德语、阿拉伯语、中文和意大利语，包含2000多个音频及助记符号，其用户社区目前又新增了100万的词汇。Memrise希望在语言之外扩展业务。目前，该公司已与英国《卫报》（Guardian）展开合作，教授读者有关奶酪、药草、植物及动物方面的知识。

Memrise联合创始人——记忆大师艾德•库克（Ed Cooke）称，Memrise准备近几个月发布移动应用程序，计划采用一种收费模式来营利。应用当中包含一些额外功能，用户须订购才能使用。未来，公司可能会迁往旧金山或纽约。

点评

在对外描述自己的概念时，Memrise声称的是帮助人们迅速且没有痛苦地学习，要将学习变成一种休闲活动。但用户更买账的是“有趣”、“好用”等感性认识。好在Memrise的运营手段部分实现了这一目标，比如他们制作了一个视频，让世界各地的人用106种语言说“我爱你”，然后将视频进行病毒传播。

124 Zwiggo：团队分享与协作平台

提要 用户可以创建群组，然后安装应用，比如图片与文件共享、群聊、待办事项、群体决策、投票、书单等。

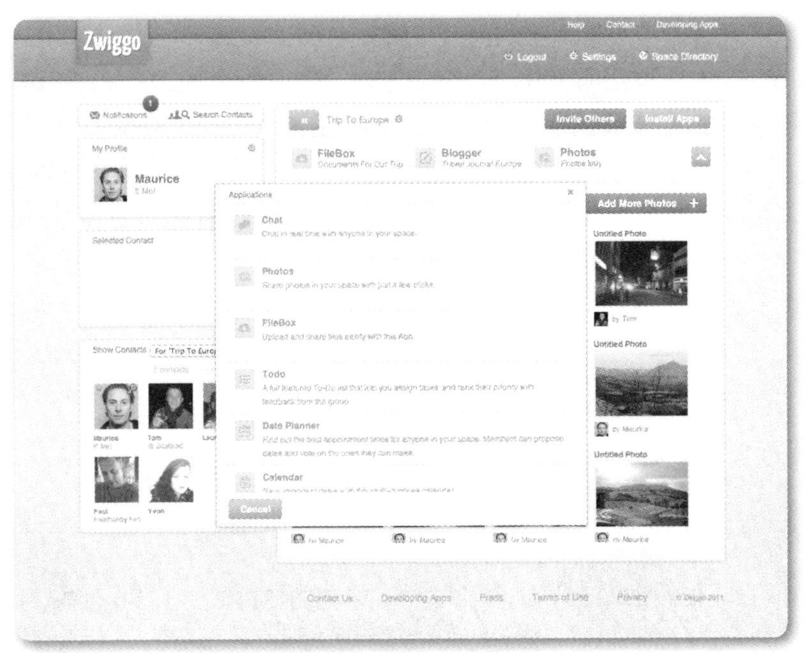

网站名称：Zwiggo（http://www.zwiggo.com/）
上线时间：2011年11月
所在地点：美国

基于互联网的协作平台，比如上市的Jive和没上市的Yammer等，Google Calendar和Google+也可以发挥类似功能。初创产品Zwiggo却仍然选择了这一方向，它希望能够提供一套更为便利的解决方案，整合朋友之间分享、小团队协作所需的各种服务。

正如Facebook是一个社交图谱（social graph），上面聚集了各种基于社交关系的应用，Zwiggo希望成为的是一个用于工作与协同的社交平台，聚集多种旨在提高工作效率的应用。

经过简单的注册环节之后，Zwiggo就可以开始使用。用户可以创建群组，然后在群组的基础上“安装应用”，也就是给不同的群组添加不同的功能，比如图片与文件共享、群聊、待办事项、群体决策（帮朋友决定两个事物孰优孰劣）、发起约会、日历、地图、投票、书单等。Zwiggo还提供开放接口，第三方可以开发创意应用。

创建Zwiggo群组的用户可以设置访问权限，公开访问或是面向指定人群。可给朋友发送邮件邀请，或导入Gmail、雅虎、Hotmail等邮箱联系人。

与市面上另一些ERP类工具不同的是，Zwiggo主打操作简单、界面极具现代感。

Zwiggo用安装应用的方式让群组可“轻”可“重”。如果用户之间只想就某一本新书进行讨论，安装一个论坛应用或聊天应用就可以；如果近期要筹办活动，也可以安装任务应用进行统筹。这样一来，Zwiggo就能在提供一站式服务的同时，让喜欢轻便产品的用户也找到合适领地。API开放也让Zwiggo有可能与更多的桌面和手机应用整合，这也会成为它未来的发展趋势。

尽管有许多亮点，Zwiggo还是面临着不小的挑战。首先是众多类似产品的竞争，然后是自身的定位对于部分用户而言比较模糊：它到底是类似Facebook群组的应用，还是类似Basecamp或DeskAway这样的团队协作工具呢？也许这些在Zwiggo团队眼中都不重要，他们要做的是提供尽可能多、尽可能贴心的功能，让用户选用再说。

点评

微博上有读者分享了这篇对Zwiggo的介绍，招来“金蝶互联网产品事业部”和“明道企业社会化协作”两个账号的评论，企业社会化协作的战役已然打响。

125 CourseKit、eProf、超级课堂：新型网络教学平台

三个新型网络教学平台，分别从社会化、虚拟实时和寓教于乐三个方向开拓市场争取用户在应试教育盛行的中国，培训或者辅导机构一向很流行。市场中已经上市的相关公司就有安博教育（NYSE:AMBO）、学大教育（NYSE:XUE）、学而思（NYSE:XRS）、新东方（NYSE:EDU）等多家，规模较大但仍未上市的则有巨人教育、龙文、卓越教育、精锐教育，还有环球雅思、李阳的疯狂英语等。美国则有在全球各地都拥有多家高校与公司客户的Blackboard（NASDAQ:BBBB），市值已达15.8亿美元。

这些培训机构，往往是从小作坊发展而来，可能最初就是有兼职教师带小型培训班，或者大学生提供家教服务。从本文选取的则是三个比较有特点的网络教学平台（LMS，Learning Management System），希望对创业者有所启发。其中，CourseKiteProf与超级课堂是“中国加速”孵化器的项目。

CourseKit: 社会化学习管理服务（www.coursekit.com）

CourseKit由美国宾夕法尼亚大学退学学生创办，它已经获得100万美元融资，希望借用社交网络的形式来挑战Blackboard与Moodle等老牌在线教育平台。

与Blackboard、Moodle和Claroline等服务类似，在CourseKit，教师用户可以发布教学大纲、阅读资料、课程介绍（课程表与学分说明之类），教师与学生用户都可以发起讨论，分享文章链接、音频视频与PDF等格式的文件。

CourseKit希望打造的是让学生能够更自在地交流，它很大程度上借鉴了Facebook的设计，创始人也承认这一点。比如学生会在定制化的控制面板收到课程消息，就像Facebook用户看到好友的状态更新一样。

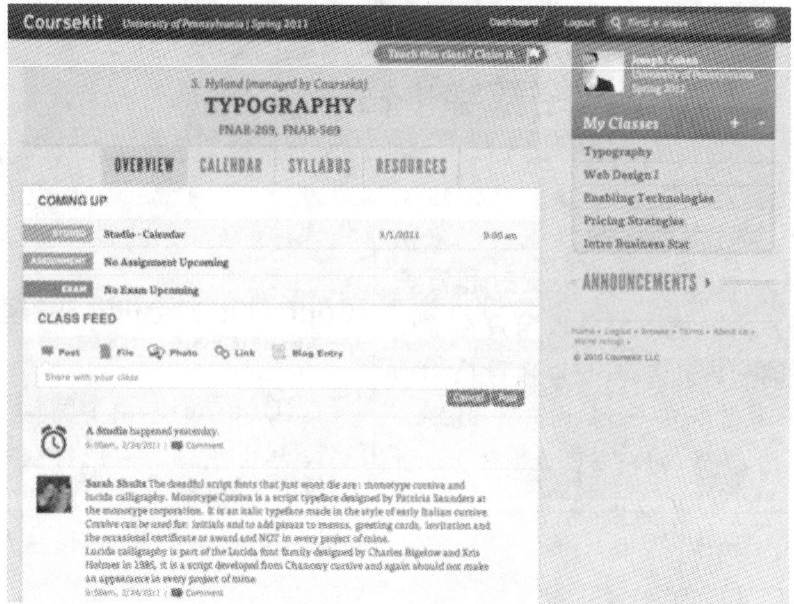

eProf：打造虚拟课堂（www.eprof.com）

eProf聚拢了一批教师，专注于专业技术的在线教学，目前只有粤语、Flash、Photoshop三类课程。它提供了学员用户可以收看教学视频的虚拟教室、教师们的人物档案页（包括介绍和社交网络账号链接，类似于网络名片about.me）。

eProf与众不同的地方或许就在于它的“实时虚拟课堂”（Virtual classroom）功能。在这里，学员们可以在学习的同时进行社交互动，比如围绕课程主题展开讨论、做笔记，或者转发到Twitter。

超级课堂：寓教于乐（www.superclass.cc）、（www.51cjkt.com）

与eProf主打专业技术教学不同，超级课堂瞄准的是中学生的课程辅导。它的主要设计与其他培训平台并无二致，都是按高中、初中和历史、地理、语文这样的方法划分科目，给学员提供结合了QQ登录的个人课程管理页面、多人课堂、习题讲解等。

超级课堂比较有特色的方面是它的视频风格，它希望借用电影与游戏等年轻一代学员们更容易接受的介质来进行学习、练习和测验，还会添加上积分、勋章与排行榜这样的元素。

点评

精心的制作固然可以让学习变得更为有趣，但借用已有的电影与游戏的影像材料可能会带来知识产权问题，如果自行从头开始设计制作则又是巨大的成本。

126 积木：为创意项目集资

提要 发起创意项目，用户微支付，为梦想“添砖加瓦”。

网站名称：积木（http://jimudonation.com/）
上线时间：2011年
所在地点：中国

社会化集资平台，或者说P2P信贷机构，已经并不罕见。比如英国拥有50万会员、累计融资3000万美金的Zopa，美国拥有98万会员的Prosper。国内该行业也有300多家机构，分为线上服务与线下模式两种，规模及影响力比较大的有宜信、人人贷、拍拍贷等，并且由于鱼龙混杂引起了银监机构的注意。

这一模式主要特征与银行类似，有钱可供出借的人寻找自己中意的金额与利率，同时参考借贷者的信用等资料；借贷者列出自己所需要的数目和利率；平台方从中赚取服务费用。分析认为它们除了行业混乱、监管乏力的整体影响外，公司自身还面临着资金供应、信用、债权转让等运营风险。

国外的KickStarter、国内的点名时间（http://demohour.com/）、一点一滴（http://1dian1di.com/）和积木等

产品则代表了不同于人人贷的另一个方向：帮助那些有创意的人面向大众筹集资金。它们更侧重的是有创意的项目，而不是金融属性。比如沸沸扬扬的“攻占华尔街”（occupy the WallStreet）活动就从KickStarter募集到了54000美金。

积木对自己的介绍是“为梦想添砖加瓦”，定位于“社会化募捐平台”，积木团队表示自己“不是商业募资平台，不接受商业项目”。

在积木网上，如果用户有一个创意而苦于缺乏启动资金，无论是免费软件、非营利网站、艺术作品、公益行动、科学创新，甚至是小动物救助计划、摄影专辑等，都可以建立专门的主页来发起这样一个活动，然后在积木网站上有推荐位置，也可以通过自己的网站或社交网站把它分享介绍给朋友们。

创建发起的活动包括项目介绍（图文或嵌入视频多媒体）、评论、提问留言、更新动态、项目进度（募款完成百分比）、支持记录（账目公开），还可以查看发起人的网络名片信息。通过小额捐款支持发起人的行动之外还可以与之在线交流，认识志趣相投的新朋友。

对该创意项目感兴趣、并且比较信任发起人的用户则可以选择微支付，通过支付宝捐出20元、10元甚至1元。发起者可以从后台查看项目进展情况。

点评

尽管小额支付降低了募款的门槛，账目公开和项目的介绍也能激励普通用户进行捐款，但积木、点名时间等国内创业项目集资平台都还在起步阶段，暂时还没有发展到KickStarter那样涌现出多个特别有创意、募资额数万美元的项目。

127 Lemon：云端理财助手

提要 用户拍下纸质账单或者发送电子版账单即可使用其服务，在各种设备平台上管理账单与收支，还会收到优惠信息。

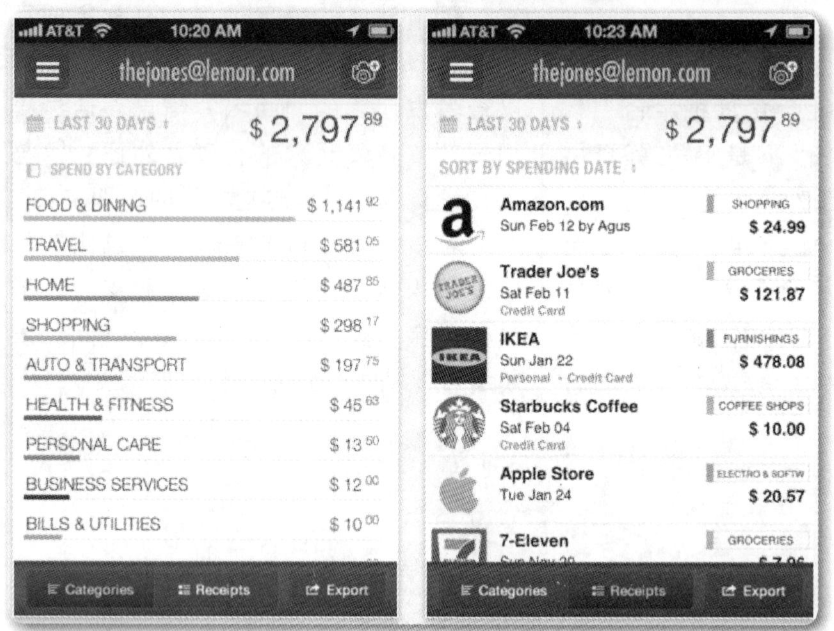

网站名称：Lemon（http://lemon.com/）
上线时间：2011年7月
所在地点：美国

Lemon是一个用于云端存储账单并且帮助用户管理购物清单的服务，目前推出了iOS、Android与BlackBerry平台上的应用和网页版。

用户需要做的第一步是收集信息。注册Lemon登录之后，用摄像头拍下纸质账单或者发送邮件等电子版账单即可。用户注册之后，会有一个用户名加上“@lemon.com”的电子邮箱地址，零售商可以向其中直接发送账单邮件。

第二步是组织整理，系统对图片进行扫描识别，提取它认为有用的信息，并按照一定的结构组织，方便后续的查看、搜寻与添加标签。接下来则是使用，用户可以从各种平台访问到存储在云端的信息。

Lemon存储的不仅仅是数据，还整理出账单的重要细节，帮助用户管理支出，并可能节省一部分金钱。这其中的做法包括：从账单中提出购买物品的细节，用表格或图片显示花费的趋势，总结分析报告，并提示税务等信息。

接下来，Lemon还计划帮助品牌与零售商基于用户的消费习惯，面向特定账户精准投放折扣和促销信息，比如向喜欢某一品牌的用户推送相应的特殊优惠。

Lemon已经从光速创投（Lightspeed）和Balderton Capital处筹得超过1000万美元的资金。

点评

操作简单、界面简洁是Lemon发展的重要动因，特别是自动化录入购物单据的功能，用户体验不是只在于华丽的界面。

128 Twitdo：让Twitter来管理工作

提要 帮助Twitter用户记录与管理要做的事情 让Twitter变身为一个GTD。

网站名称：Twitdo（http://twido.com/）
上线时间：2011年
所在地点：

TwitDo @hiwein

1. 给《每日一站》写篇稿子

September 22, 2011

~~test twitdo~~

社交网络可以用来做什么？Facebook、Qzone、人人网之类一开始就是熟人圈子互动的网站可以用来找同学、偷菜、玩德州扑克，Twitter、网易微博等陌生人交流的成分相对更大一些的网站则能够用于获取资讯、关注他人动态。总体而言，社交网络目前的作用以发展与维系人脉网络、娱乐消遣为主。

对于创业者们，社交网络是可以发挥利用的平台。比如，在Twitter之上存在着不少第三方工具，有人总结为六类：基础应用（客户端等）、关系链（比如招人的Twibs）、富媒体（图床与富媒体）、社交游戏、生活应用（位置、购物与旅行等）及商务与客户（统计分析、营销推广、CRM）。

从打发时间（Kill Time）到更高效利用时间（Save Time），也是社交网络开放平台上创业者们的一个方向。在Facebook上，有把它变身为学习工具系统的应用，也有依附于它从而挑战LinkedIn的Branchout。

这里要介绍的Twitdo是一个非常简单的小应用，它目前只有一项功能：帮助Twitter用户记录与管理要做的事情，让Twitter变身一个GTD（Get Things Done，时间与工作管理工具）。

Twitdo无须注册，也不用下载软件或安装插件，只须在Twitter上发布一些带有特定标签的Tweet就行。

如果用户想记下一件事，就使用“#todo”标签，比如Twitter账号为hiwein的小编计划更新每日一站栏目，只用输入“#todo 给每日一站写篇稿子”；如果工作完成了，就用“#done”标签，比如用户hiwein完成twitdo网站的测试，可以在Twitter上记录“#done test twitdo”，这时原有的内容会被加上一道删除线做记号；如果用户放弃某任务，他也可以使用“#undo”标签。

所有记录下来的事项都可以到与用户Twitter账号相对应的页面查看，比如Twitter上ID为hiwein的用户就对应为http://www.twitdo.com/hiwein。这些事项还按照日期分类，按发生时间远近排序。

Twitdo简介明了的小功能或许能为它吸引到一批用户，然后扩充。但它也有不少问题：只能使用Twitter账号在Twitter网站发布内容，Twitdo的页面仅仅用于查看，不能修改或搜索；任何人都可以通过链接访问用户的管理规划，隐私没有保护；还有各种格式问题，比如在Tweet中的链接在Twitdo变成了纯文本。当然，最大的问题可能还是挑战用户习惯：Twitter就是用来看资讯，或者说微博就是用来关注明星名人，围观他们的一举一动一颦一笑，为什么要用来做正经事呢？

点评

有读者感慨，Twitter就像走了原来DOS的路，它花了那么多精力在网站设计上，让用户更方便地分享与交流，结果还是很神奇的有那么多人愿意学“命令”。

129 Kodesk：办公室版Airbnb

提要 公司用户通过分享办公空间拿到“时间积分”，这个积分可以用来让它的任何一个员工使用其他公司提供的空间。

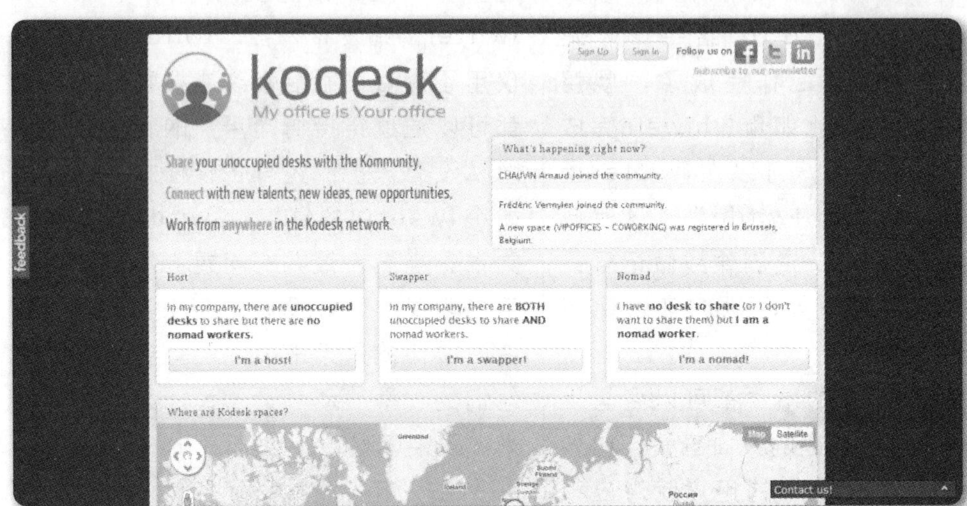

网站名称：TweeMaid.com（http://www.tweemaid.com/）
上线时间：2009年7月
所在地点：立陶宛（Elektrenai, Lithuania）

从线上走到线下的P2P（peer-to-peer），或者说服务业与商业领域的C2C，已然成为互联网经济的一大潮流。

被誉为房屋租赁领域eBay的AirBnB，从出租客厅沙发给来自陌生城市的旅客开始，经过艰辛的三年创业，如今已大有所获：融资一亿美金，开始全球扩张。

社会化租车服务Getaround则是让人们更容易地开“黑车”与打“黑车”，上线几个月，不仅拿到天使投资，还获得了TechCrunch Disrupt大赛纽约站冠军。

和Airbnb提供房屋交易的市场一样，Kodesk目标是着力于打造拥有与需要办公空间的两类人之间的交易平台。

在无数的城市高楼中，有很多的空闲空间，而越来越多的人办公只需要一张桌子、一把椅子和一个能够联网的环境。信息堵塞导致的资源配置不合理，不仅对双方来讲都是一种财力物力与精力的浪费，而且失去了“意外发现”的机会。

Kodesk解决方案的原理很简单，公司用户通过分享办公空间拿到“时间积分”（time credit），这个积分可以让它的任何一个员工使用其他的Kodesk空间。

这种分享还可能形成一种协作与伙伴关系，为今后的深入合作、甚至是借用空间的人加盟公司打下坚实的基础。

如何运营和传递信用是Airbnb模式最需要注意的问题，信用可以基于第三方的体系（如支付宝快钱），也可以是基于社交网络或线下的交友关系（比如房主本人就是你当地的商务合作伙伴）。

Airbnb用的主要是PayPal和信用卡方式，Getaround是与车主签约，Kodesk目前的规划是通过免费服务扩大用户群，在运营上则限定只有付出办公空间才能获得“时间积分”，未来在运营与营利上可能会有一些新的打算。

点评

在中国，办公室代表的含义很多，不仅仅是一个办公的场所。不论是租赁办公室，还是与租赁办公室的公司合作，都需要更加慎重的考虑。

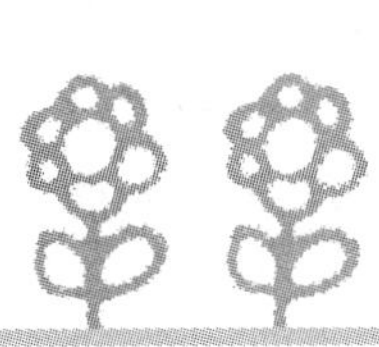

130 AboutOne：家庭事务管理系统

提要 提供云存储+分类管理服务，家庭用户可存储并管理视频、合影、健康记录、交通单据等信息。

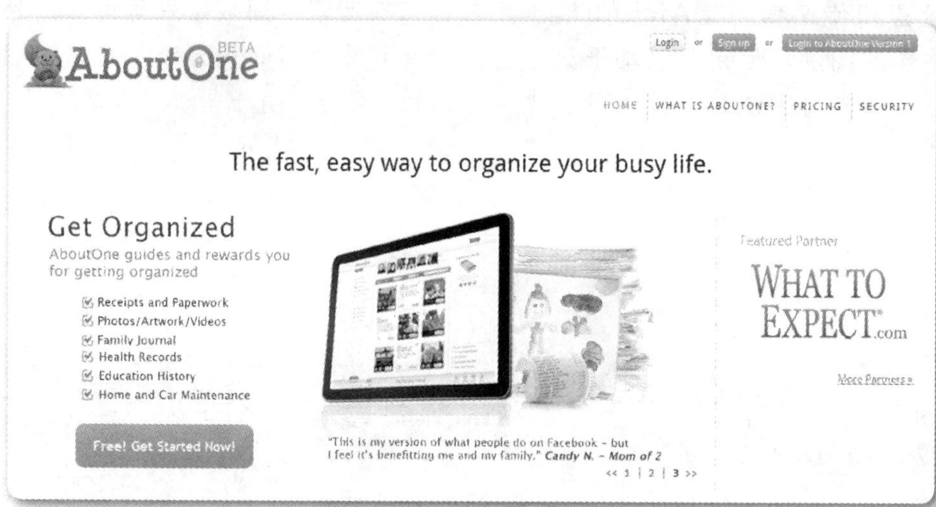

网站名称：AboutOne（http://www.aboutone.com）
上线时间：2011年3月
所在地点：美国费城

面向家庭的互联网服务是规模庞大却尚未被充分挖掘的一块市场，已经进军的创业公司往往专注于教育领域，由于一个家庭中往往有着精明而心思细密的家庭主妇，做理财或家庭协作方面的非常少。比如前面介绍过的家庭理财平台DoughMain，它通过PC网页和手机应用，整合家庭日历、家务事记录工具、零用钱或奖励管理工具，对少儿进行财富价值观启蒙教育，并且借用游戏来促进家庭协作。

AboutOne的产品比DoughMain更进一步，它提供云存储+分类管理服务，希望家庭用户将其作为存储家庭事务信息的唯一系统（这也是名字中One的由来），以此更方便地安排家庭生活。

AboutOne提供的存储内容包括健康、教育、交通和理财记录，可以用于管理家庭联系人，还能随时通过互联网分享视频、合照、文本、孩子的作品等。

AboutOne的目标不仅是让家庭用户免去翻箱倒柜寻找事物之苦，而且在此基础上提供更为便利的服务。比如提供API将汽车信息导入平台，这样用户只需要输入识别码，就能查看到汽车的型号、制造商、出厂日期等信息。AboutOne甚至在筹备AcornPoints等新产品。AcornPoints将是AboutOne平台之上一款基于积分的家庭理财服务。

AboutOne的创始人与CEO是软件公司SAP前高管Joanne Lang，也是四个孩子的母亲。她在照料孩子时遭遇过一次紧急事件，小儿子生了疾病，她却离家甚远，无法提供他的诊断记录，由此产生创业的念头，希望从美国妈妈们的8280万美元的市场中掘金。

点评

俗话说，好记性不如烂笔头。再尽职的父母，也可能需要有一个AboutOne这样的服务。

131 GAIN Fitness：让专业人士教你健身

提要 将有教练资质的人或教人锻炼的资料搬到手机上，提供教程或为用户定制健身计划。

网站名称：GAIN Fitness（http://gainfitness.com/）
上线时间：2011年7月
所在地点：美国

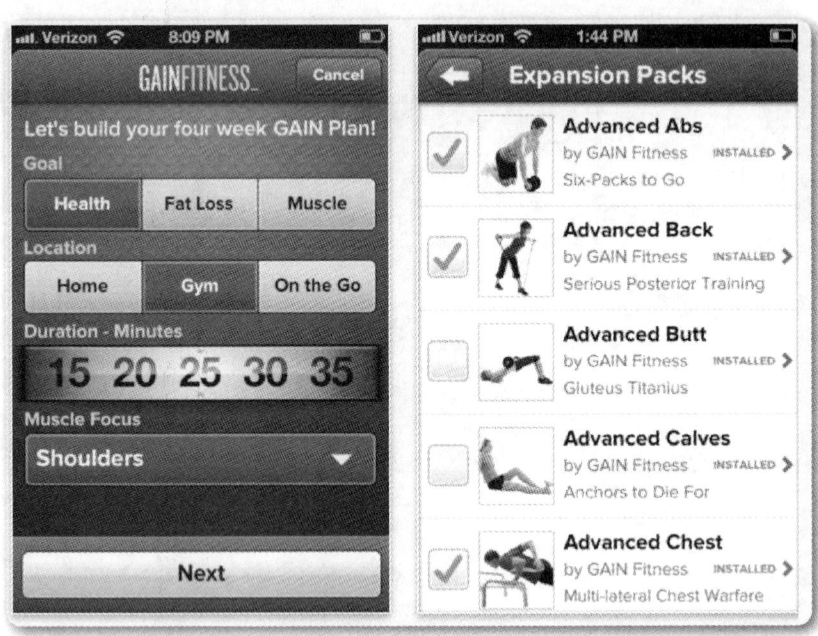

在物质文明越来越发达、城市人工作压力越来越大的现在，越来越多的人疏于锻炼，一不小心就吃成了超重状态，等听到体检医生的告诫之后，才终于想起要加强健身。但有志于此的微胖人士也面临着类似的情况，紧张的工作节奏和细分的工作范畴可能让他们没有坚持锻炼的耐心和掌握正确锻炼方法的途径，于是私人健身教练这个职业兴起。

互联网的一大趋势就是取代相对“传统”的行业，就像电子商务取代或补充传统的卖场零售、iOS上的捕鱼游戏模仿或超越街机版本，也有健身行业创业公司瞄准这个方向，希望占领线下的私人健身教练这一块市场。由谷歌离职员工创办的GAIN Fitness就是其中之一，它的出发点是：将有教练资质的人或教人锻炼的资料搬到手机上，这样人们就不需要去昂贵的健身场所了。

首先，与Fitango、CrossFit、Fitbit、RunKeeper等健身应用类似的

是，GAIN Fitness允许用户记录与追踪自己的健身情况，比如哑铃练习的次数、消耗热量的卡路里等。

接下来要做的是将教练“搬到手机上”：通过手机搜集分析用户的个人健身习惯，让用户与专业人士共同设计和追踪个性化的健身方式，比如用户可以从健身房、道路、家庭等选项中选择设置相应的健身场景与级别。

除了定制健身计划，GAIN Fitness还有第二种方式：提供超过700个附加训练供用户选择，比如力量训练、瑜伽、健美操等。

在营利模式方面，GAIN Fitness最初是收费应用，但并未受到特别欢迎，改版推出免费版之后用户大增。并且已经开始销售“健身者套餐”（trainer packs），公司方向则改为打造一个健身爱好者与有培训资质的人的交易市场，通过增值服务获得收入。

点评

在“断”健身房财路的同时，GAIN Fitness也该好好想想自己的营利问题。

132 WellnessFX：保健与理财咨询服务

提要 WellnessFX提供血样检测、专业咨询与个性化推荐等服务，希望用更为简单和对用户更为友好的方式打造个人健康中心。

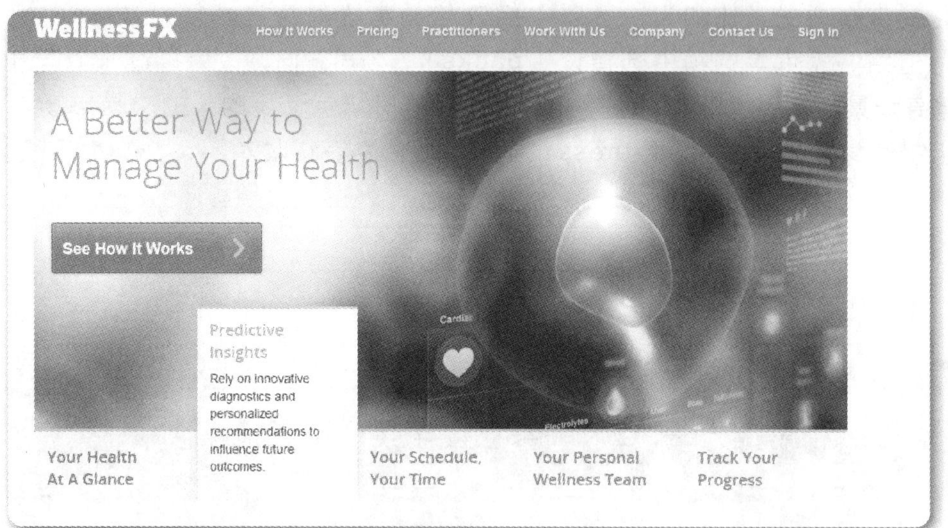

网站名称：WellnessFX（http://www.wellnessfx.com/）
上线时间：2011年9月
所在地点：美国

与GAIN Fitness所属的潮流类似，WellnessFX的目标也是用互联网的手段介入健身与保健领域。这家公司也增加了理财咨询服务，并且获得了400万美元的B轮融资。

WellnessFX用互联网取代或补充传统途径的方式却与GAIN Fitness有着很大的不同，可以说它取代的目标不是健身房，而是用更为简单和对用户更为友好的方式打造个人健康中心。

GAIN Fitness给用户提供了以下多种工具。

- 诊断工具。WellnessFX提供血样检测服务，让专业人士上门采集，然后带往专业实验室分析。WellnessFX表示检测超过75个指标，并用图形给用户显示易于理解的结果。
- 专业咨询与个性化推荐。在用户体检之后，可以与专业人士进行30分钟的电话咨询。在网站上，WellnessFX还会基于用户的数据、生活方式等定制个性化保健方案。
- 追踪工具。用户可以在WellnessFX的个人操作面板中看到自己一段时间后取得的成就与反馈。

Wellness希望通过这些工具让用户得到多元化的服务，因而也有更为准确和易于理解的健康状况检查结果与易于贯彻执行的保健方案。它的收入来自收费，有4种档次价格不等的服务，比如基础版包含50次诊断和一套咨询。

点评

有网友的分析比较独到，因为美国地广人稀、保险繁杂，WellnessFX的表现值得大众期待。那么如果要移植到中国来呢？目标客户、服务场所、客户联系渠道等都受到质疑。

133 DailyWorth：用邮件教女性理财

提要 | MessagePub是整合各类通信和消息APT平台，支持E-mail、短信、IM、Twitter等。

网站名称：DailyWorth（http://www.dailyworth.com/）
上线时间：2009年1月
所在地点：美国

数据显示，65%的女性在家中执掌财政大权。因而，连环创业家阿曼达•斯坦伯格（Amanda Steinberg）此次创业将目光投向女性理财。这或许与其经历有关，做了母亲的斯坦伯格又购入新房产，在理财方面遇到了一些困难。于是，DailyWorth（http://www.dailyworth.com/）应运而生，该网络社区有些像一个理财版的Daily Candy。

DailyWorth天使投资人获得200万美元的资金来源于一群，包括在线投资社区StockTwits创始人霍华德•林德森（Howard Lindzon）、硅谷孵化器500 Startups的戴夫•麦克卢尔（Dave McClure）、创业孵化器TechStars的戴夫•科恩以及谷歌执行董事长埃里克•施密特（Eric Emerson Schmidt）的风投TomorrowVentures。DailyWorth去年获得了TomorrowVentures的85万美元投资。

DailyWorth的想法诞生于2008年，

服务上线于2009年1月，它的方式非常“原始”，用邮件来给女性受众提供财务管理技巧、经验分享等文章，甚至还有与男性“斗争”的技巧，并鼓励她们围绕主题进行讨论和转发到社交网络。

初看上去，DailyWorth跟国内的《知音》内杂志风格如出一辙，都是坚守特征鲜明而统一的定位，以此来选取文章和组织运营。但正如该类杂志获得数百万发行量，DailyWorth也拥有了逾20万人注册，推荐的文章评论者也甚众。

斯坦伯格称：“我创立过六家企业，当中有的只存活了六周，也有运营六年的，但我还从未创立过这样的企业。我曾有10年的时间是作为一名工程师在风投企业为他人打工，我目睹过一个公司的衰落。我希望自己的公司运营简单化，Daily Candy的商业模式正实现了我的目标，并且运作十分良好。”

目前，女性理财和职业生涯在美国是一个大热的市场。女性职业生涯网站Daily Muse（http://www.thedailymuse.com/）在获得Y Combinator投资后，浏览量激增。而Abrams Media网站也发现人们不像想象中那样对超级富豪感兴趣，于是将Mogulite网站更名为Jane Dough（http://www.janedough.net/），将之打造为一个针对商界女性的网站。

DailyWorth为该网络社区募资总额将超过300万美元。

从融资规模来看，该领域的最大企业是理财网站LearnVest（http://www.learnvest.com/）。该网站推出了针对女性的个人理财服务，帮助女性处理债务，作结婚预算，购买股票，申请学生贷款等。目前，这项服务融资金额已达2450万美元，而且，该公司又宣称发布了一项新服务，可通过电话及邮件等方式为用户提供为期一年的理财计划。

点评

EDM也能做大一项服务，恐怕要让很多“网络营销人”羡慕、嫉妒、恨了。

134 Ezdia.com：知识交易平台

提要 Ezdia.com就致力于借助互联网在更大程度上发挥价值，打造一个知识交易、提供专业服务获利的网络平台。

网站名称：Ezdia.com（http://www.ezdia.com/）
上线时间：2009年7月
所在地点：美国休斯顿（Houston, TX）

Ezdia希望打造一个值得信赖的知识平台，人们可以借助这个平台共同地学习并获取知识。用户可以借助Ezdia所设计的搜索引擎，一方面搜索各类知识和技能，另一方面则搜索相关的专家。当搜索到一个既有的问题时，可以进行选择：你也有类似的问题，或者你能帮助解决这个问题，犹如维基百科、百度知道那样的平台。当然你还还可以创建一个问题，并进行相关的设置，比如有奖悬赏之类的。

当然如果你想成为专家来回答各类问题的话，也有自己的知识展示社区。你可以创建一个页面，展示和介绍你自己，同时还会生成一个你回答和提问的页面，让大家看看你的水平。

这样来看，Ezdia本质上是一个知识交易平台，用户提问，能回答问题的专家来解惑，并有机会获取一定的金钱报酬。

在目前通过网络很方便获取各类知识，而且维基百科、百度百科等在不断发展壮大的时候，或许Ezdia所主打的知识交易和金钱交换看上去很天真可笑，但是当你真的有遇到一个很大的难题、而又无法解决的时候，你或许会觉得重赏之下、必有智者。

点评

Ezdia与国内的威客网站相似，后者门槛更低、可进行交易的知识或技能范畴更广，涵盖设计、推广、开发、写作、装修、配音、商务等需求。

135 Wantful：帮你挑选礼物

提要 帮助用户摆脱费力耗时亲自甄选礼物的过程，简便快速地挑出最满意、最完美的礼物。

网站名称：Wantful（https://wantful.com/）
上线时间：2011年
所在地点：美国旧金山

Wantful是一种个性化的弹出式购物网站，同时又提供礼物证书：网站帮助赠送礼物的用户收集在预定价位区间内的16种商品的购买目录；将礼物购买目录的电子书或是目录的副本发送给礼物的接收者；然后接受礼物的人将他从16种商品中选择的中意的礼物发送给购买礼物的用户。

Wantful创始人是多次投资新创企业的企业家约翰•泊松（John Poisson）。

通过将技术和传统加以整合，这项服务寻求将购买礼物的消费者从繁重的甄选礼物的过程中解脱出来，同时依然保留温馨愉悦的体验，将思想和关爱融入到精心挑选礼物的过程中。

正在迅猛增长的一批新创企业给予泊尔森最新的投资创业举动以大力支持，鼓励Wantful进一步扩展业务规模，推广这种服务理念。从挑选周年纪念礼物到一条做工精细的蓝色牛仔裤，Wantful提供的挑选礼物的服务将用户从麻烦琐碎的亲自挑选礼物的过程中解脱出来。

Wantful用户必须先回答关于礼物接收者的一系列问题，包括年龄、性别、与购买礼物者的关系以及赠送礼物的缘由。网站根据这些问题的回答来决定提供给用户什么样的产品。公司还专门设计了几个针对性强的问题来精确知晓接收礼物者的兴趣爱好和风格——她到底是爱喝啤酒还是红酒？他梦想中的家看起来是什么样子的？然后，根据给出的答案，Wantful向用户推荐供其选择的16种产品。

尽管必须囊括16种产品，某些特定目录中礼物的挑选还是有限的，但用户可以自己寻找发现其他更适合的礼物，换出16种推荐产品中的任何一款或几款。比如用户想为一位亲密的女性朋友寻找一款价值500美元的礼物，但也许最后发现只有12款礼物供她选择。

以下是3家与Wantful类似的服务。

- Gift Side Story（https://giftsidestory.com/）。专门帮助男人为家里的女人挑选礼物，这家公司的经典宣传理念这样写道："我们为您提供专业细致地服务，您只须感到满意后付费"。
- Trunk Club（https://www.trunkclub.com）。通过专门招募时尚顾问，为用户提供一对一的个性化贴心服务，为用户的衣柜增添男人喜爱的个性化衣服，并在休闲的时候再次享用这项服务，为男人节省大量挑选购买衣服的时间。甚至有帮助选民决定投票支持哪个政党的网站。
- ElectNext（http://electnext.com/）。让用户列出他们最关心的议题以及他们倾向与采纳的解决方案，然后即可告诉用户哪位候选人最符合他们的偏好，他们应该投票支持哪位候选人。

点评

Wantful的出发点非常好，帮助用户摆脱费力耗时亲自甄选礼物的过程。不过仍有待优化，给出的16种产品是否数量太多让用户抉择困难，又可能匹配度较低。

136 GoTryItOn：着装建议平台

提要 引入品牌的力量，让专业造型师来网站上提供着装与妆容建议。这样品牌得到了更好的宣传推广，求助者也能够获得比较专业的咨询。

网站名称：Go Try It On（http://www.gotryiton.com/）
上线时间：2009年12月
所在地点：美国纽约

有一种说法：女人和孩子的钱最好赚。且不论这句话对与错，很多创业者却是在此领域辛勤耕耘并收获颇丰，比如，很多人选择了建立购物分享社区来“赚女人钱”。

GoTryItOn的做法更为简洁，却也能获得300万美元融资（相比做B2C的是少了很多）。它搭建一个平台提供个人着装与妆容实时问答与评价服务，旨在帮助人们如何选择着装与化妆。

在GoTryItOn上，用户通过网页或手机应用上传自己的照片，说明将出席的场合与想达到的效果和目的，就可以得到其他网友的建议，比如简简单单的用按钮选择“就穿它了”（wear it）或“赶紧换掉”（change it），也可以做更为详细地着装建议。

对于问答、百科、众包威客这类需要有人耐心付出的网站，激励制度尤为重要，即便是维基百科也遭遇了志愿编辑流失的七年之痒。

GoTryItOn的做法除了在精神层面有些奖励（经验值之类），运营上利用创始团队在设计师圈子中的人脉组织社区，再就是引入了品牌的力量：比如让Gap和Sephora这些品牌的造型师来网站上提供着装与妆容建议。这样品牌得到了更好的宣传推广，求助者也能够获得比较专业的咨询。问题是GoTryItOn如何防止这些品牌公司的人士过分营销，甚至影响其提出的建议的公正性。

点评

让用户可以充分利用碎片化时间向朋友们征求意见，GoTryItOn这种简洁、高效的特点让它很受欢迎，也收获众多模仿者。

小结：为了效率

在设计之初，互联网就是用来节省时间、提高效率、完成本无法完成的任务的。最初是军事和科研机构的时代，后来是黑客的时代，再后来是娱乐至死的时代。论述哲学自然是不如八卦段子，一个科普网站的流量和受欢迎程度远远比不上可以猎奇、窥私甚至更为赤裸低俗的站点。

互联网从节省时间的工具变成了消磨时间的元凶。

好在，还是有一大批工具在发挥这样的作用：让求知更有效率，让理财更为明智，让工作更加顺利……

有社交学习平台Memrise、众包健康知识平台Genomera、在线教学平台Udemy、用户浏览或修改他人作品而获得积分的Kibin等，借用新的互联网形态来为在线课堂注入新的活力。

有用邮件教女性理财的DailyWorth、保健与理财咨询服务WellnessFX等理财工具，让用户能以更轻松更自然的方式完成本来有些许沉重的课题。

有能够把社交网络变成GTD、提醒自己该做什么的Twitdo，帮助小企业寻找办公桌的Kodesk……

还有更多的应用，在帮助用户节省时间，从虚度光阴或无头绪抉择中脱身。

第10章 移动应用

137 AnimeTaste：全球动画精选

提要 截图+列表菜单式的人工推荐，呈现最新最酷的原创动画短片，可以用“加星”来收藏中意的短片。

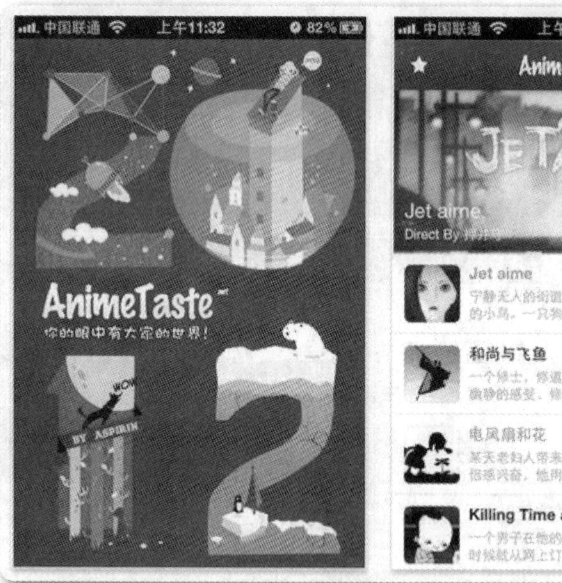

应用名称：AnimeTaste
应用平台：iOS（免费）
开发团队：AnimeTaste.net
下载地址：http://itunes.apple.com/cn/app/animetaste/id444912104?mt=8

在线视频领域经过近7年的大大小小的战役后，已经孕育出多家上市公司，对于新进入的玩家来说，早已成为一片红海。然而，在视频细分领域，尤其是受众颇广的动画视频分享方面，业界并未投入过多的关注。这里介绍的，就是一家4年来一直专注全球原创动画分享的独立团队——AnimeTaste。

AnimeTaste有个颇为文艺的中文名——品赏艾尼莫，据创始人刘少楠介绍，AnimeTaste已经积累了14万订阅用户，分享原创动画视频2000部，并已组织多次新锐动画导演与爱好者的交流活动。

目前国内动画分享类网站可细分为三类，一是偏重娱乐型的ACFUN、bilibili等，此类网站以“弹幕”（网友评论字幕与视频的融合）闻名；第二类以动客、火星等产业型网站为代表，前者关注动画产业咨询，后者偏重CG行的新闻、教育与培训等；第三类就是以原创动画分享为主的AnimeTaste。

动画专业出身的刘少楠因为大学时

苦于找不到资料，就开始慢慢收集起原创短片，借此并创建了AnimeTaste，随着其他成员的陆续加入，AnimeTaste在几年时间里从个人博客变成了现在的规模。

从AnimeTaste的数据来看，描述情感类的2D动画短片最受欢迎，相对写意夸张的风格更容易表现人物内心感情；而偏重3D的CG广告、MV、宣传片也有大量行业内读者。

AnimeTaste的iPhone客户端于2011年夏天上线，目前累计用户近2万人。刘少楠称，“应用最大的问题是推广，因为是免费应用并且没有预算，所以知道的人不多，但是凡是使用的用户都会给出5星好评”。

目前AnimeTaste的iPhone客户端仍显得比较“简陋”，只支持编辑更新推送的短片，缺乏动画的分类、搜索与下载等功能，在用户交流、APP社会化方面也仍有不少改进的空间；在操作方面，用户可在应用内单独收藏某个短片并通过微博分享给好友。

“分享动画•重拾幻想“是AnimeTaste一直倡导的理念，但其运营方面仍有不少短板——没有外部广告，没有Adsense，甚至没有融资想法，“因为，我们不会花钱”，刘少楠称。

点评

AnimeTaste目标用户仍是一个相对小众的群体，营利前景也并不明朗，但对于热爱原创动画并乐在其中的人来说，没什么比看到一部倾注心血的作品完成的一刹那更值得骄傲的事情，而去发现并分享它的人，也能同样体验到原创者的快乐。

138 衣食住行：生活信息聚合平台

提要 “衣食住行”是微软亚太研发集团旗下的微软中国创新组（CIG）发布的一款官方生活信息平台，该应用主打Windows Phone的“信息聚合”概念，意在整合衣食住行等日常生活服务。

应用名称：衣食住行
应用平台：Windows Phone
应用售价：免费
开发团队：微软亚太研发集团
下载地址：http://www.windowsphone.com/zh-CN/apps/1e093e3c-8526-45e1-ab7b-66a881cf72dc

“衣食住行”目前整合了必要的地图，主要功能包括实时机票搜索、本地优惠券搜索等，通过一个应用获取多种信息流，是该应用最大的亮点之一。

据微软亚太研发集团技术孵化部高级总监芮勇介绍，微软亚太研发集团已将基础研究、技术孵化、产品开发与生态圈产业链列为四大支柱产业，结合四个英文单词的首字母，即为RIDE战略，“衣食住行”的开发就属于技术孵化项目之一，其开发团队CIG的运作也近似于VC+PE的模式。

据CIG透露，“衣食住行”项目由3个开发者在2011年11月开始启动，2012年4月中旬正式上市，整个应用相当于集成了4个软件与3家数据。“微软的角色是扮演信息聚合体，不会与普通开发者抢食自己什么都去做”。

尽管应用的界面及交互都相当简洁，但开发者认为，“衣食住行”并不仅仅是一个简单的应用，其核心理念是一站式服务，整合多领域内容，并在未来会加入语义分析等功能”。

除“衣食住行”外，该团队还有“天天健康”和“非常格调”两个热门应用。

点评

作为一款官方应用，“衣食住行”有效地利用WP平台的卡片展示机制，其通过一个应用获取多种信息流，是该应用最大的亮点之一。

139 百度搜索：最“纯粹”的搜索客户端

提要 尽管大多数用户习惯在浏览器内进行搜索，但该应用并没有选择直接进入浏览器市场，而是利用更简单直接的方式把基础功能提供给用户。

应用名称：百度搜索
应用平台：iOS
应用售价：免费
开发团队：百度
下载地址：http://itunes.apple.com/cn/app/id468327656?mt=8

百度已经占到中国桌面搜索市场近80%的份额，移动市场的布局也在向多个方面延伸，已经发布的APP包括“掌上百度”、“百度身边”、“百度地图”等，在李彦宏的移动互联网构想中，百度将整合旗下产品并推出百度•易移动互联网平台。这里介绍的是百度的核心产品，最“纯粹”搜索客户端——百度搜索。

百度搜索的产品设计较为简约，突出了搜索框及百度数据开放平台Ding。搜索框除传统文字输入外还沿用了掌上百度的语言搜索功能；数据开放平台则是该应用的最大亮点，用户可自行定制包括天气、股票、小说等控件展示在应用首页中，类似于Windows中的“挂件”使用方式。此外，还有内置的百度新闻、贴吧、知道、地图等常用应用，用户也可在首页中设置个性化壁纸。

据产品负责人林路介绍，“百度搜索的开发周期约为两个月，开发人员主要为掌上百度团队。与掌上百度不同的是，百度搜索是一个更纯粹的搜索客户端，其定位也是快速解决用户搜索需求的产品。”

对于Ding的设计，开发团队并不是在产品的原型期就想到，“百度搜索客户端交互设计做完以后，发现首页非常空，头脑风暴中有说放天气的、有说放风云榜的。某天突然想到这里放什么应该是用户决定，内容来源于百度数据开放平台，于是就有了Ding的产生”。

使用中，发现Ding的类别仍然相对较少，还无法完全满足用户定制信息的需求。

与苹果iPhone 4S同时发布的Siri语音功能引领了近期智能搜索讨论的热潮，林路称，“中文的语音识别难度远大于英语，在掌上百度产品的研发实践基础下，百度搜索的语音搜索功能对中文的识别率已经在行业内处于领先水平。”

尽管单纯的搜索功能用户体验较好，但百度搜索的浏览功能仍是以WebView控件为基础，并不适合多网页浏览与深度阅读，目前该应用可以浏览PC端网站，但会在搜索结果里优先将WAP网站排在前面。对于HTML 5的架构，林路认为可以提高产品的迭代速度，交互体验上会更多的尝试向类原生应用靠近。

开发者表示，在产品其后的迭代过程中将更加注重搜索的体验。

点评

百度搜索在移动浏览器层出不穷的今天并没有刻意进入浏览器市场，而是专注移动搜索体验，同时带动了百度其他移动产品线的发展。

140 GameBox for Facebook：在iPad上玩Flash游戏

提要 GameBox for Facebook是最早支持Flash社交游戏的应用，其原理是利用“云端”渲染数据图片等资源，服务器再对数据进行解析。

应用名称：GameBox for Facebook
应用大小：26.6 MB
应用售价：$2.99
开发团队：Mobi2sns.Com
下载地址（需美国账号）：http://itunes.apple.com/us/app/gamebox-for-facebook/id438622631?mt=8

众所周知，由于苹果公司对Flash的封杀，在iOS设备上运行包括Cityville（城市小镇）等Flash架构的社交游戏成了一件“不可能完成”的任务。今天推荐的GameBox for Facebook正是解决这一问题的一款iPad应用。

GameBox for Facebook是一款社交游戏应用，集成了Facebook内用户量最大的Cityville（城市小镇）、Army Attack（军队大进击）等游戏，是iOS设备上唯一可以支持Flash社交游戏的应用，其UI界面、交互方式与游戏基本保持一致，例如进入Cityville（城市小镇）时可用手指拖动移动屏幕，单机屏幕选择收金币和种植水果等。

目前GameBox for Facebook支持Wi-Fi及3G网络，流量消耗方面，官方介绍称在300Byte～15KB/s之内，延时低于300ms。

对于如何解决iOS对Flash的兼容问题，开发团队向网易科技表示主要是依靠“云端”解决，即对游戏中的图片资源缓存到客户端后对服务器进行解析，最后由客户端完成Flash资源的渲染。理论上来说，所有的基于Flash技术开发的游戏都可以靠“云”的方式解决。

据了解，GameBox for Facebook已经在和zynga洽谈合作，国内的社交游戏厂商也在接洽中，开发者表示，“多数厂商都认为这个是帮了他们一个忙”。

相对Flash的日趋没落，苹果谷歌等都力推HTML 5技术，GameBox for Facebook开发团队则认为HTML 5在游戏层面短期内实现重大突破还很困难。

值得注意的是，目前该应用只在美国地区的App Store上架，中国地区注册的用户尚无法下载。

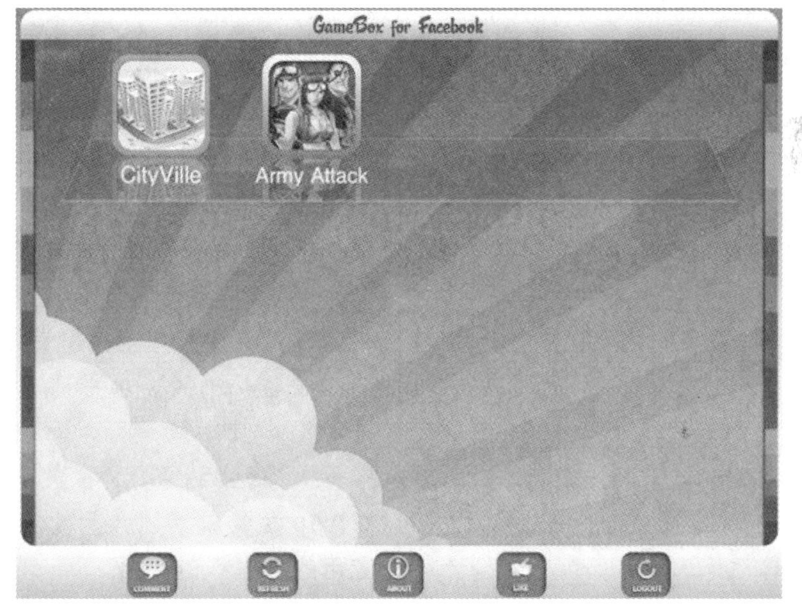

点评

GameBox for Facebook利用“云端”服务器渲染图形文件的方式试图解决iOS平台上的Flash难题，尽管用户体验与原生游戏还有一定差距，但不失为一个不错的思路。

141 揣着App：个性化iOS应用推荐平台

提要 “揣不了就兜着走”，是该应用对自己的定位，其核心功能包括“猜你喜欢”与“社会化推荐”功能。

应用名称：揣着App
应用大小：1.5 MB
应用售价：免费
开发团队：Chuaizhe.com
下载地址：http://itunes.apple.com/cn/app/id446993197?mt=8

在iOS应用层出不穷的今天，对于开发者来说，如何让新上架的产品获得更多的曝光率成了最重要推广渠道。对于iOS用户来说，如快速找到符合自己口味的App成为了当务之急。于是，市场催生了一批包括App Pusher、限时免费排行，App免费推送等应用推荐平台，本期介绍的是一款带有社交属性的另类应用平台——揣着App。

“揣不了就兜着走”，这是应用推荐平台市场中揣着App对自己的定位。该应用的核心功能包括“猜你喜欢”与“社会化推荐”功能。

开发者介绍称，“猜你喜欢”借鉴了豆瓣中影视与音乐的推荐概念，会根据用户曾经下载、评分的产品自动推动同类优秀应用，减少在众多应用中挑选的时间。值得一提的是，产品中的“用过”与“想用”设置，据统计，国外有近50%的iOS用户没有用过iTunes，这个比例在国内可能要更高，该设置可以在PC端寻找到App后加入想要放置列表（有点类似放入购物车），批量加入完成后，手机登录应用即可直接下载。

揣着App另一项核心功能“社会化推荐”，其功能是可以与站内好友相互推荐分享应用。开发者表示，希望把揣着App发展成“以人为主”而不是“以应用的为主”的平台。

值得注意的是，揣着App基于HTML 5开发，虽然兼容性较好，但交互体验与原生iOS应用相比仍有不少需要改进之处。

目前揣着App可在苹果iTunes商店直接下载，开发者透露，将上线“App达人”功能，既在某个App评论被标记成最有用的，该用户就会“拥有”这个App，类似于LBS产品中的“领主、国王”等概念。

最新推荐：每天大概推荐10+应用，其中包括限时免费，App厂商合作推广，优秀的收费App和免费的App。其中限时免费App大概占每日推荐总数的60%左右。

限时免费：包括限时免费和特价App，可以按时间和App的热度来排序。一般来说，曾经限免的App在其他限时免费推荐的平台上基本不会做再次的介绍，但在揣着App，如果按热度排序的话，排在前面的都是再次限免而且获得很好口碑的App，这样也多了一种App的展示方式。

排行榜：分为收费榜和免费榜，同时可以按App类型继续过滤。

猜你喜欢：根据用户所标记的应用猜测用户还可能喜欢的App是哪些。对于有特定喜好方向的用户，找到自己喜欢的App将更为方便。

点评

借鉴豆瓣中影视与音乐的推荐概念，为应用商店植入社交属性，是该应用的最大亮点。

142 专业健康管家：用药助手HD

提要 应用收录了数千种药品说明书，用户可通过商品名称、通用名称、疾病名称、形状等迅速找到药品说明书内容。

应用名称：用药助手HD
应用大小：42.1 MB（iPad版本）
应用平台：iOS/Android
应用售价：免费
开发团队：丁香园
下载地址：http://itunes.apple.com/cn/app/id458038017?mt=8

“病来如山倒，病去如抽丝”，常用来形容患病易治病难的道理，患病与治疗或多或少是要伴随每个人一生的经历。当传统的医疗体系已逐渐不能满足大众的寻医问诊需求时，就为移动互联网医药类应用带来了良好的发展机遇，今天介绍的正是一款保证“不会吃错药”的iPad应用——用药助手HD。

用药助手HD是国内垂直类医科网站丁香园面向医生与大众用户推出的移动应用，收录了数千种药品说明书，用户可通过商品名称、通用名称、疾病名称、形状等迅速找到药品说明书内容。官方介绍，其数据全部来自于药品生产厂家的说明书，以准确权威的数据源满足用户随时随地查询药物信息的需求。

用药助手HD在App Store上线后很短时间内就升至中国区免费榜的第三位、医药分类第一位，据丁香园CTO冯大辉介绍，用药助手HD下载量已经超过6万（2011年9月），并且还在不断增加，在应用商店的高排名有些“出乎意料”。

冯大辉认为，药物信息有很大的需求，iPad上的App比iPhone上的要少很多，因此好的应用更容易突围，此外，应用上线前几天的宣传也格外重要。

发展方向上，冯大辉表示，用药助手HD除了继续完善现有版本外（包括个人用药管理等功能），还计划开发以疾病为中心的移动应用，以及医生与医生、医生与大众的社交移动产品，有效结合丁香园的社交产品丁香客。

对移动开发者而言，在Android和iOS两大平台发布产品也有所区别，冯大辉认为，“因为用户群体大，Android传播更为及时一些，开发迭代周期也会更短，在各个应用商店几乎不需要审核，而苹果应用商店因为审核周期较长，审核也更严格，用户最快一周才能看到一个版本。”

据了解，丁香园无线应用团队起初只有10人左右，目前还在扩充中。因为之前已经有iPhone与Android版的开发经验，后端的数据也整理相对完备，iPad版用药助手HD的开发只用了不到一个月时间。

用药助手HD已经推出增值服务的专业版，主要升级是增加了面向专业用户家用药指南。

患者：“大夫，排了半天的号终于到我了，您帮看看我腰上这是啥病？”

医生：“回家自己上网查去吧，下一位！”

笑料般的事例越来越多的发生在我们身边，期待终有一天，依靠互联网的力量可以为病患带来更好的医疗体验。

点评

医疗健康类应用是移动互联网从线上到线下（O2O）模式的重构成，此类应用若能健康发展，将为百姓的寻医问诊带来极大的便利。

143 金蝶随手记：靠个人应用口碑带动企业软件

提要 | iPad版随手记优化了报表功能、流水清单、账户与同步等功能。

应用名称：随手记HD
应用大小：6.7MB
应用售价：$5.99（限时免费）
开发团队：金蝶 Kingdee Software
下载地址：http://itunes.apple.com/cn/app/id469024771?mt=8

国内市场的个人财务类应用五花八门，ERP软件商金蝶出品的随手记系列产品一直是其中口碑较好的一款，在iPhone和Android版积累了一定用户量后，金蝶日前发布了iPad版产品——随手记HD。

随手记HD首个版本在2011年末正式上线，当晚就登上了App Store iPad付费软件销售榜榜首的位置。相比于手机版本，HD版在功能层面优化了报表功能、流水清单、账户与同步等功能，设计上也延续了iPhone上简洁明快的方案，用户体验在同类产品较为突出。

据产品负责人孙欣介绍，随手记团队近40人，在随手记HD首款产品上线之前，曾对个人理财软件行业观察了近5年，并在2009年初开始产品研发工作，随后用了近一年时间产品正式上线，他认为，智能手机的兴起将对理财行业带来重大冲击。

不过，对于个人理财行业，开发团队则认为这并不是一个“赚钱生意”，国内目前还没有成功的案例，金蝶对随手记的期望是通过为提供个人高品质产品来赢得口碑，从而获取更多的在企业软件和服务方面的优势。

对于随手记HD产品本身，孙欣非常自信，“无论是从用户数、市场占有率、用户反馈，还是从产品技术、企业现金流等方面，都把竞争对手拉开了一个很大的距离”，他透露，“在收费市场随手记的份额在95%以上，2011年1月份用户达到100万，5月份达到300万，2011年底用户数已经上千万，并且还持续保持20%以上的月增长率。”

尽管国内有着数以万计的应用开发商，但产品同时覆盖iPhone、Android、iPad三个市场并不容易，就开发者在三个市场的切身感受，孙欣的感慨是近来Android市场的增长率明显是高于iOS，“可能是低价Android大量涌现带来的结果”。

孙欣表示，“未来会不断增加各种基于生活场景的专门记账模块，比如信用卡、外汇等，后期还会加上养车、房贷、股票、基金、保险等多种模块”。

点评

尽管该应用主打“理财”，但如开发团队所言，这并不是一门可以赚钱的生意。对用户来说，限免时期可以入手体验。

144 NASA App：指尖探索宇宙

提要 应用使用九宫格菜单设计，包括航空航天新闻，NASA电视直播和社交分享等功能。

应用名称：NASA App
应用大小：3.9M
应用售价：免费
开发团队：美国航空航天总署
下载地址：https://market.android.com/details?id=gov.nasa

天生少年爱做梦，或许每个孩子都有一个美丽的太空梦想，然而当孩子长大后能实现它的可能性几乎为0。这里介绍的就是一款让用户重回儿时梦想，实时掌握最新航天科技信息的应用，美国国家航空航天局官方应用——NASA App。

美国国家航空航天局（NASA）几乎掌握着地球上最先进的科技力量，好莱坞科幻大片中几乎每部都会有NASA的身影，它在载人空间飞行、航空学、空间科学等方面取得了极高成就，参与了包括美国阿波罗计划、航天飞机发射、太阳系探测等在内的航天工程。为人类探索宇宙做出了巨大的贡献。

NASA App是美宇航局官方出品Android的应用程序。内容包括最新地外文明探索信息，航空航天图片与视频，国际空间站和地球轨道卫星跟踪，卫星发射信息和倒计时时钟，美国航天局的任务信息，国际空间站（ISS）的Visible通行证。此外还会直播NASA TV，发布NASA官方消息，同时也可与Facebook、Twitter客户端连接，与好友分享最新科技发现。

目前，NASA App的用户体验算不上很好，UI设计以及交互方面都有不少改进的空间。此外，中国地区用户访问视频及图片速度较慢。

点评

当游戏霸占各大应用商店排行榜时，科学探索类应用显得多少有些另类，即使我们永远也无法飞入太空，但在掌中了解宇宙科学的前沿信息，也算对科学家们的一种支持吧。

145 网易云相册：批量备份手机相册

提要 可以将手机拍摄的照片有针对性的上传到网易相册相册中，使不同设备实现资源共享。

应用名称：网易云相册
应用大小：2.3MB
开发团队：网易杭州研究院
下载地址：http://163.fm/cEYRAuo（iOS版本），http://163.fm/3UUDjJ3（Android版本）

随着拍照及图片美化类应用的层出不穷，智能手机照片备份的需求也越来越大，目前用户大多选择使用数据线这种最“原始”的方法，这里介绍的网易云相册正是取代数据线、高效安全的备份手机相册的一款免费应用。

网易云相册可以免费提供手机相片批量上传、安全备份服务，用户可自定义选择手机内需要备份的文件，图片上传后会自动保存在“网易私密相册”中。在服务器端，云相册提供总计1GB的存储空间，超出后每月还可以免费上传200MB数据（相当于每月可免费上传1000张手机相片）。当手机端备份成功后，用户可以在网易相册内继续浏览备份的相册，网页端也提供了方便的批量管理功能。

据网易杭州研究院开发团队介绍，网易云相册并未将自己定位成简单工具类应用，未来将向社交领域方向发展，相比市场上基于强关系、基于兴趣主题类的移动社交应用，网易云相册将更适合中国用户。

开发团队表示，“目前我们会在做好云备份的基础上，力推‘相片群’功能（即基于关系、基于主题的多人相册）。”

点评

本地照片存储到云端已经成为未来趋势，不过提醒用户，个人隐私一定要保护好，否则。……从前有个陈老师，因为不会修电脑，后来的事……大家都知道了……

146 App汇：社交化应用推荐平台

提要 帮助您和您的朋友共同发现好用好玩的App，可以对App进行点评，可以在好友之间推荐和分享，也可以follow大家公认的玩家达人。

应用名称：App汇
应用大小：1.2M
应用平台：iOS
应用售价：免费
开发团队：www.apphui.com
下载地址：http://itunes.apple.com/cn/app/id448615186?mt=8

当苹果的App Store应用软件总数超过60万个，当各大智能手机厂商都纷纷迈入应用商店领域，各项新的第三方应用层出不穷，如何在浩瀚的应用海洋中找到自己想要的那款，而不是单一地听从官方或是相应媒体的推荐？今天介绍的“App汇”试图利用用户自助推荐和分享应用的方式来解决了这个问题。

在App汇的网站及iPhone与iPad客户端，可以同步查询到目前苹果App Store中的所有应用，通过使用“推荐”或是“用过”，即可分享应用使用心得。同时，也可以看到其他用户应用程序的评论，以判断是否值得下载或购买。

除了2.0模式的分享与推荐，App汇还设有“限时免费”频道与“新品速递”频道。在限免频道，所推荐的应用用户点评多在4星以上。而用户如果对一款应用特别感兴趣，可以将该应用添加至“想用”的清单，当该应用进入限时免费时，App汇会第一时间进行通知。

据App汇开发商介绍，后续App汇将增加更多用户任务并推出Android版本。

此外，App汇可以与微博等社交网络连接，通过对用户的行为轨迹分析以及其关注好友的兴趣爱好，可为用户推送感兴趣的App。官方称，“猜你喜欢”频道，推送应用的精准度通常能达到90%以上。

点评

App汇将用户打分与用户分享功能整合到应用商店中，让用户之间通过应用产生互动，从而促进应用商店的粘性。

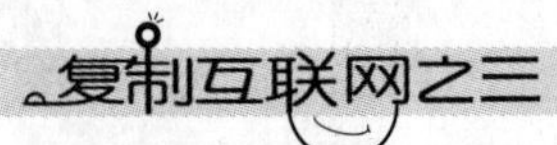

147 云存储利器：华为DBank网盘

提要 华为网盘Android版是基于文件存储、备份、分享的手机软件。无论何时何地，都可以将手机中的照片、视频等任意文件上传到华为网盘，支持即拍即传。

应用名称：华为DBank网盘
应用平台：Android
应用售价：免费
官方网站：http://www.dbank.com/
下载地址：http://www.dbank.com/pc/mobileDownload.jsp

网盘作为个人存储、分享的平台，在互联网上早已被网民所广泛接受，随着移动互联网的发展和智能手机的普及，网盘的使用必然会延伸到移动终端上来，与PC相比，移动终端更需要网盘作为云端存储，多种终端共取数据，提高效率，今天介绍的华为DBank网盘Android版正是一款主流的移动网盘产品。

据开发者向网易科技介绍，DBank网盘最大的特点就是“免打扰”的工作模式，可以兼顾工具型应用的效率和友好的用户体验，在未来的版本升级中也将重点围绕云端同步做文章，开发者表示，“未来会有更多的终端设备接入到云，DBank也会对这些主流智能设备进行覆盖。”

主要功能

（1）手机文件备份

支持即拍即传、文件同步、选择性上传等多种上传方式，快速将手机中的文件上传到网盘进行备份，从此手机中的文件再也不会丢失。

（2）手机与电脑无线连接

将文件上传到华为网盘，手机与

电脑均随意存取使用，不再依赖数据线传输。

（3）手机随时分享

在Android客户端中长按文件名，出现短信、邮件、蓝牙多种文件分享方式，同时支持分享到开心网、人人网、QQ空间……

注册与登录页面：DBank Android客户端支持手机号与邮箱注册账号。

网盘界面：DBank网盘展示关键信息，以文件夹为中心，单击菜单按键，可以调出上传、新建目录、多选删除、刷新、外链、更多操作功能。

上传与下载：DBank网盘上传有“相机”、“文件”、“照片”三种选择，支持批量上传，上传完成后，需要手动刷新可见上传文件。不足之处是上传菜单中可以增加“文件”等分类上传，此外，选择相机上传时只能拍照但无法录视频。

分享功能：分享的途径根据手机上安装的应用程序相关。基本上支持分享到开心网、人人网、微博、邮箱、短信、蓝牙、QQ空间等。

备份功能：关闭Android客户端后，选择手机文件后按菜单键，能调出上传到选择界面，DBank上传完成后自动退出网盘返回原界面，但是目前只支持图片。

设置与Web端：DBank网盘对于安装了Android客户的账号，均自动生成一个“我的手机”文件夹，手机上传默认到此文件夹，同时也可手动选择其他文件夹。

总体来说，DBank网盘是一款能满足用户核心需求的云存储应用，但是仍有不少改善的空间，例如，wi-Fi环境下自动备份同步，但通讯录、短信、邮件的备份同步细分功能还有待进一步开发。

点评

DBank网盘最大的特点就是“免打扰”的工作模式，可以兼顾工具型应用的效率和良好的用户体验。

148 装修助手：初次装修好帮手

提要 专业的家居装修软件，针对中国特色的毛坯房装修，满足全包、半清包的装修业主。

应用名称：装修助手
应用平台：iPhone
应用售价：免费
开发团队：即略网络
下载地址：http://itunes.apple.com/cn/app/id468597348?mt=8

家居装修类的应用在App Store众多应用中算是相当小众，但对有家具装修需求的用户来说确实增加了选择余地，装修助手就是一款为家具装修出谋划策的移动应用。

装修助手的主界面包括“预算”、“记账”、“提醒”等功能模块，在“预算”功能中，列出了装修需要购买的大致材料清单，即使不懂装修的朋友，按图索骥的填完后也可大概了解装修的费用。而“记账”功能则是为了避免超支，控制花费的力度。“提醒”功能则是提醒用户在特定的时间购买物品。

相比上述的各项功能，“小知识”更像一本装修说明，把装修知识分门别类整理，对于初次装修的人很受用。

据产品负责人介绍，该应用是4个人在不到两个月内开发完成的，有专业的做家具装修的负责人把关。考虑到进度与用户接受度，目前上线的版本已经删除了不少功能。开发团队认为，装修助手最大的优势在于“专业性”，相比于“装修宝典”等同类应用，装修助手不追求“媒体性”，而更接近“工具类”应用。

点评

少一些“媒体性”，多一些“工具性”，是多数生活应用积累用户的重要法宝。

149 北京空气质量：监察污染指数

提要 监控北京的空气质量，提供PM2.5浓度以及臭氧浓度等监测数据。

应用名称：北京空气质量
应用大小：2.90MB
应用售价：免费
开发团队：Chaoqun Zou
下载地址：http://itunes.apple.com/cn/app/id457237326?mt=8

每当匆匆脚步走入街头，你是否怀疑过我们用以维持生命的空气是否安全？抬头仰望，漫天灰黄的颜色是否让你坐立不安？这里介绍的，就是一款让你时刻知道身边空气质量的轻量级应用——北京空气质量。

北京空气质量采用美国大使馆定时播报的北京空气质量的数据，来源于北京朝阳区北三环美国使馆内部的大气颗粒探测器，提供到手机端的数据源包括PM.5细微颗粒物及OZone臭氧浓度等。

空气检测数据源BAM-1020大气颗粒探测器每隔一小时发布一次PM2.5指标，直接表征了北京的空气污染状况。不过有用户反映，该检测器所播报的数据经常与北京市环保局据数据不合，空气质量较后者往往“更加糟糕”。

此外，该软件支持微博，可将空气质量信息与好友分享。

资料显示，PM全称Particulate Matter（悬浮颗粒），在大气环境领域中，指的是悬浮在大气中的液体或固体微粒。直径越小的PM，悬浮时间越长：直径大于10μm的，几小时内就会因为重力降落；直径小于1μm的，能逗留几个星期，直到被降水吸附。

PM的主要危害是引发或加重哮喘、肺功能障碍、肺癌、心脏病、猝死。它的危害和它的直径直接相关：大于10μm的大多数被鼻腔和咽喉阻挡，不会造成麻烦；10μm～2.5μm的颗粒，部分会被肺呼出，部分被支气管和肺部组织吸附；小于2.5μm的微粒，会进入肺部的气体交换区（肺泡），引起血管炎和动脉粥样硬化，进而导致心脏病和其他循环系统疾病；小于0.1μm（100nm）的微粒，也被称为纳米颗粒，能通过肺泡内的气血屏障进入循环系统，进而影响其他器官，例如损伤大脑，造成老年痴呆等。

点评

“身体是革命的本钱，空气的健康的基础”，出行前看一眼空气指数，适当的增加防护措施，没什么坏处。

150 GotYa！：Android防盗利器

提要 Android防盗应用GotYa 可在解锁不成功时拍下盗贼的脸。

应用名称：GotYa!
应用大小：2.90MB
应用售价：免费（专业版：人民币17.62元）
开发团队：MBFG
下载地址：http://163.fm/HeV3P8l

手机丢了怎么办？iPhone用户有内置Find My iPhone应用，Android用户往往就要另觅新机了，这里介绍的一款可以帮助Android用户找回手机，并且还可以抓到小偷的防盗利器——GotYa！。

GotYa!分为免费版和专业版两个版本。专业版售价人民币17.62元。下载该应用后需要先设置屏幕锁定，如果手机一旦被盗，小偷在解锁错误后会被前置摄像头拍下照片并在谷歌地图中记录位置信息，然后直接通过电子邮件或Facebook发送给机主。而这一切，甚至都会提示给小偷："兄弟，您已经被我拍到，快快束手就擒吧"。此外，在解锁错误后，机主也可控制手机的短信机电话功能发送信息。

据官方介绍，GotYa!使用的内存很小，无须担心影响性能。但需要注意的是，GotYa!对于机型仍有一定门槛，前置摄像头在Android手机中并不普及，免费版本中也不会提供完整尺寸牌照截图及电子邮件报警等功能。

有一句话说得好，在数字世界，任何反盗版及防盗措施都是"防君子不防小人"，至于如何破解GotYa!，相信每个Android刷机用户都可以想得到。

点评

防盗类应用会不会成为"刚需"目前还不得而知，但即使安装防盗软件，也不意味着高枕无忧，最佳途径莫过于对自己的爱机加倍小心。

151 集客买：发现本地优惠

提要 提供本地的餐饮、休闲、娱乐、购物等生活服务的优惠券分发应用。

应用名称：集客买
应用大小：1.66MB
应用售价：免费
下载地址：http://www.jikebuy.com/

随着移动互联网的飞速发展，也基于位置信息的优惠券应用越来越多，这里介绍一款可直接打印千家优惠券的手机应用——集客买。

集客买是一款基于LBS定位系统、提供本地的餐饮、休闲、娱乐、购物等生活服务的优惠券分发软件，可以为消费者随时随地查询分享精准的本地化生活信息。

集客买CEO林强很看好"O2O+LBS"的模式，他认为，集客买最大优势是丰富的商户资源，"惠辉世纪已在北京覆盖了近500万用户，通过其他省份运营商和行业优惠券内容供应，覆盖全国用户已达到8000万，直接签约的全国合作商户约10万家，可以保证优惠信息的丰富性。"

林强认为：与同类产品的最大区别在于，集客买从用户方便使用的角度为出发点，做到了简单易用，不限于卡类、打印凭条，只要商户允许的范围内，凭集客买短信或手机应用中的产品页就可享受优惠。

据了解，集客买除了覆盖互联网和移动互联网，还将延伸到线下终端。林强称，"PC、手机、线下终端这三条产品线的差异化和共用性是我们未来研究的方向，LBS+SoLoMo+Coupons是我们服务的基础"。

集客买最大优势是丰富的商户资源，直接签约的全国合作商户近10万家。

152 贝瓦听听：儿歌电台

提要 贝瓦故事为儿童提供丰富的故事，包括童话故事、成语故事、启蒙故事、儿童故事MP3等内容。

应用名称：贝瓦听听- Beva.FM（iOS版）
应用大小：58.9 MB
应用售价：免费
下载地址：http://itunes.apple.com/cn/app/id482536668?mt=8

相比游戏、社交等同质化现象严重的移动应用类别，主打儿童早教类应用厂商并不多，用户群体也相对稳定，这里介绍一款儿童电台应用软——贝瓦听听。

孩子和家长通过它可以收听到大量的经典儿歌，该应用采用随机播放的形式，定期对曲库进行更新；操作方面，只须单击界面上的“收音机”按钮，音乐就开始播放，再次单击后即暂停播放，保证了即便是低龄儿童在无人陪伴的情况下也可独立使用。此外，该应用根据儿童的作息时间开发了可定时开启关闭等功能。

据贝瓦网CTO介绍，贝瓦儿歌在互联网上大受欢迎，反映了儿歌的市场需求量非常大。但很多家长反映，孩子的兴趣、思维转变得非常快，他们必须经常守在电脑前帮孩子操作换歌。设计一款幼儿可独立操作的儿歌应用，解决家长的困惑，就是贝瓦听听的设计初衷。

同时还表示，贝瓦听听不仅是一款儿童音乐电台，还是个趣味十足的玩具。儿童可以通过触碰与卡通人物进行互动，通过摇晃更换界面背景图片。

点评

儿童教育应用会是在移动终端越来越普及后的最大收益者之一，苹果也在大力拓展教育行业，优化内容与互动是此次应用重点的发展方向。

153 挖财：记账理财助手

提要 家庭理财产品，开发者同时提供了网页在线版挖财。

应用名称：挖财
应用大小：5.7MB
应用售价：免费
开发团队：www.wacai.com
下载地址：http://itunes.apple.com/cn/app/id386756967?mt=8

随着移动终端的普及，个人财务类应用被越来越多的下载到普通用户的手机，对于注重理财且“精打细算”的用户来说，理财类产品已经是不可或缺的应用，前面我们介绍过金蝶出品的随手记，这里推荐的是一个创业团队的作品——挖财。

据产品人员介绍，挖财是国内最早进入个人手机记账领域的公司，其应用目前覆盖了iOS、Android、WP7、Symbian、BlackBerry、Java、WM等全平台，并首创了语音、拍照、差旅多场景记账功能。加密压缩、增量同步等功能更好地保证了信息安全与用户体验。

此外，该应用还具有报销管理、账目搜索、自动查找附近商家等功能。

据了解，挖财成立于2009年，经过四个月的研发，第一版产品上线，该公司在2011年曾获得原口碑网创始人李治国的千万元天使投资。

该公司国内最早进入个人手机记账领域的公司，产品覆盖全平台。

154 今夜酒店特价：寻找最划算的五星酒店

提要 基于移动互联网的手机预订平台，可以在每晚6点后低价预定当天酒店剩房。

应用名称：今夜酒店特价
应用大小：7.6 MB
应用售价：免费
开发团队：天海路网络信息科技有限公司
下载地址：http://itunes.apple.com/cn/app/id457505507?mt=8

学过经济学的人都知道“价格歧视”这个名词，通俗点说就是花不同的钱买同样的东西。在移动应用中，不少开发者也在卖这样的“噱头”，尤其像酒店行业这样亟待“薄利多销”的行业，更是需要App开发者去打开他们的市场。“今夜酒店特价”就是这样一款应用。

“每晚6点后，高星级酒店2折起”，这款应用的Slogan以及名字已经把应用的初衷表示得很明白。总会有酒店在每晚6点以后还囤有空房，正如机票空位一样，与其让它空着，还不如折扣出售。这款应用走的商业模式非常清晰，晚上6点是酒店行业业务的一个节点，晚上6点以前是一个高消费市场，而晚上6点以后则是价格歧视的另一端。这款应用卖点不在于应用本身，而在于它的商业模式。

移动互联网的发展，以及SoLoMo模式的整合，旅游业已经进入另一个发展期。或许紧随这款应用的将会是旅游类互联网巨头对这个市场的蚕食。不过该应用也整合了“前台付款”的功能，对于旅游服务业来讲，着实给用户带来了不少的便利，毕竟酒店预定变动的可能性还是很高的。

该应用的主要功能如下。

- 快速查找和筛选附近的高星级酒店和特价。
- 获得酒店详细信息、照片和地图定位。
- 预订特价房间并在手机上完成支付。
- 使用App发短信通知好友酒店的名称与地址。
- 支持部分酒店到店付款，无须手机支付。

今夜酒店特价的最大亮点是开创业了一个全新的酒店预定模式。

155 Cinemagram：遮罩动画制作

提要　利用摄像头拍摄的视频，通过勾画遮罩来制作奇特的“运动”照片。

应用名称：Cinemagram（iOS版）
应用售价：原价12元
开发团队：Factyle
下载地址：http://itunes.apple.com/es/app/cinemagram/id487225881?mt=8

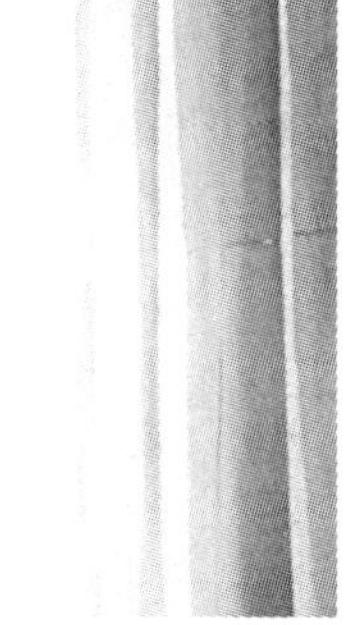

Cinemagram是一款结合摄影摄像与社交的应用，此类APP在苹果应用商店上不计其数，其中最成功的当数Instagram。这里介绍的Cinemagram则是照片分享应用中相当另类的一款，它是以视频拍摄为基础，通过自定义遮罩（Mask）动画，最后输出动态GIF动画图片，其成片效果往往令人称奇。

几个月前，来自纽约的两位摄影师创造了一阵“动静结合”的动态照片潮流，即画面中一大部分为完全静止的图片，细节部分充满自然动感，拍摄物体选得好的话很容易产生一种“时间冻结”的错觉，见上图。

Cinemagram则借鉴了两位摄影师的思路，在掌握使用技巧后，其出片效果几乎完全与“时间冻结”图片一致。其操作步骤如下：

①拍视频

开启软件，拍摄一段视频，然后需将视频剪辑为2～3秒的片段作为素材。

②画遮罩

利用刚拍摄的一段视频，自定义需要“运动”的部分，画面其余位置则全部为静止状态。画遮罩是只须用手指“蹭”出轮廓即可。

③调色调

画好遮罩后即进入调色阶段，改应用内置了多款特效，包括偏色，复古，蒙尘等样式，选好样式后及即自动上传到Cinemagram服务器。

如果在调好色调后发现预览效果不如人意，仍可以返回遮罩的步骤重新选择遮罩，用户的每部操作都是可逆的。

值得注意的是，目前Cinemagram仅打通了Tumblr、Facebook与Twitter三个社交网站，对国内用户来说少了一份分享的乐趣。

此外，该应用目前仍无法做到将拍摄的图片存储到本地相册中，设置好的作品会直接上传至Cinemagram服务器公开，所以提醒自拍爱好者在使用前务必谨记此点。

经过测试，在图片生成并Cinemagram传至服务器后，用户可以通过邮件分享的方式下载自己的作品。

对于流量较少的3G用户，尽量在有Wi-Fi的环境下使用该应用，经测试，其生成的每张图片均在2MB～6MB左右，上传与下载之间，不但耗费流量、对电池也是个不小的考验。

除去照片拍摄处理等模块，该应用的社交功能与Instagram如出一辙，使用者可以Follow自己喜欢的摄影师，也可以单独收藏任何一张公开的GIF图片。在“热门”榜单中，可以看到一天之内最受欢迎的作品。

技术方面，Cinemagram遮罩的处理方式相比颜色校正、位置拼接的操作要更加复杂，即使一般的视频工作者也难以省时高效地处理好动静皆宜的作品，而Cinemagram面向大众，可以让更广泛的群体制作出相对精良的动画图片，这是其对产业最大的贡献。

下面为部分使用Cinemagram拍摄的动画图片（动态GIF图片，纸质书籍无法显示全部）。

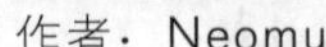

作者：Neomu　　作者：Hammer

点评

在社交与摄影工具层出不穷、山寨应用不断吞噬初级用户的今天，Cinemagram不拘一格的创新显得无比珍贵。

156 C^2：拍照交换生活

提要　一款照片分享社交应用，特点是加入了时间轴元素。

应用名称：（C^2）/C平方
应用售价：免费
下载地址：http://m.163.com/iphone/software/315kju.html

移动社交类应用因为其特殊的用户连锁效应，一直是囤积用户数量的重头应用，在App Atore中社交应用的数量也相当大，这里介绍的是一款以“交换生活”为卖点的应用——C^2。

C^2试图用拍照的方式连接用户，其思路类似于陌生人随机聊天网站Omegle。用户首次进入应用后直接进入拍照模式，可以将生活中的建筑、人物、物品等拍摄下来再上传，系统则会按照随机且最大距离的原则匹配，此时即可收到一张其他用户分享的照片。

社会化服务方面，C^2连接了Facebook、Twitter及微博平台，可以将拍摄的照片分享给好友。

C^2上线于2012年初，2月份发布Android版，3月末发布iPhone版，在苹果对恶意刷榜进行清理后，该应用在App Store社交榜单中进入了前10位。

据产品团队介绍，C^2的目标市场是全球用户，“目前用户中有超过15%来自欧美等地区”。

不过在创新思路的同时，C^2仍有些不足，作为一款主打拍照的应用，其照片只有原始效果且质量压缩比例过大，甚至可以看到细微的锯齿，上传速度也还有提升的空间。

在交互方面，因为不同于以往社交类操作习惯，UI图标仍需要用户单击后才能理解其作用，这就更需要产品团队做好用户引导工作。目前版本来看，用户间交流也仅可以使用少数几种表情符号来进行，无法使用文字或语音等。

总体来说，在创新性方面，C^2走在了大部分社交应用前列，而在应用细节以及如何留住用户层面，C^2还有不少工作要做。

点评

C^2试图用拍照的方式连接用户，其思路类似于陌生人随机聊天网站Omegle，但应用细节和交互方面仍有不少问题有待改善。

157 Infographics：信息图收藏

提要 一款专注于高质量数据信息图应用，同时收集少量视频信息图类短片。

应用名称：Infographics
应用平台：iPhone与iPad通用（免费）
开发团队：Column Five Media, Inc
下载地址：http://itunes.apple.com/app/id449338596?mt=8

信息图表（Infographic）在近一年来已经成了数据呈现的一个重要方式，无论是主流的Pinterest还是国内的花瓣网等，都有专门的信息图表分类，这里介绍的iOS应用Infographics正是这样一款专注于高质量数据信息图的产品。

Infographics的结构相当简洁，进入应用界面就是按时间排列的最新信息图及导航栏，目前应用共分为新闻、商业、科技、教育、视频等8大类，每个子栏目下即是该领域的最新信息图或视频。

操作方面，单指双击信息图后即可查看原始图片大小，细节部分也可看得一清二楚，但遗憾的是，Infographics并未直接提供保存图片功能，用户只有通过应用内的跳转到Web版网页的方式才能下载原图。应用内，用户可以将图片分享至Twitter和Facebook。

尽管提供的数据图质量较高，但Infographics应用本身的功能及设计并不算特点鲜明，反而更趋向于传统的新闻客户端形式，对于这类可以圈住相同喜好用户的应用，没有增加用户分享与Digg等“社会化”功能，是其并未获得过多关注的原因。

更新量方面，一周大概更新5张图左右。此外，由于存储数据的服务器在国外，中国用户打开信息图及视频时也会需要较长的加载时间。

点评

Infographics客户端在形式上并未有过多创新之处，但其深耕信息图的细分方向，是值得创业者关注的。例如产品、平面设计师，微电影等都比较适合用此类App推广。

158 春雨掌上医生：移动健康应用

提要 一款"自查+问诊"的健康诊疗类手机客户端，可通过春雨掌上医生，查询自己或他人有可能罹患的疾病，免费向专业医生提问。

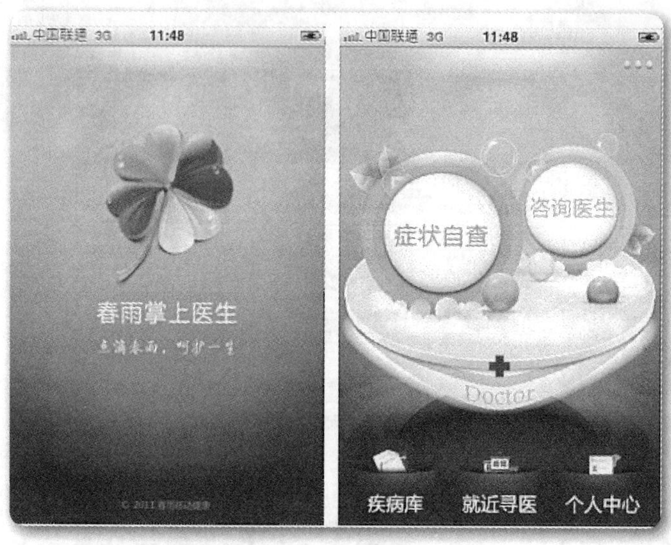

应用大小：10.5MB
应用售价：免费
开发团队：春雨软件

春雨天下软件有限公司是一家以Mhealth（即Mobile Health）为业务方向的移动互联网公司，春雨掌上医生是该公司第一款"自查+问诊"的健康诊疗类手机客户端，提供用户自诊和向医生问诊两大功能。其现阶段软件和所提供的服务全部免费。

据CEO张锐介绍，春雨掌上医生拥有目前世界上最全的移动疾病数据库，所有数据均来自权威药典和医典。拥有国家医师资格证的正规医生将在线解答用户提问，并可以保证1个小时以内的快速回应。用户在症状自查时，只需要在手机屏幕显示的人体界面选择对应的部位，再选择此部位的症状，之后此症状相关病症的名称及信息就会被筛选出来。

在线咨询医生则包括语音、文字、图片3种方式。在试运营阶段每人只有一次提问机会，每天100个免费名额，1小时之内会收到医生的文字解答，可以继续追加提问。

据CTO曾柏毅介绍，春雨掌上医生结合了现在流行的LBS功能，可搜索用户附近医院、药店及专科医生的相关信息。他介绍春雨还将陆续发布6～12款

Mhealth方向的产品，并且计划推出药店搜索比价功能，以及与有资质的药店合作，用户可直接通过春雨掌上医生搜索药店、比较药价、下单买药。

CEO张锐在回答为何选择这一领域创业时说，“移动互联网是10年来最好的创业机会。移动健康，即Mobile Health或Mhealth，又是近两年移动互联网领域的热门创业方向，医疗是一个竞争小、前景光明的大市场。”春雨掌上医生今后将采用“免费+增值”商业模式，每天100个免费线上问诊，超过数量则通过增值收费满足用户个性化和进阶的问诊需求。春雨提供的是一种基于EHR（electronic health record ）的家庭私人医生服务。另外，药品广告也是春雨赢利点之一。

点评

移动医疗前景无限，但如何在现有医疗体系下找到健康稳定的收入增长点，是不小的难题。

159 质量事件提醒：勿忘315

提要 第一时间掌握身边生活中发生的各类质量事件，并针对同一事件收集多个新闻来源,提供360° 新闻视角。

应用名称：质量事件提醒
应用平台：iPhone
应用售价：免费
开发团队：应用定律 AppLaw
下载地址：http://itunes.apple.com/cn/app/zhi-liang-shi-jian-ti-xing/id507842515?l=zh&ls=1&mt=8

苏丹红、三聚氰胺、毒大米、大头奶粉、细菌超标、伪造洋家具、化妆品造成过敏、婴儿用品灼伤皮肤、劣质地板、轮胎召回……我们身边总是充满了这样或那样让人担忧的质量事件，有时我们不能及时且全面掌握事件的进展。质量事件提醒这款应用会“第一时间掌握身边生活中发生的各类质量事件，并针对同一事件收集多个新闻来源，提供360° 新闻视角”。

一年一度的3•15晚会再次曝光了麦当劳、家乐福、中国电信等大牌公司的质量及安全问题，甚至连“招商银行、工商银行”这样的机构也“躺着中枪”，各种质量安全事件频频发生，而3•15晚会仅仅是我们所生活环境的一个缩影。

这款应用，希望能够为用户擦亮眼睛。

功能而言，这款应用拥有多个新闻视角支持，左右切换界面即可更换新闻视角，让用户更加清晰且全方位地了解质量安全事件。此外该应用还与微博互通，遇及新的质量事件，你可以通过质量事件直接转发到微博上，让朋友们也参与到质量监督中来。

与北京空气质量类似，此类应用，有备无患。

160 讯飞语点：中文版Siri

提要 科大讯飞推出的一款基于“语音云”平台的智能语音应用，该应用集成了近20项语音功能，可以像“Siri”一样实现智能语音识别。

应用名称：讯飞语点
应用平台：Android
应用售价：免费
开发团队：科大讯飞
下载地址：http://yudian.voicecloud.cn/yudian.htm

应用主页面提供了打电话、发短信、打开应用、上网搜索、提醒、音乐六项基本功能，同时这些功能还附属了功能的“口令”说明。不过，如果直接“点击说话”，也可以直接输入语音口令实现任务。

此外，该应用的音乐口令支持在联通沃音乐商场下载音乐。据初步测试，应用内自身附带了播放器、浏览器、时钟提醒、短信、电话等第三方程序，并且这些程序可以实现移动设备原生应用的功能。

讯飞语点最大的特色是对普通话的高识别率，经过多次尝试，可实现近95%以上的正确识别，这或许是科大讯飞多年语音输入技术研发的成果。从塞班时代起，讯飞语音就已经出现在手持设备上，如今讯飞推出了“语音云”平台，让语音技术不仅仅局限于设备端。拓展至云端的讯飞系列应用，可以实现与设备的聊天和对话，甚至可以让她给你讲笑话，这款应用也足以让尚未进入中国的Siri汗颜。

点评

讯飞语点最大的特色是对普通话的高识别率，这是Siri目前无法触及的。

161 网易电视指南：手机电视报

提要 通过它可以快速、准确地查询央视、卫视、地方电视台等500多个频道一周最新的节目列表。

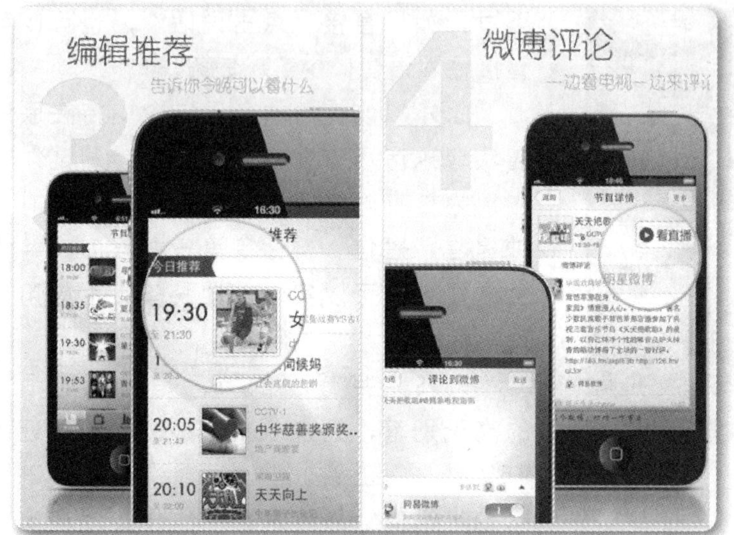

应用名称：网易电视指南
应用大小：5.7MB
应用售价：免费
开发团队：网易
下载地址：http://itunes.apple.com/cn/app/d480095986?ls=1&mt=8

2011年12月12日，网易电视指南iPhone版正式上线。网易电视指南是网易推出的一款免费的电视节目表。用户通过它可以快速、准确地查询央视、卫视、地方电视台等500多个频道一周最新的节目列表。拥有iPhone手机的用户可以在App Store里搜索“网易电视指南”，并且免费下载使用。

网易电视指南拥有多种易用、高效的功能。“定时提醒”功能能即时提醒让您不错过任何一个精彩节目；“热门排行”能让您轻松了解最热门的电视剧、电影、综艺等排行榜；“编辑推荐”能让您在海量节目中快速找到自己喜爱的节目。另外，网易电视指南中也添加了独具网易特色的“跟贴盖楼”功能，用户可以一边看电视一边发评论，表达自己对节目的看法，同时分享到微博等社交平台，做个“有态度”的观众。

网易移动中心负责人徐诗表示，“我们致力于为用户提供优质、实用的精品客户端，通过网易电视指南，提供一站式电视节目查看、网友互动、点评查询、提醒服务等功能，希望帮助用户解决在海量频道和节目中无从选择的问题。”

网易电视指南是网易在移动互联网领域的又一款重点产品。2011年网易在移动互联网领域持续发力，相继推出了网易新闻客户端、网易公开课、网易应用、网易阅读等多款移动产品，其绝佳的用户体验和强大的操作功能都受到了用户的一致认可。在苹果公司12月9日公布的2011年度最佳iPhone应用名单（App Store Rewind 2011）中，网易新闻客户端、有道词典、网易公开课分别在新闻类、信息参考类和教育类取得优异成绩。

点评

将传统电视节目与手机应用相结合的产品，一站式电视节目查看、网友互动、点评查询、提醒服务等功能，让电视更加“社交”化。

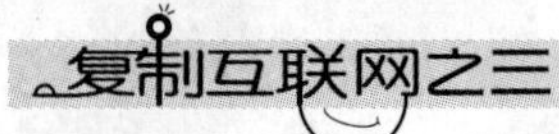

162 Crows Coming：移动设备上的Kinect

提要 仿Xbox的Kinect体感游戏的一款iPad应用，游戏之余可以活动头部及肩关节。

应用名称：Crows Coming
应用平台：iOS
应用售价：$0.99
开发团队：www.visionhacker.com/
下载地址：itunes.apple.com/cn/app/crows-coming/id452523144?ls=1&mt=8

从2010年到2011年，微软Xbox 360游戏机外设Kinect创造了一项消费电子产品销售速度最快的吉尼斯世界纪录——在Kinect开售的前60天中，共售出800万台，平均每天售出13.3333万台Kinect，打破了此前由iPhone和iPad所保持的记录。

Kinect的成功不难理解，新颖的体感交互模式摆脱了对机器对玩家的束缚，颠覆传统的游戏方式是其制胜法宝。此前，体感游戏只能在专业游戏设备上体验，这里介绍的就是一款初具体感交互雏形的iOS游戏——Crows Coming。

Crows Coming的游戏模式非常简单，通过前置摄像头捕捉头部的横向位移，控制游戏中稻草人的运动去拦截从天而降准备偷食的乌鸦，随着游戏的深入，乌鸦将会越来越多，对玩家的响应速度要求也越来越高。

游戏的画面与游戏模式同样简单，矢量画风与轻松的音效非常适合在工作之余活动颈部，甚至有用户评价其为“一款不错的颈椎保健利器”。

开发团队visionhacker共计三人，目前就读清华大学计算机系，Crows Coming也是团队的第一款正式游戏。在与网易科技的对话中，开发者称Kinect

与Wii的成功给游戏思路带来了很大启发，但传统游戏机设备昂贵且对空间有较高要求，于是做一款“手机上的Kinect”的想法应运而生。

开发者透露，因为之前就是从事视觉方向研究，Crows Coming的制作周期并不长，但在游戏设定方面走了不少弯路。“其实我们做了好几款类似但不同的游戏。这一款是我们目前相对比较满意的一个版本。”

“MYB”是开发者对自己产品的解读，即Move-Your-Body，在Crows Coming后，visionhacker还将继续推出多款MYB产品。游戏平台方面，因为目前Android鲜有前置摄像头机型，产品将多集中在iOS系统。与多数游戏一样，玩家可以将分数分享至Facebook及Twitter上。

尽管创意新颖，但游戏本身的情节较简单，场景也并不丰富，光照强度及角度对摄像头的动作捕捉仍有不小的影响，时而会在游戏过程中出现识别不准确的现象。

开发者表示，“Crows Coming下一版会增加更多的元素，会有更多不同属性的乌鸦来对南瓜进行攻击和保护，还会增加一种新的游戏模式。”

点评

尽管游戏简单，但已初具体感游戏模型，希望真的可以打造成中国版的Kinect

163 网易新闻客户端：掌握全球资讯

提要 在第一版的基础上开辟了以微博早晚报为内容的“微新闻”栏目，同时对话题栏目进行了改版，新增了“另一面”，“数读”等网易王牌专题策划内容。

应用名称：网易新闻客户端
应用平台：iOS、Android
下载地址：http://itunes.apple.com/cn/app/id425349261?mt=8

2012年5月，网易正式对外发布了网易新闻客户端V2.0版本。该版本在原有产品的模块和栏目上进行了大胆创新，开辟了以微博早晚报为内容的“微新闻”栏目，同时对话题栏目进行了改版，新增了“另一面”，“数读”等网易王牌专题策划内容。此次推出的新版本覆盖了iPhone, Android两大平台。

网易新闻客户端自上线以来，一直重视内容品质和用户互动。在此次发布的新版本中，编辑团队将原来受到广泛好评的微博早晚报独立出来，成立了“微新闻”栏目。微博早晚报打破了传统新闻客户端自上而下的内容模式，整合更多用户自发的内容，更符合Web 2.0时代用户的使用习惯。“微新闻”栏目涉及社会、娱乐、科技、人文等领域，着重关注最具时效性的民生民意，主动挖掘潜在新闻资讯。

同时，网易新闻客户端V2.0版本对话题栏目也进行了改版，新增了包括另一面、深度、评论、专业控、数读、独家解读在内的专题策划栏目，以及博

客精选、论坛精选、投票在内的9大子栏目。其中另一面、数读等是网易新闻的王牌深度专题栏目，从不同的视角解读新闻时事，满足用户对深度新闻内容的需求，充分体现了网易“有态度”的理念。

在功能方面，新版本进一步提高了内容加载速度以及产品兼容性，新增了新闻搜索的功能。提升用户体验，方便用户在客户端用关键词搜索想看的新闻，让相关新闻尽收眼底。

点评

网易新闻客户端在继承网易新闻特点的同时加入了大量原创细节，自上线以来，网易新闻客户端用户数量、活跃度和口碑都在同类软件中名列前茅，下载量长期保持在App Store新闻软件排名第一。

164 乐疯跑：跑变世界

提要 跑步辅助类应用，全程语音提示并会自动记录时间、里程、消耗热量以及时速等参数，界面也会调用地图显示跑者的位置并发现周边的跑者。

应用名称：乐疯跑
应用平台：Android/iOS
应用售价：免费
开发团队：联想
下载地址：http://itunes.apple.com/cn/app/le-feng-pao/id529398185?mt=8

随着现代人对健身的越发重视，移动互联网领域也诞生了一批辅助运动的移动应用程序，其中苹果iOS甚至与运动厂商合作内置了跑步应用“Nike+iPod”，这里介绍的是PC厂商联想日前在兰州正式发布的“乐疯跑”。

从名字就能看出，乐疯跑也是一款跑步类应用程序，相比Walk tools、计步器等较流行的运动应用，乐疯跑的最大的特点是加入了社交功能，用户通过微博登录后，就可以看到周边同样使用乐疯跑的跑者，单击跑者头像后即可即时交流，用户之间若距离较近也可以一起约跑健身。

乐疯跑的基础功能也比较全面，登录以后，先设置自己的身高体重等参数，以便软件计算运动过程中的卡路里消耗量，随后就开始“新的运动”，可以选择的运动类型包括走路、跑步和骑行，运动模式包括普通运动、目标运动和自我挑战。

开始运动后，乐疯跑全程语音提示并会自动记录时间、里程、消耗热量以及时速等参数，界面也会调用地图显示跑者的位置并发现周边的跑者，应用也同时加入了拍照和听音乐等人性化功能。

运动完成后，数据自动同步到联想乐疯跑平台，用户可以保存运动路线并分享给微博好友，同时也可以查看历史路线，看看自己是否有所突破。

乐疯跑另一大亮点是“运动计划”功能，应用内置两套走跑训练计划套餐，为初跑者提供详细的周期训练计划，把运动变成了一项GTD应用。

联想集团副总裁、中国区首席市场官魏江雷表示，“乐疯跑是联想专门为兰州国际马拉松比赛开发的应用，历时4个月完成，希望通过该应用可以使运动更加科学。”

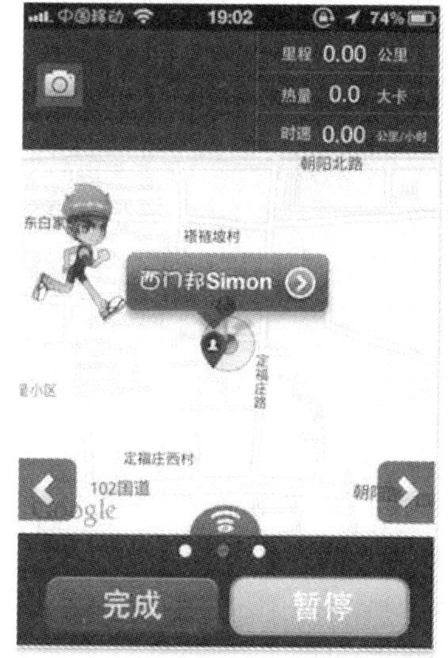

点评

乐疯跑突破了常规运动类应用的局限，加入了社交属性“发现周边跑者”，当使用者数量足够大时将会有更多的想象空间。

小结：移动应用改变生活

随着iPhone的惊艳发布、iPad的异军突起、Android的短期爆发，移动互联网行业在短短的两三年之内已经成为最热闹的创业话题。

如果说传统互联网是2000~2010年的创富源泉，那么2010往后的10年将是移动互联网的黄金10年。想象一下，当普通用户可以使用小小的智能手机打通虚拟与现实的鸿沟，实现移动支付、移动娱乐、移动社交等丰富多彩的应用；当怀揣梦想的年轻人可以通过一行行的代码改变自己的人生轨迹甚至改变世界；当繁琐复杂的网际跳转可以用你的食指轻点即能实现，我们才真正进入了一个属于移动互联网的时代。

由于网易科技已经出版了《移动互联网——最值得关注的100个应用程序》一书，本章并未介绍主流但相对陈旧的成功案例，如Foursquare，Angry birds等。不过，本章近30个应用也覆盖到了生活、理财、电商、医疗、健康、搜索、游戏等多个领域，并且更为侧重国内创业者，他们中有的已经名声大噪，有的仍然默默无闻，无论成败，都希望能以读者一些启发与思考。

受制于软硬件的限制、无线宽带的覆盖，现在的移动互联网仍然处于初级发展阶段，尽管App Store近70万的应用可以满足目前丰富的需求，但我们相信，无限的可能，仍然在等待每个怀揣梦想的创业者。

第11章 外包、开发工具与支持性服务

165 MOGL：餐厅顾客忠诚度管理应用

提要 该应用融合了竞争、返还现金奖励及社会公益等理念，帮助客户进行顾客忠诚度管理。

网站名称：MOGL（http://www.mogl.com/）
上线时间：2011年4月
所在地点：美国加州圣迭戈

MOGL的产品或许较难理解，但这正是风险投资人认为它物有所值的原因。该应用融合了竞争、返还现金奖励及社会公益等理念。

MOGL的注册用户每通过该应用在其合作的餐厅中消费20美元，MOGL就自动向有需要的人捐赠一餐。迄今为止，该公司称，已捐出27000多餐，与此同时，向用户返还超过35万美元的现金奖励。

该应用可跟踪信用卡和借记卡交易记录。用户使用MOGL跟踪的信用卡或借记卡支付用餐费用，便可记录捐赠数额及应获返还现金。用户也可以使用该应用查找周边有没有参与该计划的餐厅。而对于自己的合作伙伴，MOGL向这些餐厅提供自己注册用户的信息及投资回报率的有关数据。

2012年1月，MOGL宣布在第二轮融资中获得1000万美元资金，加上本轮融资资金，这家初创募资总额达1240万美元。当时美国加州已有近350家餐厅与之建立合作关系。

MOGL的投资方之一、Sigma公司的皮特•索尔维克（Pete Solvik）在采访中谈到："我们已跟踪观察MOGL数月，在此期间，MOGL的发展一次又一次超出了我们的预期。平台发布9个月内，MOGL团队就在客户和餐厅合作伙伴中引起了强烈反响，成为同类平台中最具创新性的忠诚度平台。”事实上，MOGL是首个可供Sigma自身使用的忠诚度计划。Sigma非常高兴能够参与到MOGL公司发展的过程中。

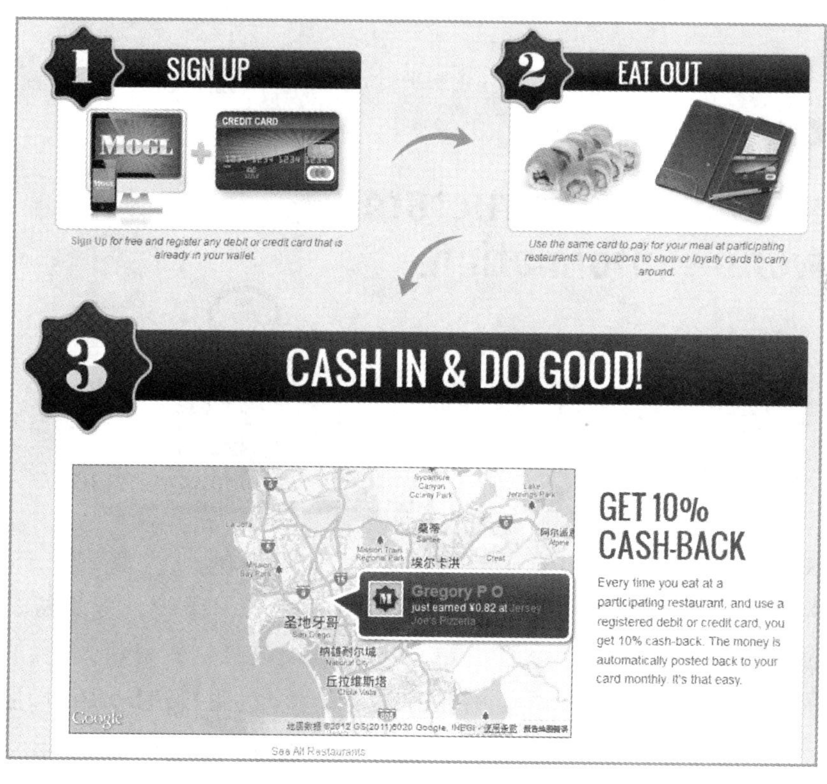

点评

收集信息、处理数据的能力越来越受重视，不光是企业之间竞争的核心，连专注做这一块业务的产品都被风险投资人高价投资并认为物有所值。

166 Locu：为本地商务提供数据驱动

提要 Locu希望通过提供一个本地服务的实时与结构化的数据应用，让创业者更为专注产品设计与技术开发。

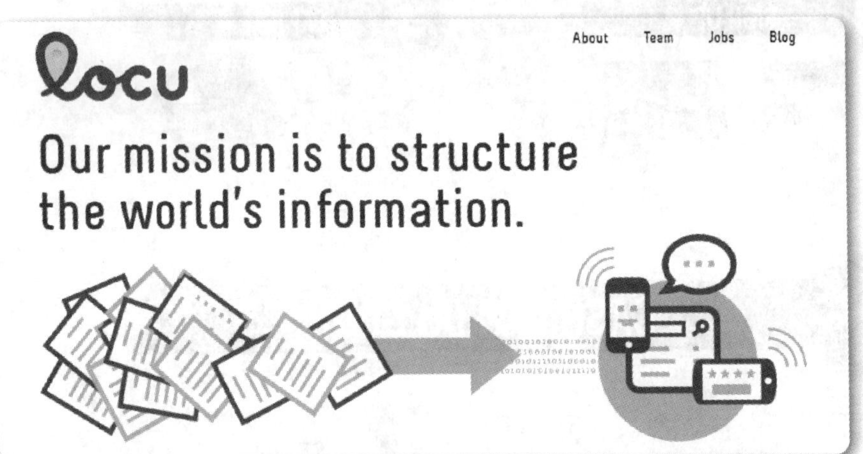

网站名称：Locu（http://locu.com/）
上线时间：2011年
所在地点：美国

SoLoMo的概念很热，前景也非常诱人。营销的机会在于将用户行为与品牌或本地商户/中小企业匹配，激发用户的消费需求。难点也在于此，SoLoMo需要三种不同的执行力：Local是拓展本地商户资源，Mobile是移动设备产品技术开发，Social则需要对用户社交需求的把握。在此之外，对于数据的挖掘、如何将用户在社交网络上的热情延展到本地服务或网络交易上来，则是另一大难题。

美国创业团队Locu主要来自斯坦福大学和MIT，刚刚拿到超过60万美元种子资金，金额虽然不高，投资者阵容却颇为豪华：有Google、Twitter、Facebook的一些高管，还有思科、IBM、彭博、微软、麦肯锡、摩根士丹利等公司与机构的资深人士。

Locu希望打造SoLoMo服务的基础应用：提供一个本地服务的实时与结构化的数据应用，帮助其他创业者改善本地搜索，比如餐馆菜单。

它推出的第一个产品是MenuPlatform，旨在为餐馆老板们提供一个能够简单更新数字化菜单系统的工具。这个工具会包括一系列功能，比如自动导入各种格式的文件、整合Facebook等用户常用网站、提供手机应用、实时编辑和简易更新。这样，餐饮经营者不需要聘请IT人才也可以维护自己的网站和手机应用了。

Locu的产品还将在文本分析、机器学习和人计算（Human Computing，用户参与及群体协作，概念类似“众包”）等打造更为高效的技术，掌握数量更大、结构更为明晰的资料与数据，用户也能更为详细地搜索，而不是像现在用一个模糊地关键词，或者根据地点远近来查找。

MenuPlatform这种菜单服务只是一个开始。在搜索功能之外，Locu还提供了结构化数据的调用API，创业者们就能利用到它掌握的本地服务应用，这样就能在SoLoMo的“Lo”环节节省不少精力，转而比拼技术层面的“Mo”和产品设计与运营方面的“So”。

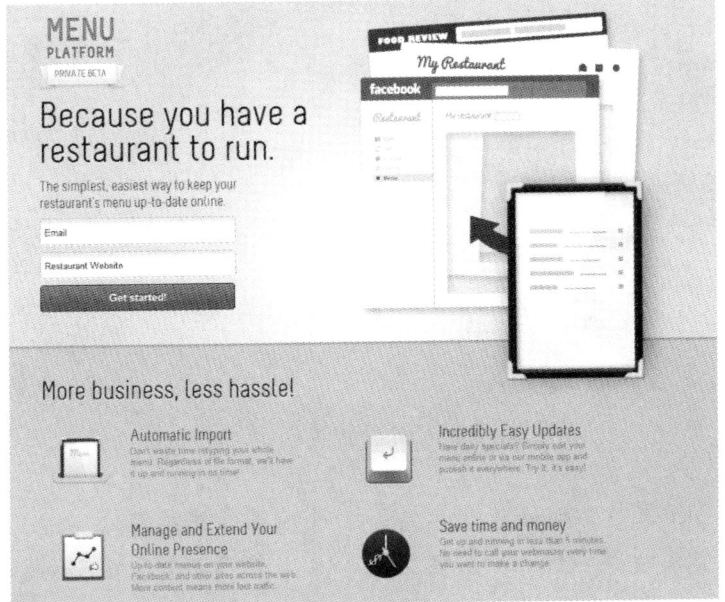

点评

尽管Locu的创始团队和投资者异于常人，但与其他初创产品一样需要时间的考验，需要验证它只是一个美好而虚幻的概念，还是能够造福一方创业者的伟大进步。

167 OneSky：网络服务的翻译管理平台

提要 面向的是网络服务的开发者，给那些希望开展国际化发行的创业者提供“无痛苦”翻译。

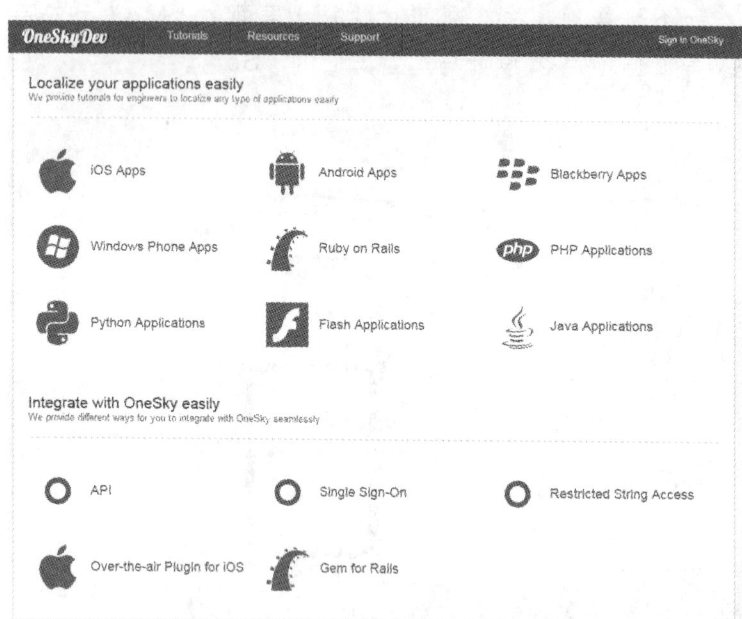

网站名称：OneSky（http://oneskyapp.com/）
上线时间：2011年1月
所在地点：香港

OneSky是一个翻译管理平台，与字幕翻译平台Viki、精品文章翻译网站译言网和东西网不同的是，它面向的是网络服务的开发者，给那些希望开展国际化发行的创业者提供“无痛苦”翻译。

OneSky的用户注册之后建立项目页面，提交待翻译的内容，进行初始的语言设置，比如文件原来是中文版，就选择“中文”。然后选择翻译的方式和任务完成的标准，比如设定为需要至少20个好评才能被算作完成。

开发者向OneSky提交内容的方式包括直接上传或API导入文本与文件，文件有iPhone应用、Android应用、Web服务等类型。

如果是通过API，OneSky会将置入其SDK应用中的文本内容提取出来，分解为翻译任务分配到翻译平台中。如果移动应用的文本有所改动，系统会实时生成新的任务，并将翻译好的内容及时更新到应用中。

在OneSky系统中，翻译的方式包括机器翻译、专业个人或机构，还有众包都会用到它提供的管理工具。这个管理工具包括多项功能，比如给翻译者提交的版本评分、排序甚至是举报，根据OneSky的说法，该工具也正在不断地调整和改进当中。

作为一个面向开发者，也就是to business 的服务，OneSky目前的收入就来自高级版本收费（基本版免费）。已经有一些游戏厂商与移动应用开发商与之合作，比如VOIP网络通话应用Viber和手机游戏Lakoo（拉阔）。

OneSky瞄准的领域有着不小的市场空间：如果它的服务足够好，开发者就可以更加专注于应用的开发本身，而不用去招募外语人才来弥补团队在这方面的不足。这种服务在东南亚和欧美或许会比较受欢迎，他们由于操某一语种的人口比较少，因而如果坚守单一语种就不能得到非常大的市场。OneSky也因此面临着Smartling、Mygengo和Conyac等竞争对手。

但是，在人口众多的中国大陆，移动应用的用户往往绝大部分都是简体汉字的使用者，做好一个版本就足够，等公司发展壮大到需要推出国际版的时候，则早已经具备了独立提供外语版本的实力。

点评

OneSky表示他们的目标非常明确，就是“能让更多好的应用通过不同的方法翻译成各种语言，让世界可以分享同一种体验同一种乐趣”。

168 LocalUp：本地商务系统提供商

提要 向中小网站提供订餐系统的解决方案，包括网站内容管理系统的建设、广告系统与订餐系统。

网站名称：LocalUp（www.localupsolutions.com）
上线时间：2009年9月
所在地点：美国巴尔的摩

严格说来，LocalUp不是一个网站，它是向中小网站提供订餐系统的解决方案，包括网站内容管理系统的建设、广告系统与订餐系统。小商户或者本地拥有资源的媒体公司能够利用它的服务自行搭建外卖与订餐网站、投放广告、处理订单。

这样一来，LocalUp就与外卖搜索服务GrubHub构成竞争关系。不过，后者主要集中于大中城市，而LocalUp专注于小型城市与地区，更注重服务的地域化，它为每一个城市都提供专门的网址和页面，而且还在每个城市向有资质的当地企业授权运营该分站。LocalUp的这种方式被称为“超本地化（hyper-local）市场”。

LocalUp的创始人之前是餐饮领域的另一家公司的联合创始人，他们的看法是：本地商务的模式需要与本地小商户或媒体公司合作，让他们有能力做电子商务，而不是自上而下的自己去拓展市场。这种看法也导致他们不再沿用设立总部、然后开设分站的传统电商方式，而是提供软件系统和支持底层，也就是LocalUp的解决方案服务。

LocalUp的营利主要来自解决方案的授权费用、商业与产品方面的培训和系统服务的支持。它有点像一个特许经营模式。

在2011年7月，LocalUp已经累计拥有了50万用户，为超过700家餐厅提供服务共获取2500万美元的订餐收入。

点评

授权费用等不足以把企业做大，LocalUp也在扩展优惠券等与点餐服务相关的业务，以此来获得其他方面的营收。

169 Bloapp：为博客打造iPhone应用

提要 博客作者免费制作App，可自行展示Banner广告或联系第三方。Bloapp的营利则是抽取10%的博客浏览时间来展示自己的广告。

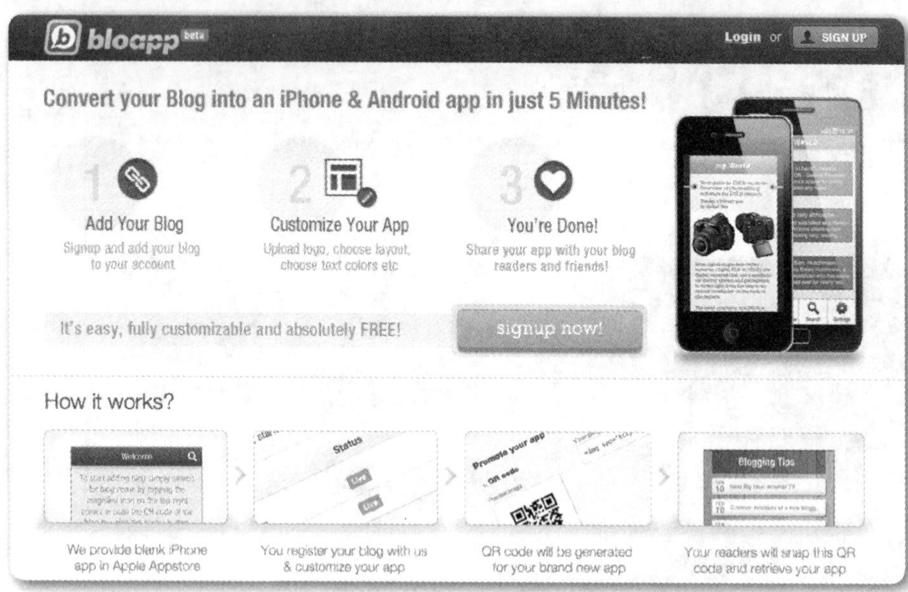

网站名称：Bloapp（http://www.bloapp.com/）
上线时间：2011年
所在地点：美国

Bloapp是一个一句话就能讲明用途的网站：给博客作者免费打造iPhone应用。它的名字就是来自博客加上应用这两个单词。

注册后，用户输入博客地址和RSS链接，Bloapp会生成一个认证信息，也就是一段类似“<meta name="bloapp_verification" content="1654d1a3-1950-4299-93ef-cdfbd45cd9cf"></meta>”这样的代码。用户需要将它添加到博客的<head>标签之中，以防止博客作者的劳动被他人窃取。

应用设计上，Bloapp给了用户很多自主空间，可以自定义版式、Logo、背景图片、字体大小与颜色等。

这时Bloapp会生成一个二维码，用户下载安装Bloapp的应用之后扫描该二维码就可以订阅博客，或者在Bloapp应用中搜索博客名称。

对于用户，使用这个服务是免费的，一个注册账号可以制作多个博客应用，而且可以自行插入Banner广告或AdSense之类的第三方广告平台的代码。

那么Bloapp自己如何营利？目前它的做法是广告，也就是读者浏览博客时间的10%展示的是Bloapp渠道方的广告，剩下90%是博客作者自己的。

点评

随着开发工具的标准化，和类似Bloapp这样的工具，未来移动应用将是全民开发者时代。

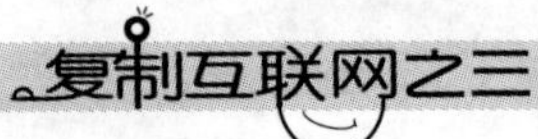

170 Applover：应用测试平台

提要 希望建立一个拥有良好氛围的稳定社区，帮助应用开发商访问成千上万个不同的Android手机并进行实时测试。

网站名称：Applover（http://applover.me/）
上线时间：2012年
所在地点：美国

开发Android 360全景拍照应用的TeliportMe公司也推出了一个免费的Android应用大众测试平台Applover，为Android开发者提供软件兼容性测试服务。

Applover本质上是一个大众类产品。作为一个免费的大众测试平台，Applover为Android应用开发商创建了一个独立的测试平台。该平台授权开发商访问成千上万个不同的Android手机并进行实时测试。

TeliportMe 的创始人维尼特•狄雷尔（Vineet Devaiah）称，在发布Applover之前，三个月中公司的应用在Android Market的平均排名基本停滞在3.1左右，而且每天收到的5星和1星的评价基本相同。而在建立该平台之后，经优化测试公司应用评级不断上升，三个月后同一应用的平均排名升至4.1，而总评级提升了近5倍。

狄雷尔表示，公司根据测试结果对应用做了大量的升级工作，应用的评级在不断上升，变得越来越好。通过这个平台，能够更快地进行应用更新并有助于建立一个更好的产品及测试机制。因此，狄雷尔认为一个好的大众测试平台能够更好地促进Android的发展。

据悉，Applover平台现在仅向200个测试者及20个应用开发商开放。这些开发商的应用在Android Market的总下载量约500万次。当然这一数字还很小。狄雷尔表示，他希望Applover未来能成为一个开放、透明的大众测试平台，并确信这个智能、开放的社区将会健康地发展下去。

仍需考虑的问题是Applover平台如何激励Beta测试者及App开发商加入该社区并帮助其他开发商及Android用户。

目前针对这个问题已经有很多受欢迎的解决方法，如Apphance能够提供及时、准确的测试方案。但是若用户想在超过40部手机上进行测试，Apphance会对每个应用收取每月200美元的使用费用。此外，诸如StartupLift以及BataBait等测试网站，可帮助初创公司以及应用开发人员寻找测试者并取得测试信息反馈。

与这些测试方法相比，Applover仅支持Android应用。Applover开发团队对面临的问题有着清醒地认识。他们需要通过提供无形的激励提高社区测试者的自觉性。他们希望建立一个拥有良好氛围的稳定社区，并提供类似于游戏的积分机制，最终在平台上实现用户的自我管理。

点评

与国内Testin不同，Applover是众包测试，社区中众多测试者提供设备，参与者手动测试。而Testin是自行准备数百款机型，开发者上传应用后连接到设备上开始测试。

171 Aviary：为开发者提供图片特效API

提要 Aviary决定向应用开发者提供图片特效API服务，希望进入图片应用领域的核心位置。

网站名称：Aviary（http://www.aviary.com/）
上线时间：2008年
所在地点：美国纽约

对于日新月异的互联网来说，Aviary算不上年轻，今年已是它创业的第四个年头。作为一个多次扩展产品功能的图片服务，它的概念也不是特别新潮，没有如同Instagram、Picplz一般受到媒体疯狂的关注。

最初，Aviary的目标是蚕食Adobe公司图像处理软件Photoshop的用户群。它提供免费基础应用与专业版增值功能，还向各大网站提供虚拟礼物制作服务。它开发了用于火狐和Chrome的浏览器应用，还推出了基于被很多中小网站采用的建站系统Drupal的组件。

2009年Aviary从亚马逊CEO贝索斯的个人投资机构等处完成第二轮融资，融到了700万美元，在那之后，它将一些增值服务免费以扩大用户群，还提供了音频处理、作曲和绘图工具。并且与一些网络服务商合作，比如图片服务创业公司Pixable、网店建站服务Shopify和图片日志网站Momentile等，它们就用了Aviary的API来向自己的用户提供图片编辑选项。

这个相对“老牌”的应用又打算做图片服务领域的“卖水者”。Aviary的商务拓展部总监Alex Taub说：“我们看到了图片滤镜服务的发展空间，决定提供API服务而不是自己进入该市场，我们应该提供动力让它发展得更好。”

像Instagram和PicPlz这样的手机应用已经让图片滤镜流行起来，现在几乎每个图片应用都需要滤镜和特效功能。但并不是每一个开发者都想在独立开发图片效果应用上花费时间与资源。

Aviary就希望能够满足这些需求，所以它推出了图片处理效果API。开发者们就能很轻松地从一大堆效果中选择一部分加入自己的App：比如一个约会网站的应用就可以用来给个人档案图片去除红眼、补光、调整形状；一个商务网站就能自动地缩放、添加水印；一个拍照应用也能拥有类似Instagram的滤镜功能。而这些都不需要开发者自己写代码，Aviary在后台就把这些基础工作都给代劳了。

新的图片效果API可以在没有任何用户交互的条件下运行，也算是这家已经有数年创业史的公司的新面貌。

点评

Aviary让开发者给自己的App增加图像处理功能更为简单了，它的问题是自身体积比较大，开发者并不需要它的全部功能。另一方面，可能会导致“加壳”的同质化图片应用激增。

172 AppCodeStore：应用程序源代码交易平台

提要 AppCodeStore是应用程序代码交易平台，致力于帮助开发者提高报酬。

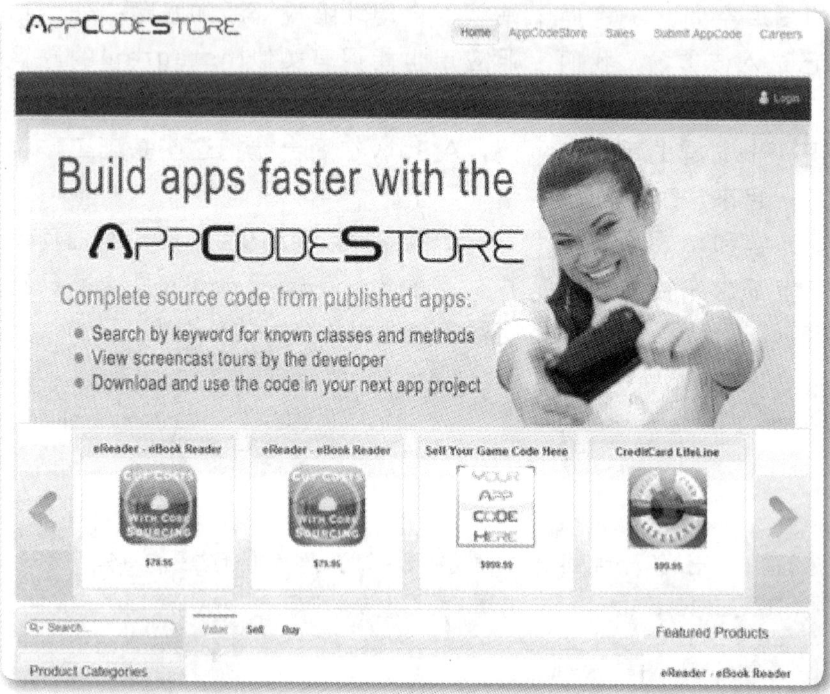

网站名称：AppCodeStore.com（http://www.appcodestore.com/）
上线时间：2009年9月
所在地点：美国德州（Dallas, Texas）

AppCodeStore是一个开发者创建的为开发者服务的电子商务平台，其创立者是有着30年经验的程序员，他们希望通过这种特殊的网络交易平台，帮助开发者们获得更多赚钱的机会，以让自己辛苦开发的代码物有所值。

AppCodeStore的使用犹如其他物品交易的电子商务平台一样，买方和卖方在这里交易各个App源代码，卖方会介绍App的功能、代码情况、交易方式、价格、支付方式等；买方在和卖方交流后，可以购买单个App代码，也能购买搭建某类App的基础程序等，完全取决于买方的需求。

目前AppCodeStore会对各类代码进行分类，方便用户查找和查询。根据AppCodeStore的经验，开发者在这里出售App代码的价格可以相当于500个独立App在苹果商店的付费下载费用，对于开发者的回报而言是相当高的。

按照AppCodeStore这样的构思，其平台还可以成为App程序的订单平台，有需求的用户可以在这里定制，然后开发者来接单。当然对于AppCodeStore这样的平台而言，首要的还是聚集更多优秀的App程序开发员，当有了人气之后，无论是直接交易代码，还是外包代码、项目交易合作等，AppCodeStore才有进一步发展的可能。

点评

苹果公司的伟大之处就在于其借助产品成就了一个巨大的产业生态链，最典型的当然就是App Store了。随着越来越多的开发者针对苹果产品开发出各类App时，一个围绕开发者本身的生态链也开始出现，比如AppCodeStore这样进行App代码交易的电子商务平台。

173 2011年度新型社交媒体工具前20名

美国科技博客TheNextweb近日评选出2011年度新型社交媒体工具前20名，其简介如下。

1. BufferApp（bufferapp.com）

该工具能够按时间确定用户在网上浏览的内容并自行将其添加到用户的Twitter或Facebook流中。其可按固定周期发布所添加的内容且不会覆盖用户的最近来访者。

2. AppMakr（appmakr.com）

该工具能够帮助所有用户免费开发用于iPhone的应用程序，无须编程。

3. YouTube（YouTube.com/create）

作为YouTube全力发展的视频编辑工具，它将第三方视频编辑工具集成进来，用户只要进入编辑界面利用GoAnimate等第三方应用就可以在10分钟之内打造出精彩短片。

4. Wanderfly（wanderfly.com）

一个探索旅行新体验、个性化灵感的旅游网站。用户可通过设定旅行支出预算和爱好，Wanderfly会选出用户喜欢的最佳旅行方式并制定计划，而且通过与Facebook相链接，将用户的社交偏好整合到一起。其已成为推荐类利基市场的成功范例。

5. MyNewsDesk（mynewsdesk.com）

源自瑞典斯德哥尔摩，由于其强大的分析系统以及简洁便利的界面，已经成为2011年最受关注的社交媒体工具之一。

6. Contax.io

由Twitter特定的联系人管理服务MyTweeple演变而来，2011年其功能兼容Facebook。用户可通过Contax.io管理自己的粉丝及追随者。

7. Pokki（pokki.com）

如今Web程序通常都需要通过浏览器登录，用户可通过Pokki在桌面上建立Web应用，直接轻松访问所喜爱的网站而无须打开网页浏览器。Pokki内置的Gmail外观尤其完美。

8. Zooshia（zooshia.com）

Zooshia允许用户为自己的博客和网站创建组件。用户可以为自己的Facebook、Twitter或是其他社交媒体的组合来源创建一个Zoosh。最重要的是，该网站的嵌入式代码使得用户量身打造组件十分便捷。

9. Socialbakers（socialbakers.com）

该网站涵盖用户所需要的所有社交媒体统计，其对社交网站Facebook关于地区以及用户数的统计尤为突出。

10. Sociagility网站的PRINT社交媒体分析服务（sociagility.com/print）

该服务能够为商家或组织作出具有洞察力的社交媒体策略。该服务利用用户与预先设定的竞争对手之间的对比数据进行运算，为用户提供关于社交媒体渠道以及性能的评价。

11. Knowem（knowem.com）

它是一款主要用于检测社交媒体用户名的工具，用其查找与特定主题（话题）相关的网络社区也十分方便。访问网站标签，滚动浏览分类，即可找到新社区，成为社区活跃用户或管理员。

12. PeopleBrowsr / Kred（peoplebrowsr.com/kred.ly）

PeopleBrowsr是一款社交媒体分析工具，可提供1000天内的Twitter数据。Kred由与前者相同的团队研发，是一款评估影响力的工具，分析用户活跃度十分透明。两款工具结合使用更方便。

13. GroupHigh（groupHigh.com）

用于搜索博客、与博主建立联系，是目前此领域最好用的一款工具。最近更新的版本操作更加简易，用户通过关键词、风格、接受度即可定位相关度最高的博客。

14. Quixey（quixey.com）

一款搜索引擎应用。用户如使用普通搜索引擎搜索应用，结果繁多，Quixey可帮助省去一些麻烦。

15. Unilyzer（unilyzer.com）

一个数据中心。社交媒体频道管理者可使用该数据中心评估频道表现。操作简单，只须输入所有可提供的细节，Unilyzer即可在屏幕上显示所有相关数据。

16. Lubith.com（lubith）

一款帮助用户在WordPress平台上架设主题网站的工具，操作简单，省钱省时。

17. Conversocial（conversocial.com）

帮助品牌商家通过Twitter和Facebook完成客服管理。

18. FBsearch（fbsearch.us）

以Facebook发布的新平台Open Graph API为基础。用户使用这款工具时，无须登录Facebook或注册Facebook账号即可搜索帖子、照片、网页、群组以及感兴趣的人和事件等

19. Panabee（panabee.com）

一款网站域名检测器，帮助用户集思广益，找到可用的合适的URL地址。

20. SiteTrail（ sitetrail.com）

提供一种简单途径供网站管理者跟踪了解竞争者业绩表现，该服务免费。

点评

多款实用或者可以借鉴思路的工具。

小结：掘金路上的“卖水者”

有一个故事，讲的是当初美国西部某地发现金矿，无数人都蜂拥而至寻找发财机会。然而，几年过去了，真正淘金的人并没有赚多少，而在路边向淘金者卖水的人却赚了大钱。

这个故事真假未辨，另一个是真实的案例。犹太人李维•施特劳斯远渡重洋跋山涉水来到美国西部掘金，却马上意识到，淘金发财的梦想并不现实。于是，他开了一家面向淘金工人的百货商店，从淘金人身上淘金，后来创办了Levi's牛仔裤。

同样，在众多互联网厂商推出同质化产品激烈竞争的时候，总有些人想到要另辟蹊径，做一个卖水者。

比如众多餐馆往往没有互联网化，MOGL就想到给他们打造顾客忠诚度管理应用。

社会化电子商务流行，就有Ondango提供在Facebook等社交网络上打理网店的服务，客户可以销售物品给自己的粉丝。

移动开发大热，就有AppMakr帮助用户无须编程即可开发用于iPhone的应用程序；Cloudmine平台为手机应用开发者提供一系列应用程序界面；AppCodeStore打造应用程序代码交易平台；Applover、Testin等帮助应用开发商访问成千上万个不同的Android手机并进行实时测试。

第12章 其他

174 Fashioning Change：环保产品推荐引擎

提要 收集大众喜爱的知名品牌信息，为购物者推荐可以替代的环保产品。

网站名称：Fashioning Change（http://fashioningchange.com/）
上线时间：2012年
所在地点：美国圣地亚哥

购物者大多清楚在网上哪里可以买到自己所喜爱的品牌的产品。有时，他们也会想为环保贡献一份力量，却不知道在哪里能找到“绿色”商品，而搜寻结果也通常无法提供理想的价位和款式。

Fashioning Change正就此问题研发解决方案。这家初创企业正在开发一个推荐引擎，收集大众喜爱的知名品牌信息，为购物者推荐“有益的”或“环保的”替代产品。它的目标是让消费者们在有品位的同时对环境也友好。它从火狐插件开始，通过浏览器发送替代产品的推荐，后来又开发独特的引擎。

Fashioning Change目前收录了30个品牌，用户在购物时可以使用它的浏览器工具获取实时评价。比如用户选择了一款Banana Republic（香蕉共和国）的服饰，这个推荐引擎会提示说它的生产不太环保，供应链不够透明，而且涉及到血汗工厂。

这也是Fashioning Change 的特色服务，称为“穿这件，而不是那件”（Wear This，Not That）。这项服务把知名品牌和“环保”品牌并列在一起，使用户可以直接比较产品的外观和价格以及各家公司生产产品工艺。

Fashioning Change希望为环保产品打造一个平台，通过联系、对比品牌，通过提供环保生产工艺细节来推广环保品牌。

Fashioning Change使用机器推理算法开发其推荐引擎，以确保随着平台发展还能够根据交易活动及用户首选项做精细调整，为购物者提供更为精确的建议。

Fashioning Change由阿德里亚娜•赫雷拉（Adriana Herrera）以及凯文•鲍尔（Kevin Ball）合作创办。赫雷拉是圣地亚哥创办者研究所的一名毕业生，鲍尔则是Causes.com最初的五位工程师之一。

用互联网的力量，为环保贡献自己的一份。

175 eToro：复制他人投资

提要 | eToro用户可利用CopyTrader功能，在网上关注其他用户的行动，甚至模仿他们，就像去赌场跟着运气较好的人下赌注。

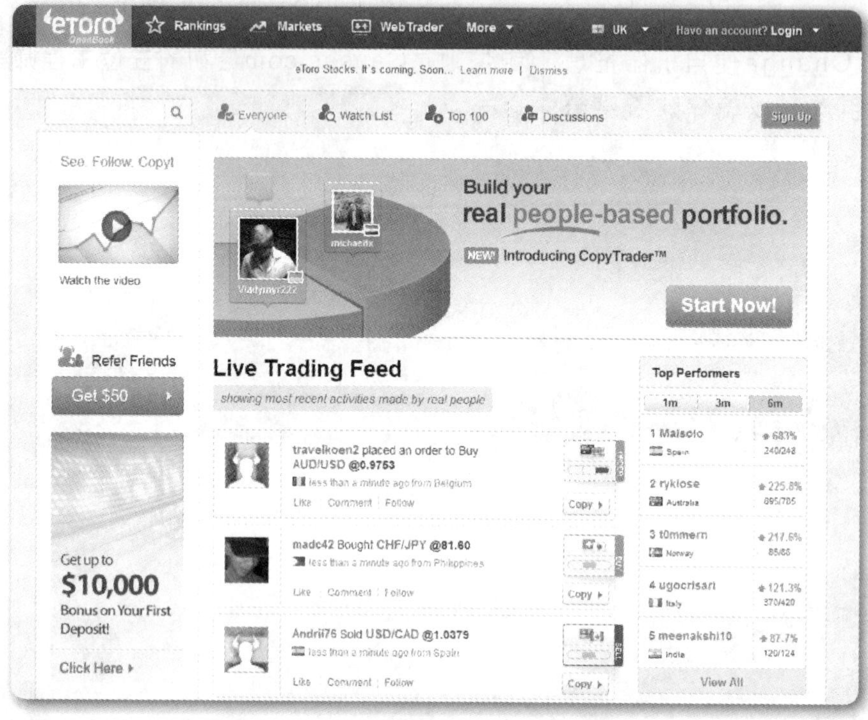

网站名称：eToro（http://www.etoro.com/）
上线时间：2011年
所在地点：以色列

投资网络eToro利用实时功能使得用户可依据其他用户的活动进行跟踪和交易。eToro去年呈现强势增长。目前该公司号称世界上最大的在线投资网络，其200万用户遍及全球140个国家。

由于大量公司迎合“扶手椅投资者”（armchair investor，让个人参与股市，而不必投资一大笔数目或者与股票经纪人交易），所以eToro的特点就显得比较特别。它的主要功能是显示其他用户当前正在做什么交易。

当然，eToro又将这项功能深化一步。利用CopyTrader功能，用户可以在网上跟踪其他用户，关注他们的行动，甚至通过投资模仿他们。这种行为看起来很像去赌场跟着运气较好的人下赌注。eToro表示，模仿其他投资者并最终胜算的概率为80%。

当然，被跟踪的交易者获得双重收入：一方面是他们的交易，另一方面是模仿他们交易的人。该公司每月按照交易者的跟踪者数量，提供每个10美元的奖励。

2012年3月，eTora宣布融资1500万美元，资金总量达到3390万美元。

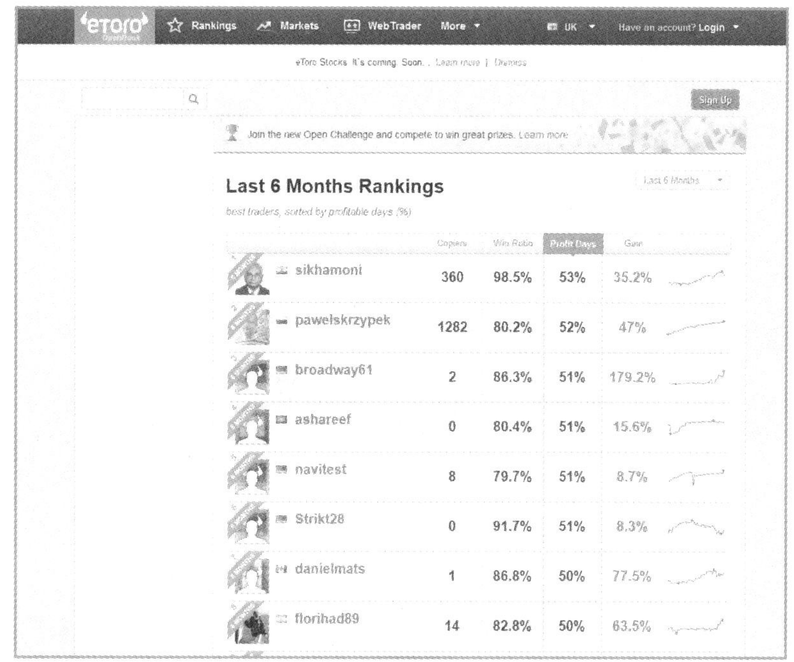

点评

股市有浮有沉，就连丘吉尔这样的高人到了华尔街的股票交易所都是一路下跌被套牢。好在他有个朋友用另一个账户弥补了这些亏空，丘吉尔买什么，另一个账户就卖什么；丘吉尔卖什么，另一个账户就买什么。那么，如果有了一个公认的股市带头大哥，众人都去复制他的投资组合，还能够保持80%的胜算概率么？

176 Modo：用移动支付让签到赚钱

提要 把类似优惠券兑换的过程转化为了手机支付行为，为完成签到的用户创建一个预付账户，提供一定的优惠额。

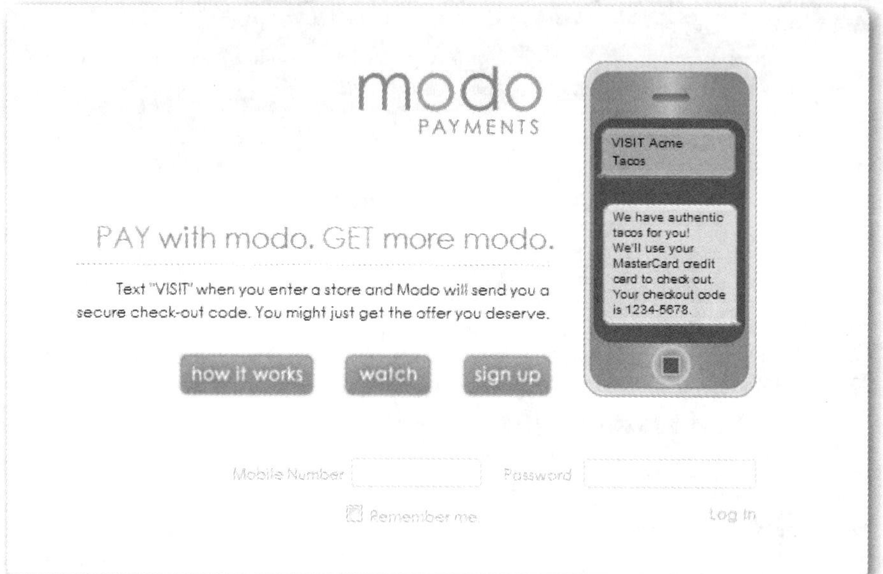

网站名称：Modo支付（http://modopayments.com/）
上线时间：2012年
所在地点：美国

很多创业者都在挖掘位置服务的商业前景，比如借用PC端成长起来的SNS的手段，与品牌广告商合作；比如与线下的商家携手，基于位置推送周边优惠服务。Modo支付的做法看上去比较特别：它把类似优惠券兑换的过程转化为了手机支付行为，为完成签到的用户创建一个预付账户，提供一定的优惠额。

Modo的做法大致是：用户在Modo网站上注册账号，并将其与信用卡账号绑定。当用户来到一个支持Modo支付工具付款的店家，通过移动设备App或发送短信签到（其他LBS服务也可以承担签到这一部分）。

用户完成签到以验证地点后，Modo会随机创建一个一次性临时信用账户（这个账户的号码被分为两部分，消费者与商家各得一部分，商家的那一半数字可以设置为固定以减轻工作流程）。

然后，Modo往该账户中打入商家或第三方提供的一定数额经费（类似优惠券的支付账户版本变种），用户就可以在相应地点使用它购物，若签到得到的优惠经费不足以支付所购买商品，剩下的应付金额会从绑定的信用卡中扣取。

营利模式方面，目前Modo直接可以利用到的就是向合作商家收取的保证金。未来基于海量用户数据的交易行为、交易地点、相应优惠额度等指标的挖掘分析也是方向之一。

在Modo的规划中，巩固和推广它的移动支付解决方案是重点，至于签到这个环节，他们也计划吸引LBS公司合作，比如如果消费者是用Foursquare签到，然后通过Modo支付服务赢得优惠，Foursquare则可以从中分成。这样LBS服务有了新的营利模式，Modo自己也得到了推广和分成收益。

点评

尽管有点“换汤不换药”，但Modo仍不失创新。

177 Jumio、Card.io：让摄像头读取信用卡信息

提要 与Google Wallet和Square相比，Jumio与Card.io的做法更为直接，省掉了中间的读卡器设备环节，让摄像头读取信用卡信息。

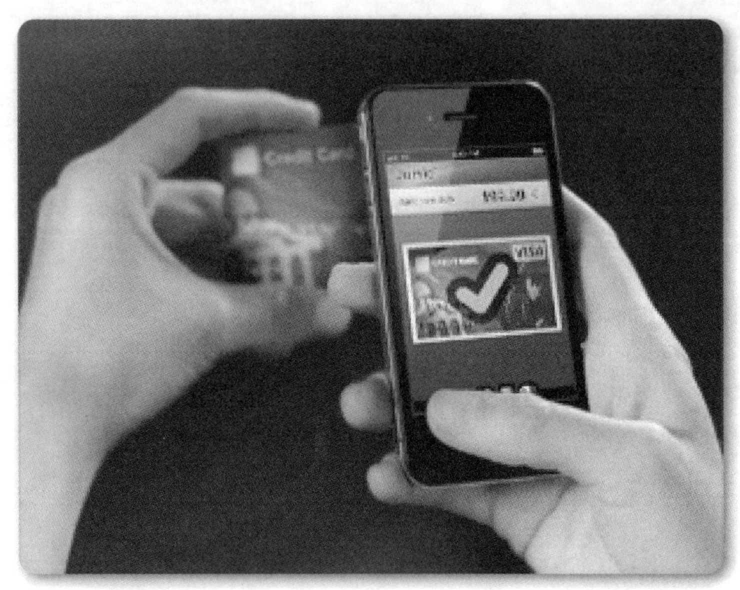

网站名称：Jumio（http://jumio.com）；Card.io（http://card.io）
上线时间：均为2011年
所在地点：均为美国

随着智能手机的普及与电子商务的再次兴起，支付技术也日新月异。

POS终端这一方面，以拉卡拉为代表；谷歌推出的移动支付服务Google Wallet则允许用户通过Android手机利用NFC技术来完成支付；成立8个月就累计融资1.35亿美元的创业公司Square，它的做法是通过一个外置的小读卡器设备让iPhone、iPod touch、Android等手持移动设备变成POS机，读取信用卡信息，进而签名、处理支付。

另两家创业公司Jumio与Card.io的做法更为直接，它们与Google Wallet和Square相比，省掉了中间的读卡器设备环节：让摄像头读取信用卡信息。

Card.io是让手机摄像头获取信用卡的信息，中间利用了OCR（光学字符识别）的扫描技术返回结果，它还推出了SDK（软件开发包），让开发者们可以把Card.io添加到自己的应用当中。

Card.io初步实现的功能是获取信用卡号码和持卡人姓名，帮助用户省去输入麻烦，后续的目标是在手机用户单击

“支付”按钮就可以利用手机摄像头识别信用卡信息，确认支付意愿后整个交易过程自动完成。该公司已经从PayPal前副总裁Alok Bhanot以及AdMob 创始人Omar Hamoui等投资人处获得了100万美元融资。

Jumio宣布了一项名为Netswipe的新技术，分为手机版和桌面版两种，可以将普通的摄像头变成信用卡信息阅读设备。用户可以安装独立的应用，也可以在嵌入了Netswipe功能的电子商务网站上使用。

Jumio比较强调的是安全性能，声称通过Netswipe技术付款的信用卡并不会被拍摄存储，所有的扫描与处理都是通过视频流媒体技术来操作，该技术可让公司识别并核实信用卡详情，同时又不会储存任何关于客户的资料。

对Jumio表示支持的人士认为它的想法很有趣，会争取到不喜欢传统支付系统和怀疑输入信用卡信息安全与否的消费者。Jumio创始人与首席执行官Daniel Mattes则声称测试阶段中针对某一固定人群的调查显示，意向订单的流失率从52%降低至21%。

Jumio的阵容也比较强大，Daniel Mattes曾以2.07亿美元的价格将上一家公司Jajah出售。Jumio的顾问委员会包括谷歌前高管Zain Khan和亚马逊前高管Mark Britto等人。Facebook联合创始人Eduardo Saverin还与其他投资者一起向它投资了650万美元。

点评

从网易读者的跟贴评论看，人们看到这种用摄像头读取信用卡信息并支付的服务，首先想到的还是安全问题。

178 numberFire：预测赛事

提要 | 用户可以看到针对当前赛事的预测，以及预测背后的数据及分析。

网站名称：numberFire（http://www.numberfire.com/）
上线时间：2010年
所在地点：美国纽约

随着美国大学篮球赛季的到来，美国体育分析企业numberFire开发一款预测赛季胜负的新应用 March Radness Challenge。

该公司首席执行官Nik Bonaddio说："大多数人都不知道每场篮球比赛谁能赢，这正是numberFire要解决的问题。我们利用掌握的实时数据与电脑强大的数据处理能力来解密赛场上究竟发生了什么，以及将要发生什么。"

这款应用可以使用户创建一个处理所有比分的数据库。当用户输入数据时，它会显示是否需要帮助的链接。用户单击链接就会看到针对当前赛事的预测，以及预测背后的数据及分析。这样，用户就不仅仅依靠直觉和个人喜好做赌注了。

报道称，numberFire同时与在线票务零售商StubHub合作推出50美元的礼品卡奖励最大的团体用户。它还同生活资讯网站 Thrillist 合作，向用户推荐看比赛的地方。

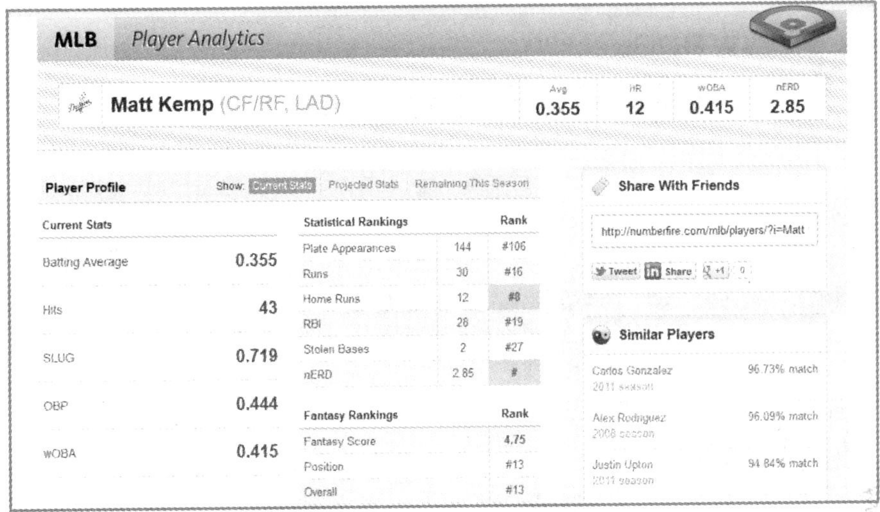

点评

用户会有这样的疑问，如果numberFire的预测真的很准，那它为何不去赌球，那是多么有前途的营利模式。如果numberFire的预测不准，那用户又为什么要用呢。

179 Wrapp："团购"模式赠送礼物

提要 让多位用户凑份子，一起送某朋友礼品卡，让他/她可以到指定的场所或机构使用。

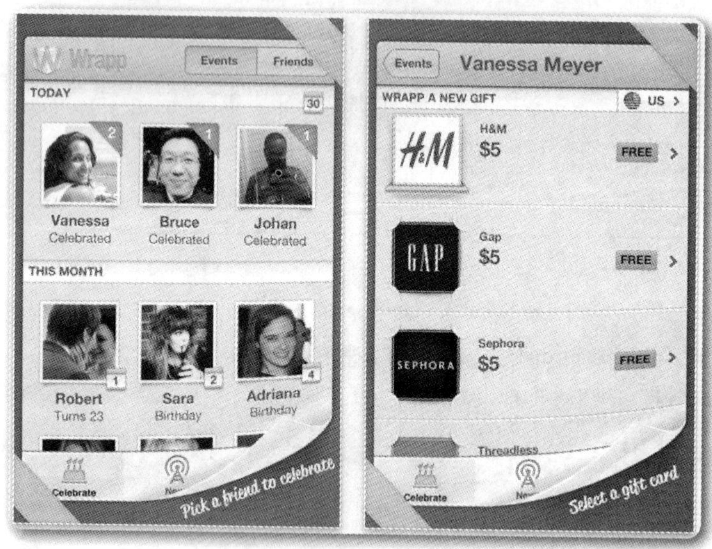

网站名称：Wrapp（https://www.wrapp.com/）
上线时间：2011年
所在地点：瑞典

逢年过节，或者亲友生日，送什么礼物经常是个让人挠头的问题。这其中也衍生了广阔的产业链，比如从线下的实体花店到能够进行"灰色"操作的礼品卡。

瑞典初创产品Wrapp也定位于礼品卡应用，不过它的理念是借鉴"团购"的方式，让多位用户凑份子，一起送某朋友礼品卡，让他/她可以到指定的场所消费，或者捐献给相关慈善机构。

Wrapp推出了iOS与Android两种版本应用。智能手机用户下载安装之后，关联他们的Facebook账号就可以使用。Wrapp也希望借此举强化其中的社交关系环节，将自己区别于其他相关消费券、代金卡、购物卡之类的应用。

Wrapp用户会收到系统提醒，这些提醒来自Facebook好友信息的抓取整合，比如生日或某个特殊纪念日。然后用户可以选择其中一条信息，赠送给好友一张礼品卡。这张礼品卡需要选择商家（一张礼品卡只能在特定的场所使用），设定时间、用户愿意支付的金额等相关信息，可以附上相关说明。它可能含有商家提供的一定初始优惠额度。

Wrapp类似团购的地方就在于：当

其他用户看到已经创建但时间尚未截止的礼品卡，他/她可以向其中添加金额。这样就是多位用户一起出资赠送一张礼品卡，就像多位用户一起购买某商品（不同点在于团购的商品是每个用户一件）。

这个过程中，为了保持礼物的神秘感，受赠方是看不到礼品卡的具体信息。等到该纪念日到来就可以在Wrapp上查看，如果没有账号也会在Facebook上收到提醒。

Wrapp上的礼品卡是该瑞典团队与商家合作设立，包括零售商、健身场馆等，甚至是慈善机构SOS儿童村。商家也可以选择提供优惠以吸引更多用户选择赠送他们的礼品卡，比如服装零售商WESC就提供了有15瑞典克朗（相当于15美元）初始金额的礼品卡。

Wrapp的联合创始人贾尔玛•温布拉德（Hjalmar Winbladh）称，现在已有商家表示Wrapp这种方式给他们带来了更多重复购买的顾客，或者提高了顾客在该商家停留的时间。

Wrapp目前仅限于在瑞典使用，它已着手在英国寻求商家伙伴，还计划进军美国。

点评

凑份子送礼？似乎与中国人的习惯意识有点距离。但如果获赠方是凑份子的那群人不太熟的朋友，或者是不太计较口头实惠的好朋友，还是会考虑合力送一份大礼。

180 BestVendor：社会化应用商店

提要 通过名人与好友的推荐来影响人们对于应用的选择，进而让所有人都在社区内互动分享与评价。

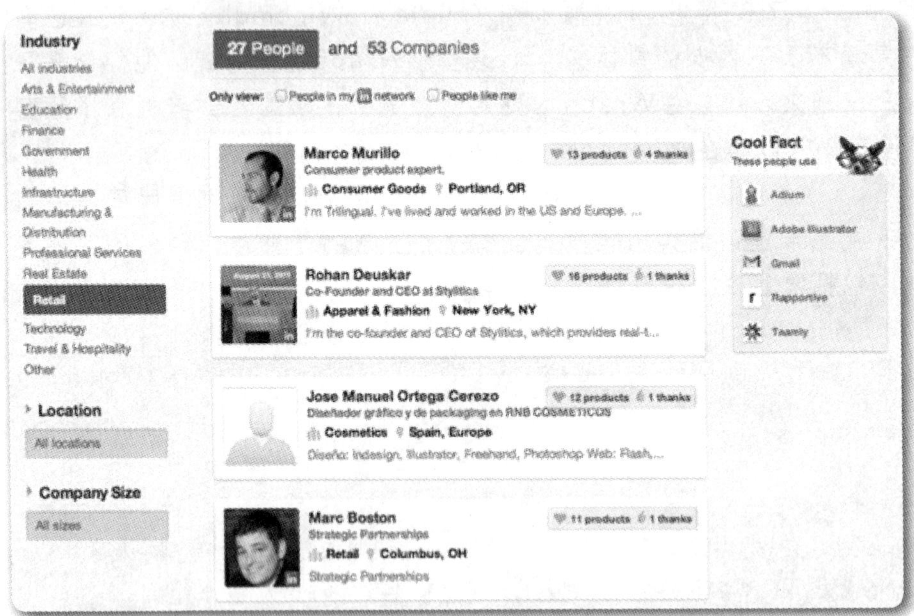

网站名称：BestVendor（http://bestvendor.com/）
上线时间：2011年1月
所在地点：美国纽约

在移动互联网概念大热的今天，从App Store与Android Market到刚刚出现的Oink与Wikets，国内国外各种应用商店与点评推荐服务数不胜数。初创产品BestVendor希望能够做得有所不同。

BestVendor的概念可以简要描述为：打造一个业内先驱者（也就是业界名人）与中小企业或团队的社区，通过这些名人与用户的好友的推荐来影响他们对于移动应用与软件的选择，进而让所有人都在社区内互动分享与评价。这一点很像国内的微博运营手法，通过娱乐和体育明星吸引到足够多的关注和用户，然后将开始只会转发的普通用户也激活，让他们与自己现实社会中的好友、垂直领域的熟人等深度互动。

按BestVendor自己的话来说，就是："我们的愿景是，成为人们购买商用产品时首先想到去求助的地方，就像亚马逊的网上图书销售和Yelp点评餐饮业一样。同时，我们也将成为供应商的最大客户源。”

BestVendor建立应用的商用目录（数据库）

为了实现这一点，BestVendor从以下5方面入手。

（1）建立非常全面的商用目录（数据库），方便用户分享与点评。目前已经筛选了超过3500款应用。用户可以根据分类（金融、IT等），也能够按照自己社交网络中联系人的推荐来查看这些应用。

（2）广泛调研创业公司，评出他们最常用的应用与服务。比如今年7月，BestVendor在调研550创业公司之后发布“最受欢迎的十大工具”榜单，Google Analytics、Quickbooks、Dropbox、MailChimp等上榜。

（3）争取名人入驻，目前BestVendor已经吸引到Ben Lerer、David Tisch、Robert Scoble等一批在科技界与创投圈小有名气的人士。

（4）BestVendor目前要求使用LinkedIn账号登录，这样就能获取到用户的社交信息，做出更为精准的推荐。它表示接下来将支持Facebook和Twitter。

（5）对于新用户，BestVendor采取了类似国内BBS常用的手法，新手需要点评至少3款应用或软件才可以继续使用社区服务。

BestVendor的“I Use This”功能

除了上述几点，BestVendor在细节上更像一个社交网络，而不是纯粹的应用商店。比如某用户可以添加一款应用的介绍，其他人可以做出回应、感谢该发起人或者单击“我也在用”。

点评

BestVendor非常注重结合网络潮流，最近又用信息图的形式发起了两场运营攻势，一是对全球180位设计师进行采访，采访结果整理成一张信息图；另一个是在全球范围内采访了500名开发人员，调查询问他们实际使用的工具后，制作了一张信息图。

181 Letgive：让应用做慈善

提要 为手机应用或PC端服务提供可用于慈善活动的API，让开发者或博主能嵌入行善功能。比如Snooze的做法是：每当它的闹钟声响起，如果用户触摸“小睡一会”（snooze）键，就会捐出0.25美元。

网站名称：Letgive（http://www.letgive.com/）
上线时间：2011年
所在地点：美国

按Letgive首席执行官Josh Abdulla的说法，它是一个“开放的捐赠平台”。Letgive的目标是像Twilio向创业者提供语音通信支持那样，为移动互联网应用或PC端服务供应可用于慈善捐款的应用程序接口（API），从而使其可以在服务中嵌入让用户做慈善的功能。

Letgive的API涉及筹资支付程序、非营利机构方等慈善活动环节，还可以加入社会化元素，帮助应用开发者在好奇的用户中推广。Abdulla认为加上“慈善”标签的应用更容易在App Store或Android市场中被用户识别。

Letgive与Action Against Hunger、AHA、CityHarvest等慈善机构达成合作，它表示会向这些非营利机构提供工具，能够更深入地了解到那些行善的人。

目前使用Letgive服务的应

用已经有Snooze（闹钟应用）、Exchangemyphone（二手手机交易）、Nexercise（健身）、RenderDragon's Derfwood（内部可进行交易的游戏）、OpenTable（订餐服务）等，它还将推出WordPress插件，这样博主们就能在博客中添加Letgive的捐款功能，让读者也能方便地行善。

Snooze的做法是：每当它的闹钟声响起，如果用户触摸“小睡一会”（snooze）键，就会捐出0.25美元。

Nexercise的方式：如果用户没有达到之前设定的健身目标，就会捐出一定款项。

OpenTable与Letgive的合作中还有CityHarvest（回收并捐献剩余食物的非营利组织）参与，当用户订下一个座位，可以选择是否向CityHarvest付出点小费。

Letgive的营利模式也很简单，它从捐款额中收取20%的交易费用。

点评

有网友称，如果赖床的同时能顺便做慈善，那就更有理由赖床了。

182 Nodeable：让服务器也“社会化”

提要 Nodeable就像硬件设备的Twitter，让服务器也“社会化”起来。它给服务器设立ID，让单独的特征成为标签。

网站名称：Nodeable（http://www.nodeable.com/）
上线时间：2011年
所在地点：美国

随着社交网络的兴起，UGC与云计算也越来越流行，对来源多样的海量数据的处理也显得愈发重要，后端云层的管理也越来越富有挑战性和变得有些凌乱。

内测中的Nodeable是一个面向系统数据的基于云端的社交平台，其获得了200万美元的A轮融资，由风投机构True Ventures领投。

Nodeable的用户群是开发者、IT系统职员、服务器管理员等，它借用新的通讯媒体提供服务器问题的解决方案，比如Twitter、微博、手机应用等。传统的方式是发生了一个问题，就立一个项目解决，Nodeable试图改变这个过程，让开发者与IT职员们能够像使用社交网络那样搭建云端基础设施和数据。

Nodeable就像硬件设备的Twitter，让服务器也“社会化”起来。它给服务器设立ID，让单独的特征成为标签。它想将大数据分析、系统管理和社会沟通等活动都变得像是在日常使用的社交网站中一样，让企业更轻便的进行复杂数据管理。

例如，如果某服务器磁盘空间不足，传统的报错信息会有一大堆句子和代号，在这里就变成发送一条信息给管理员“My #logfile is full. Ask disk space”（我的 #日志文档已满，需要更多的磁盘空间），当问题得到回应时，管理员也可用一条信息表示开始处理“No Problemo, @homeslice”（@homeslice 这台服务器的问题已着手处理）。

除了类似Twitter的功能，Nodeable还借用了Yammer等协作软件，它提供给企业用户一个更简单快捷地通讯方式，让决策更迅速更方便。

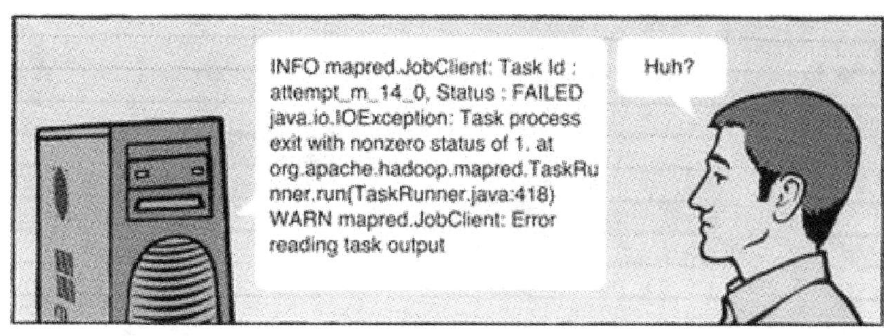

点评

使用主流网络产品的形式，能够降低管理人员的学习成本，更快更好地实现目标。

183 Smarterer：用60秒展现才能

提要 在大概60秒的时间内做一项测试，以此证明自己的能力。添加问题与测试、给已有的问题提出修改意见都可以提升级别。

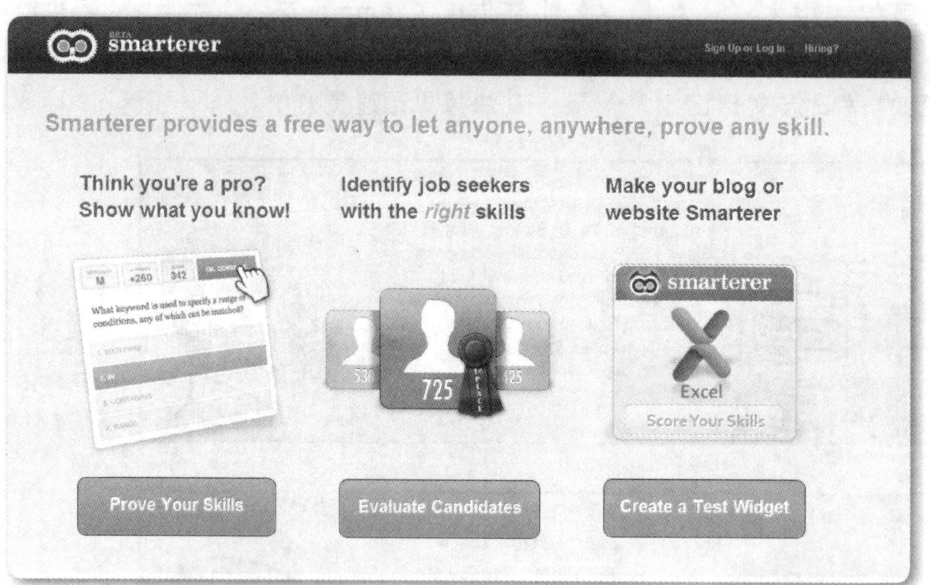

网站名称：Smarterer（http://smarterer.com）
上线时间：2011年
所在地点：美国波士顿

在线招聘市场是个相当有可为的细分领域，靠着为企业提供招聘、猎头等人力资源服务，51job上市了；凭借提供视频和语音招聘方式，ZuzuHire这一类网站也受到了关注；Smarterer则是一家从谷歌风投等VC拿到125万美元融资的创业公司。

Smarterer的概念非常简洁：让用户在大概60秒的时间内回答10个问题，以此证明自己的能力。

用户可以用Facebook或Twitter账号登录，也可以用邮箱新注册一个账号。网站有一些推荐的测试，让新人迅速地熟悉系统。每一项测试有10个问题，而每一道题系统设置的时间一般只有几秒钟，同一道题也不会考同一个用户两次，网站希望通过它来防止耍“小动作”的人。

Smarterer网站上面的问题除了网站运营人员的早期工作，将来会主要由社区构成。用户可以用给问题“插红旗”（flag question）的方式提出修改意见，比如认为某道问题涉嫌侵犯他人、参考答案不准确、问题有错别字等。

用户还可以给Smarterer添加测试，或者给一个测试增加新的问题会得到额外的积分。如果这些问题被插上了小旗子，用户得到的分数会减少，如果问题挑战了级别高的人或具备其他某种系统算法认可的指标，分数则会进一步增加。

用户回答问题之后，Smarterer会根据自己的算法打分，打分系统包括分数与级别两部分，级别高的人就可以进入名人堂。它表示自己能够通过算法控制比例，比如仅有5%的人拿到700～750分，以此进入“专家”级别。50%的人分数会低于500，需要勤于锻炼提升技能。至于分数超过800的超级能人，他们会获得特殊的级别与勋章。

用户的积分会随着时间衰减，可以主动设置一个周期防止它提前清零，比如三个月，也可以经常登录多回答一些问题。

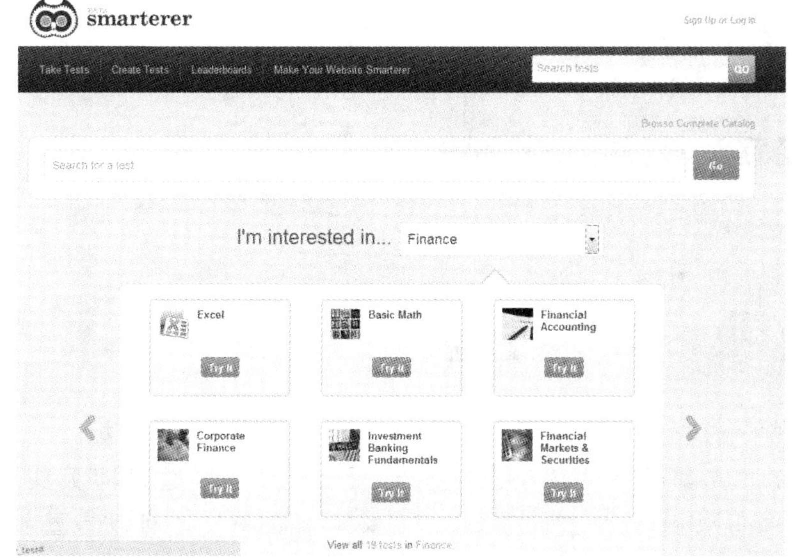

点评

招聘效率低下是困扰很多企业的问题，Smarterer用它独特的算法一定程度上缓解了这一问题。但也有另一个情况，求职者比较容易作假，特别是当Smarterer的规律被摸索透了之后。

184 Spenz：我的钱到哪儿去了

提要 Spenz的目标是打造理财网站的新模式，用轻松有趣的方式让年轻一代也能积极参与，营利则是寻求与商家和品牌的合作。

网站名称：Spenz（http://spenz.com/）
上线时间：2011年5月
所在地点：美国

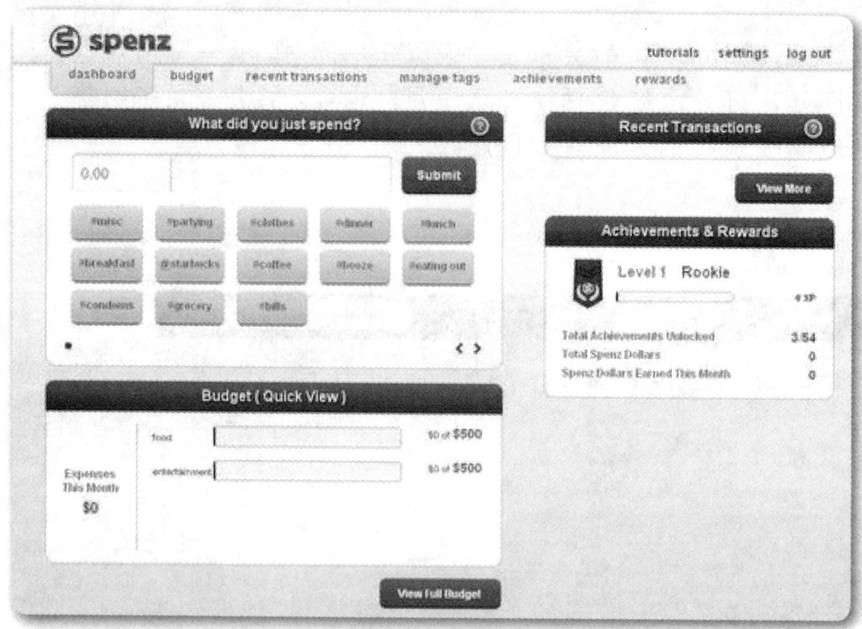

不管你的收入是多还是少，控制开支都不是件容易的事。虽然已经有类似Mint.com这样的账单应用，但他们的风格却是非常的Web 1.0。它们不会因为你坚守预算而有所激励措施。

也许你会想，省下钱来就是最大的激励，但Spenz则希望能够有更轻松、更有趣的方式，它正在发起一项让年轻一代甚至是月光族都能够积极参与的方式，追踪他们在哪儿花了多少钱，并且对用户进行激励和回报。

人们可以通过网页或手机应用输入他们的开支，可以是匿名的方式。这些开支可以是大宗购买或支出，比如租房、汽车贷款支付，也可以是能够自由控制的消费，比如去咖啡厅、吃午餐等。

输入内容的标记格式与Twitter类似，有“#”开头的开支分类，比如活动支出、娱乐花费、食品等；有“@”开头的消费地点，比如某家餐馆等；还有“#”开头的支出目的，比如给女朋友买花等。

对于用户，他可以建立自己的预算，每一次输入内容，Spenz都会提醒预算还剩下多少，用户就需要注意节省。同时用户的“成就”（achievements）数值会提升，获得代币（token），到一定程度就可以解锁一个奖励和特殊的交易。

用户省钱都可以获得虚拟和实质的奖励，那Spenz如何赚钱？

它打算向商家和品牌收费，然后允许他们获得对网站数据的访问权，查看这些消费是在哪里发生。当然，所有的数据都是匿名的，而且合作伙伴能够看到的是某一分类下用户支出的合计，并非单个用户的隐私信息。Spenz平台也会允许合作伙伴基于数据分析，面向特定的用户群体推出服务。

对于商户，他们能够：更深入地了解市场，看哪些人购买商品，哪些顾客被错过了；通过定向的服务接触到特定的顾客群；衡量营销结果。

点评

能够坚持记账的人的比例其实并不高，如果他们知道信息会被获取甚至被分析被匿名出售消费记录，这群人会更忌惮使用这种记账工具。

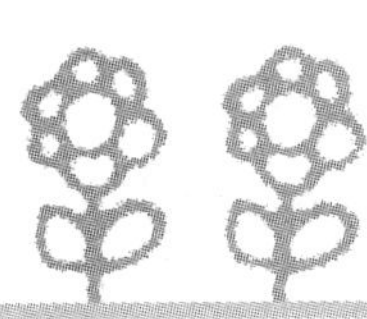

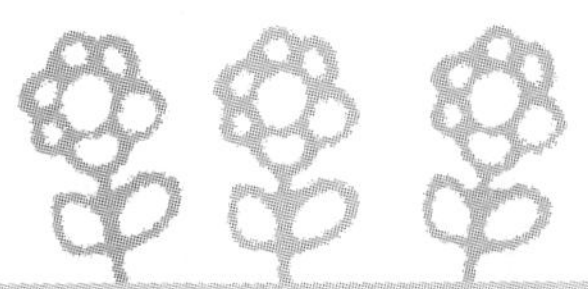

185 Appsfire：应用预告与OpenUDID

提要 运用创新手法，帮助iOS与Android用户寻找应用。

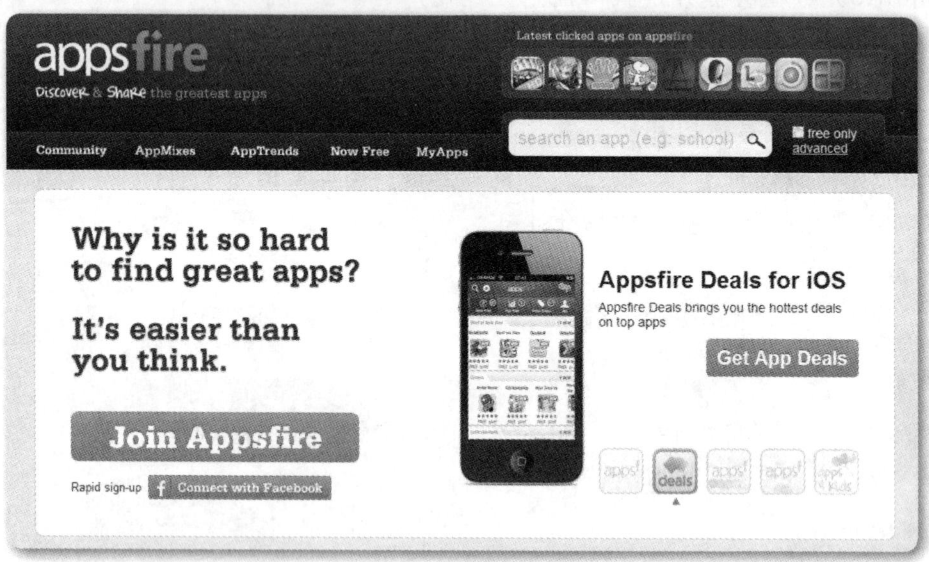

网站名称：Appsfire（http://appsfire.com）
上线时间：2009年1月
所在地点：法国巴黎

Appsfire是一家移动应用推荐与发现平台，帮助iOS与Android用户寻找应用。在2010年2月获得100万美元天使投资，2011年5月获得360万美元A轮融资。

作为一家欧洲互联网公司，而且创始人之一是科技博客TechCrunch法国站的编辑，它没有做出让人耳目一新的变革，却是从用户角度出发，融合了业内多种创新元素。

1. 应用“预告”

Appsfire的一大创新功能是可以宣传预发布的App。

开发商可以通过图文描述、嵌入YouTube视频来推广即将发布的应用。感兴趣的用户还可以使用Notify me（通知我）按钮来预定该产品，通过短信推送和邮件实时获悉最新消息。

2. OpenUDID

iOS的UDID系统让用户直接与设备对应起来，深受开发商与营销机构的欢迎。但苹果公司已经决定，因为涉嫌侵害消费者的隐私，将停止使用原有UDID系统。有调查机构数据显示，苹果此举将导致应用开发者收入下降24%。

对此，游戏平台OpenFeint给出的方案是OFUID（OpenFeint用户身份体系），游戏开发商安装这个体系之后，用户在各种游戏中都可以使用同一套账号来登录。还有些厂商提供的途径是获取设备的MAC地址，但这在本质上还是涉嫌侵犯用户隐私，与苹果停用UDID的初衷相违背。

Appsfire也联合众多研究机构、移动广告网络与开发商给出了替代方案OpenUDID，该系统开源且跨平台，支持iOS、Android、WindowPhone、Mac OS X与Windows桌面系统。它的做法也是嵌入各种应用与软件当中，为每个硬件设备匹配一个专有的识别码。

3. 热门应用推荐

除了专门推介限时免费App的Appsfire Deals，Appsfire还有一款专门介绍热门应用的应用Appstream。

如同它的名字“应用流”，Appstream的特色在于交互。它看上去像百万像素，一个一个的icon摆满屏幕，但又可以人为控制是否动态展示、以何种速度变化，用户如果浏览到感兴趣的应用，又能够轻松分享到社交网络中去。

4. 儿童版应用市场

Apps for Kids应用包括教育、创意、电子书与阅读、游戏等App的搜索，帮助家长从诸多应用中找寻适合儿童的。

点评

分析人士认为Appsfire的定位决定其群众基础、简约而不简单的设计、社交元素的加入让用户能与好友分享自己喜欢的某款应用，这项特征让Appsfire脱颖而出。

186 Discovr Apps：交互式应用图谱

提要 主打“互动地图”，将推荐的应用、音乐与电影用交互地图形式呈现。

网站名称：Discovr（http://discovr.info/）
上线时间：2011年1月
所在地点：澳大利亚珀斯

Discovr系列应用由澳大利亚创业公司Filter Squad开发，该团队在2011年获得130万美元的种子投资。

Discovr系列目前有四款产品，均主打“互动地图”，将推荐的应用、音乐与电影用交互地图形式呈现。

Discovr Apps是一个应用搜索工具，以“App Store地图”的形式显示更多的相关应用程序。它的起始页面比较一般，有趋势、推荐和一个搜索框，但搜索结果的体验非同一般。比如搜索Instagram，结果中就会以图谱显示相关的Path、Color、Camera+等图片社区，单击Camera+图标，又会根据相似度以图谱形式显示ProCamera、Picplz等拍照工具（双击是现实App详情）。图谱的一角还有按钮能展开分享选项，让邮箱联系人、Facebook或Twitter上的朋友推荐。

Discovr的搜索结果还可以进一步展开，显示相关度更小但数量更多的移动应用，直到铺满屏幕或显示整个App Store中的所有应用。

Discovr Apps表示它除了依靠相似度算法，还引入了机器学习机制，根据用户的点击率来修正图谱中的排名以改善推荐。在此之外，用户还可以直接对它的推荐提出建议（http://discovr.info/supportall/），这样就能用众包的方式为它添砖加瓦。

Discovr People是对Twitter的用户推荐功能进行补充的一款发现工具，用交互图谱的形式展示社交关系网络。

用户绑定Twitter账号之后，可通过自己的关系列表查找朋友的朋友，也可浏览热门列表或用关键词搜索感兴趣的人，搜索结果也是图谱形式，与其相类似的人就会不断展开供查找。

Discovr Movies用户可以从大约50万部影片中搜索，Discovr Music则涵盖了1500万首歌曲。这两款应用均使用了与Discovr Apps类似的相关算法和图谱显示形式。

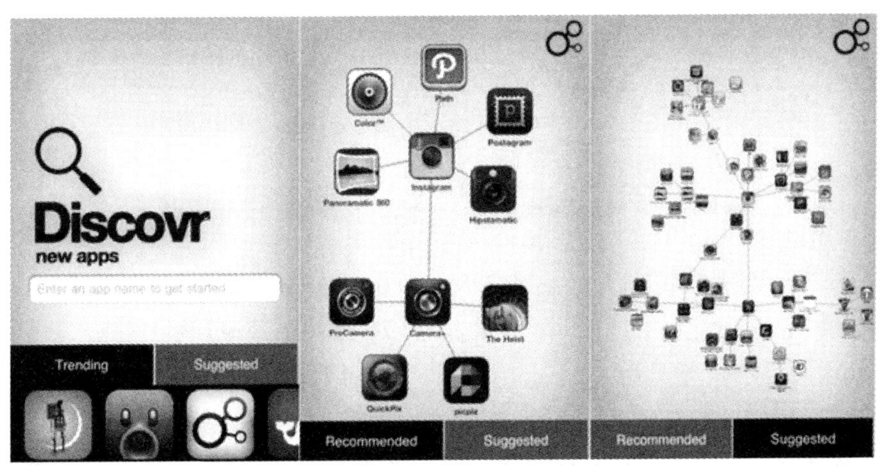

点评

用户对Discovr系列的评价往往是舒服、好玩，系列应用的协同作用较明显，甚至有不少人以集齐全套Discovr应用为乐。

187 17Startup：创业数据库与社区

提要 17Startup的功能主要包括创投新闻、初创产品数据库，还引入了点评社区，未来计划开放API接口、提供增值服务等。

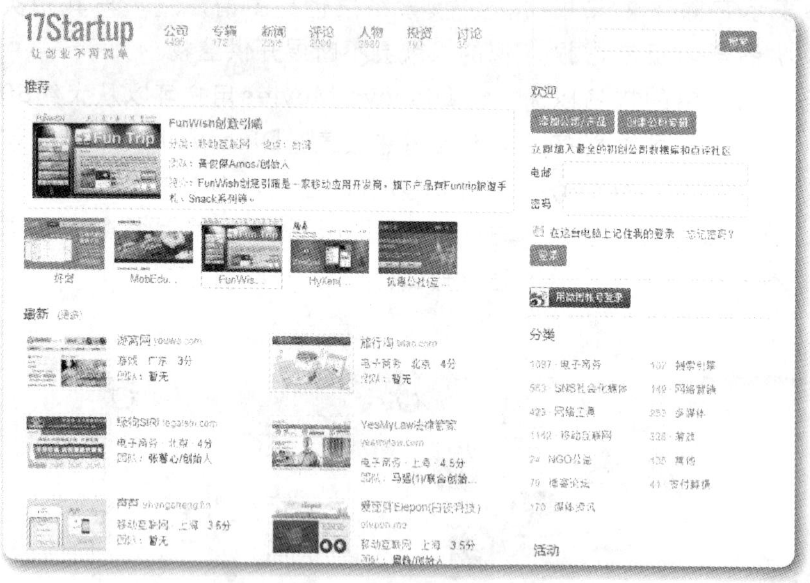

网站名称：17Startup（http://17startup.com/）
上线时间：2011年8月
所在地点：北京

每天，关于互联网的好点子非常多，各种演化变革与“微创新”版本让人目不暇接。

于是，有人想到建立一个数据库或社区来汇总初创产品与创业团队。美国科技博客TechCrunch的产品CrunchBase和创投社区Angellist走在了前面，但它们都是主要关注欧美地区。

近两年，随着中国大陆创业氛围日益浓厚，也出现了创业吧（http://u.cyzone.cn）、动点智库（http://.nodeble.com）这些本地化应用。17Startup是最新的一员。

17Startup目前上线的还是最简单的功能，主要包括创投新闻、初创产品数据库，还引入了点评社区，希望能形成有氛围、有意义的讨论社区。

创投新闻包括各大科技博客和网易科技等网站发布的投融资、并购等财经类新闻和产业深度分析文章，让读者能够更全面更迅速的获取行业知识。

产品数据库为每一个初创产品都创建独立的页面，在描述一个网站或公司时，采用比较标准化的模式：包括网站名称、截图、网址、分类、团队、简介等，在介绍性内容下方是新闻列表，包括运营数据、投融资、产品重大升级等里程碑事件，让读者能快速查找浏览该公司发展历程。

每一个产品的页面还有一个打分体系（1～5分）和评论板块。

据了解，17Startup目前收录了700多条数据，测试期间使用过抓取手段，但效果不算太好。于是提供了维基百科式的参与方式，希望热心用户可以自主添加公司与新闻，添加的步骤非常简便，而这些操作也能获得积分，以后可用于增值服务。

17Startup团队计划推出移动客户端、开放API接口、提供增值服务等。目前最主要是想把数据库和点评社区两部分做好，将来再引入互动社区，让创业团队与VC、天使在此交流。

点评

17Startup正在线上线下齐发力，线上用社区和专辑提供更好的用户体验，更方便的功能；线下则用沙龙形式做品牌推广。

小结：“混搭模式”与“微创新”

在社交网络、搜索、游戏与游戏化、电子商务、本地生活服务、网络营销、多媒体、协作与效率工具等类型产品之外，创业者们还有着许许多多的突破点。

这些方式往往是前面数章所述模式的混搭，并加以“微创新”。例如BestVendor是下载站结合社交元素，Appsfire是下载站结合独特的预告功能，Discovr Apps同样是个推荐应用的服务，不过它新颖的呈现形式让人眼前一亮，同时俘获一批忠实的用户。

在新产品层出不穷的今日，做一个与其他产品“有所不同”的应用早已并非难事，难的是如何让这些不同或相似的功能符合其自身的定位，并在竞争中赢得一席之地。

推荐阅读

内容简介：

作者系社会化媒体营销领域的最知名的专家之一，多年从事网络营销、新媒体营销相关工作。本书以案例为线索，结合社会化媒体营销的特性，把深奥难懂的社会化媒体营销、微博营销、网络营销娓娓道来。

本书不仅在实际操作上具有很强的指导意义，而且从更全面的角度来诠释社会化媒体营销。相信读完这本书，您的社会化媒体功底和智慧将更夯实，也能创造属于您的新营销经典。

ISBN 978-7-302-29698-0

出版日期: 2012.10

定价：38元

内容简介：

本书融合了艾瑞咨询多年的电子商务研究成果与培训成果积累，指引传统企业在降低采购成本、压缩销售环节、提高销售效率、降低物流成本等多个方面获得更多的利益，并在结合实战案例的同时引导传统企业进军电子商务领域。

ISBN 978-7-302-27230-4

出版日期：2012.1

定价：39元

内容简介：

对于从业者来说，他们最需要的是成功的捷径。而最好的捷径就是别人用大量时间、精力、资金换来的成功经验和失败教训，以及来自权威专家的指导。因此不论是对网络营销行业的菜鸟，还是正在行业中奋斗的人来说，本书为他们带来的是与网络营销界精英和专家共同学习和实习的好机会。

ISBN 978-7-302-28722-3

出版日期：2012.6

定价：39.00元

内容简介：

这是一本浅显易懂的，注重地产策划知识传授的生动读本。本书通过对上千个地产项目的研究，精心筛选出近百个案例，结合时事，精心讲解，具有很强的指导意义，是地产从业人员以及对地产营销感兴趣人士的必备读本。

本书涵盖了作者操作的大量案例，以生动的笔法，抽丝剥茧，还原了地产策划的内在本质和规律。同时，对国内一些名家名盘的运作手法，给予解密，给人以深刻启迪和强烈的感染力。

ISBN 978-7-302-30249-0

出版日期：2012.11

定价：45元

内容简介：

本书作者是一名资深站长，从事互联网工作已十余年，自己也经营一个知名网站，积累了大量网站运营经验。作者结合自身真实的“疯狂”创业经历，以平实、通俗的语言讲述如何从零开始起步，最终成为一名有较高收入的站长，书中讲解了大量观点较为独特的网站运营技巧，并配有丰富的链接。

读了本书之后，您将会发现运营网站并没有想象中的那么高深莫测，只要掌握方法，哪怕没有资金没有计算机基础，一样可以成为一名优秀的、富足的站长，实现自己的创业梦想。

ISBN 978-7-302-26642-6

出版日期: 2011.9

定价：35元